陈嘉庚研究院系列丛书

为方法的空间
庚故里模式语言

刘昭吟　张云斌　著

上海文化出版社

序

兼论《一种模式语言》之于形式生成的局限

本书是一个令人钦佩的尝试，作者以建成环境的空间结构为透镜研究历史环境，并取得新的洞见。嘉庚故里汇聚了有关陈嘉庚的集体记忆，作者以集美学村和侨乡集美大社概括之，翔实研究时间流转中的空间发展及其盘根错节的社会－物理联系。跟随其行文细细阅读，关于这一地区更深刻、更精微的整体认识便油然而生。

通过在空间结构的细微解构中添加社会史视角，作者不仅使社会面貌显得生动鲜活，也使物理环境变得有应有和。作者从空间分析视角的认识论转向来接近主题，增添若缺少空间要素便无法得出的细节和阐释，从而丰富了大量的嘉庚研究。因此，本书也证明了物理空间在人类活动和社会史中，作为关键中介者的重要性。基于过去数年作者在学术和专业上的田野工作，这样一种把空间作为方法来认识一个地区及其历史的研究体例，为作者熟稔掌握并得以增进。

作者自称此研究方法直接模仿自克里斯托弗·亚历山大（Christopher Alexander，1936—2022）的《一种模式语言》[1]。其包含两个方面。在理论层面，亚历山大提出，任何自然形式和建成形式都有趋于

---

[1] 即 *A Pattern Language*，中译版为王昕度、周序鸿译《建筑模式语言》，知识产权出版社，2001年。为忠于原著的理论意涵，在本书中盖译为《一种模式语言》。

完整性(wholeness)的倾向,该完整性由中心和边缘构成。人类,单个人或复数的人,是这种完整性不可分割的部分。而此完整性更为完整或更不完整,将在某种程度上决定完整性的"生命力"状态。那么,设计的目的就在于创造有生命力的形式,亦即力图趋近完整性。此一理论阐明于实操性的《一种模式语言》的配套著作——《营建之常道》(1979)[1]。亚历山大旗帜鲜明地指出,探寻有生气的形式乃是"无始无终之常"(timeless),是一种普世且不朽的人类进图。值得注意的是,理论著作书名冠以定冠词"The",而实操著作则冠以不定冠词"A"。亚历山大主张,设计(和营建)只有一种路径,即"常道";但模式语言则多种多样,他所成就的只是其中之一,故名"一种"模式语言。此二者之异——严以律理论,宽以待实践,于亚历山大而言十分显著。

《营建之常道》所用的词语,缺乏节制地遍撒助动词"应该"(should)、"必须"(must)和"将会"(will),反映他对于特定观点的坚持。例如,开篇首句:"建筑物和城镇**将**只有按常道治理**才会**生机盎然。"同页:"为探寻那常道,我们**必须**先知晓那无以名之的品质。"整本书从头到尾使用这些助动词,不可避免地导致教条主义,从而削弱了建成环境设计中的核心议题——人的主体性,稍后讨论"是什么"和"应该是什么"的对峙时,我将说明这正是问题所在。

另一方面,《一种模式语言》则直接提供一套给定环境的分析流程,并为所察觉到的环境问题提供解决步骤。通过使用多种模式共同

1　即 *The Timeless Way of Building*,中译版为赵冰译《建筑的永恒之道》,知识产权出版社,2002年。同样,为忠于原著,在本书中盖译为《营建之常道》。

呈现一幅完整的图像，每一给定环境因此都能被结构化。通过一组标准步骤——问题陈述、导致问题的要素、问题的解决方案，以及与更高层级或更低层级模式的关联——每一模式亦被结构化。如此组织环境片段，然后放在一起形成整体。这种简单直接的方式是其在实践和设计方法的应用上，格外广受欢迎的关键原因。据说，《一种模式语言》是20世纪建筑学领域的首位畅销书，尤其是在外行（非专业）的读本排行榜中。讽刺的是，许多外行人并非用其创造自己的模式语言，而只是挑出喜欢的模式照搬照抄地设计自己的房子，这或许并非亚历山大所愿。

无论在理论层面还是实践层面，亚历山大似乎都存在着某种割裂。理论方面，那些宣言一而再、再而三的教条腔，折损了"以人为中心创建形式"这一要旨的力量，且理论陈述近乎同义反复，缺乏明证和理由。实践方面，由于对人们在现实中如何与空间互动缺乏足够确切的认识，书中样例大多复制特定行为模式。为补救这一窘境，且让我检视亚历山大的早期著作，或可有用。

在亚历山大的诸多重要且具开创性的论文中，有两篇与本议题特别相关。首先是《城市并非树》（*A city is not a tree*, 1965），该文将社会与物理之间重叠缠绕的关系表达得很清楚，显示了建成环境的复杂性。对于亚历山大而言，这种复杂性甚至在一栋房屋或一个房间的尺度上仍能成立。即在人的在场中，环境要素以多重且错综复杂的方式（而不是像树木那样的简单结构）相互作用。建成环境的结构，更接近格栅形式，拥有许多交叉节点、穿流多层意义。这篇论文是20世纪70年代系统理论、组织理论等学说在社会基础上的先驱，引发了此后的网络理论、信息社会、生成计算系统的理论工作，以及信息科学和人工智能的突破。亚历山大所遗留的洞见，乃是人的中心性决定了建成形式的价值。

第二篇论文，《从一组力量到一个形式》(*From a set of forces to a form,* 1966)，较少为人所知，是一篇关于物理形式的各种不同生成方法的技术探讨。紧接着《城市并非树》之后，这篇论文的重要性在于聚焦结构的生成过程。其要点是，决定形式的是"一组力量"，而不是单一力量。由于反对形式决定因素的单一性，亚历山大反复强调形式的复杂性，同时一再申明社会因素在形式生成中的作用。

上述两篇论文作为《一种模式语言》的"修正案"，提供了认识本书含义的渠道。作为书写嘉庚故里的放样之举，作者充分了知应用《一种模式语言》的实用性，以之为模本解构集美学村的复杂历史以及集美大社的错综肌理。作者显然以亚历山大创作《一种模式语言》的核心洞见，作为嘉庚研究的指导原则，我总结其为：

（1）空间结构与社会结构以不同层次、不同尺度的互动，形成一个复杂网络的整体；

（2）嘉庚故里的形成，是各种作用力长时间影响物理环境的结果。

一旦认识这两个基本原则，一个关于这座历史文化街区的全新观点，就呈现在读者眼前。这成就了本书的重要贡献：对既有嘉庚研究文献，增添相当可观的新意义。

模仿亚历山大的方法之余，本书作者对历史文献进行更深、更完整的检验，精炼分析框架，从而使每个模式的精细度及其与更高或更低层级模式的联系，获得更丰富的内容和更结实的脉络。例如，对比亚历山大的《俄勒冈实验》（The Oregon Experiment, 1975），该书也关乎大学城，但显然本研究在内容上更加扎实，在意义上更加深沉。用人类学术语来说，这或可称之为社会-空间现象的"浓重描述"（thick description），或宜以"文化模式"为注。

《一种模式语言》问世后不久，亚历山大的主要共著人石川莎拉（Sara Ishikawa）开始在加州大学伯克利分校建筑系教授"不同文化下的模式语言"课程。如两人所称，该课程的前提是生成模式的方法可被用于"世界上任何地方的任何社区"（《俄勒冈实验》）；但他们也强调，模式的内容因不同文化的特殊脉络而异。该课程鼓励来自不同国家的学生发展各种基于文化的模式语言，产生了令人惊艳的丰富多彩的"文化模式"。这种基于文化的社会-空间模式语言的体例，成为20世纪70—90年代加州大学伯克利分校在建筑学研究上最为重要的进展。嘉庚故里的模式语言是一组文化模式，无疑关联着上述这一更大的进展——即认识文化在建成环境形成中的角色。

反思《一种模式语言》的初始动力，我们发现其留有设计问题，即形式的创造。亚历山大发展模式语言的整个企图，就在于界定形式的创造过程——不只研究"是什么"，更为迫切的是"应该是什么"。在《一种模式语言》中，每一个模式始于问题陈述，终于解决方案。然而，更常见的是，他提议的解决方案的源头却不清不楚。每一模式都似乎包裹着一个"小黑箱"，里面藏着从问题分析到解决方案的路径。应用模式语言方法深入理解"是什么"时（如本书的嘉庚研究），便不免想要详解"应该是什么"，但看来，本书的缺失仍是模式语言方法与利益相关者(居民和使用者)之间的弱链接。简言之，有必要在形式创造的过程中，建立利益相关者的参与，以消除横亘在问题与解答之间的黑箱。但与此同时，本书于模式语言研究和"什么是"嘉庚故里的社会-空间结构的文献成果有极高的价值贡献。

刘可强　文　　刘昭吟　译

前　言

　　本书是克里斯托弗·亚历山大之《一种模式语言》的落地模仿之作。我们以《一种模式语言》为方法、为框架,建构地方认识。

　　本书的第一阅读人——复旦大学于海教授,曾对本书提出这样的挑战:"这是一本很难归类的书。地理学? 历史地理学? 人文地理学? 社会地理学? 现象学地理学? 都有,但又不能归因于一。"于教授点出本书的企图——基于地方是复杂的、多义的、具体的、有血有肉的,不仅地方自身是历史、社会、空间、故事、情感等多个面向的纠缠,研究者进入田野时也将与田野之间产生因缘缠绕,田野在不同的因缘与时机下,会对研究者袒露不同的故事面向。因此,本书有意脱离学科领域和学术表达体例的限制,依据个别模式的现实来决定写作取向。亦即让田野决定写作策略。

　　《一种模式语言》体例满足了此种企图,使我们可以放胆逼近包含研究者与田野关系在内的真实。同时,为了表达"研究者在田野",本书不避讳第一人称"我""我们",而没有雅化、客观化为"笔者"; 涉及集美人对陈嘉庚的情感认同时,沿用"校主"称谓;对于地方风情的描述,也选用更为直接表达情感的词汇,而不顾忌土或不雅。希望我们的尝试,能让读者感受到与亚历山大所强调的直接、直觉、本能有关的环境品质。

关于《一种模式语言》

亚历山大在建筑学领域开创环境结构学派，主张建筑与环境美学并不是个人的主观判断，而是人类的共情价值。其体现于人的空间直觉，它不来自几何形式的表面文本，而是来自蕴藏在文脉中、语境中的可被同感共情的"无名品质"（quality without a name）。如同数学解谜游戏以显而易见的表象为谜题，拥有数学硕士学位的亚历山大志在解析显而易见的"无名品质"的结构，以使设计从不自知的黑箱转向有意识的行为，因此他的努力也被称为"设计科学"。亚氏以一系列著作作为讲经说法的媒介，我戏称：《一种模式语言》是武功秘籍；《营建之常道》是心法；《秩序的本性：且论营建艺术和宇宙本性》（*The Nature of Order: An Essay on the Art of Building and the Nature of the Universe*, 2002—2005）是理论，是"圣经"；《俄勒冈实验》、《林芝咖啡》（*The Linz Cafe*, 1981）、《为地球的生命和美而战：两种世界系统间的斗争》（*The Battle for the Life and Beauty of the Earth: A Struggle between Two World-Systems*, 2012）等是道场与见证。

20世纪的建筑和建筑学之于亚历山大，可谓一场灾难，是本应为一的空间完整性的崩解，故也是本应为一的生命的碎片化。他的建筑学努力，便是致力于重建建筑本应为一的整体性。本应为一的原型是生命，是内在复杂关联的生成发育动态，其对立面是机械主义的、静态的零部件组装。关于总体与局部、集体与个体、群与我的关系，为了区别于机械主义的"整机–部件"概念，既要合一又要各自鲜活，亚氏刻意提出"整体–中心"概念，即整体由复数的中心构成，中心自整体中发育而来，每一个中心都是独特的、不可替代的生命形态。中心的生命力因其他中心而增强，在中心生命力增强的同时，整体也获致更活跃、更完整的生命。因此，建筑，尤其是新建筑物的作用，在于创建有助于整体更加完善的新中心。因此，建筑设计的任务不是以"天降神兵"的自身张扬摧毁既有的整体性，而应以谦逊、合作、互助的姿态，对既有生命结构和既有中心起到整体强化的作用。易言之，建筑和环境设计要以无我的姿态，创造"人在空间中"的语境；而不是以自我膨胀的姿态，使建筑成为"视觉玩物"。

语境，正是《一种模式语言》的追求。一旦强调"语境"，便需接纳被共享的语境在具有整体性的同时，具有暧昧、模糊、混淆、非正式、多义、多维、可变等特征。因此，语境既是集体规范，也是活的、灵动的创造，体现为词语、音调、用字、修辞。建筑与环境设计亦然，其所共享的价值与规范便如一套语言，既是历史、社会、文化、空间的产物，也是生生不息的传承与创新。那么，犹如语言学习，营建的模式体系如能编写为辞典和语法，默认的语境便可被学习、复制、交流和传播。不同尺度的空间模式，此时便犹如辞典中的惯用句或词条。同样，如同语言要求"文本服从语境"，营建的模式语言亦主张"结构服从社会"和"形式服从结构"的立场。

关于本书

本书是《一种模式语言》的落地版，是嘉庚研究的一种补充。嘉庚研究已有浩繁的成果，或集中于历史研究，与当今关联少；或聚焦于建筑形体，社会—空间关系分析少；或以集美学村为范畴，集美大社研究少。本书以集美大社为研究对象，也未曾忽视集美学村这一范畴——将大社作为集美学村的组成，方能从历史的动态过程中窥见其近代以来的社会空间史。因此，本书将集美学村和集美大社的集合概括为"嘉庚故里"。其中，集美学村概指厦门市集美半岛集源路以南过去集美学校集中建设的范围；集美大社则为浔江路、集岑路、尚南路、高集海峡以里自建房集中的范围，加上尚南路以西后尾角自建房和停车场地块（图0-1）。此范围的界定是为了研究方便，不是固定边界，视研究议题而有所调整。譬如，集岑路以北的大社自建房拓展区基本没有纳入大社范围研究，但在模式**侨房**和**树地**中被考虑进来。❀26 ❀27

自2020年秋至2023年底，本书作者租住于集美大社，以更好地融入在地。研究首先通过直觉，选取显而易见的模式，对该模式进行文献解读、现地考察、访谈、深度访谈、观察、参与观察，继而延展出上下左右相关模式，形成模式语言结构。必须强调，模式越是显而易见，其研究方法越不能所见即所得，必须挖掘、梳理社会空间、历史空间中具体的故事，以把握其内在特质和精神，否则易流于肤浅和教条。同时，共情既是研究态度，也是研究能力与方法。通过共情，方能避免今是昨非之议，从而更深刻地揣摩每一历史时期普通人的日常生活。

落地版的嘉庚故里（一种）模式语言，以模式为抓手，切入集美学村和集美大社的历史空间、社会空间的研究，而后结构化模式间的网络关系，意在提出使社会空间更为健康的主张，尽管这些主张带有研究者之于社会的一厢情愿。

模式的写作遵循《一种模式语言》的六段式文体：

（1）模式名：为模式命名，并以题图来表意该模式的语境。我们为模式名添加副标题,以起到画龙点睛作用。

（2）**上索引**：用于提示该模式在模式语言中的脉络、位置,尤其是其如何有助于完善上一层级模式。

（3）**破题**：上索引之后有三个菱星符号♣,以开启主文,包括破题—论证—解题的论述过程。破题以**黑体字**简述该模式的特征和主要问题。菱星号的图案提取自陈嘉庚的遗作——道南楼教室外墙"红料封壁"中的图案,以向陈嘉庚致敬。

（4）**论证**：破题之后以大段文字和图片举证、论证、推断破题所指,包括该模式历史空间的变迁、社会空间的运行和物理空间的形构。

（5）**解题**：与破题同样格式的**黑体字**,提出社会空间的解题方向,包括物理环境与社会机制。

（6）**下索引**：再次以三个菱星号结束模式论述主文,点出为完善该模式的平级或下级相关模式。

为了更好地表达模式的社会性和环境品质,图示是本书重要的表达途径,包括草图、示意图、照片、空间分析图等。

本书的模式结构

本书建构了30个模式,但该数量远不足以讲透嘉庚故里,只盼能起到抛砖引玉的作用。我们将这30个模式分为上、下两篇,其组成的层级性网络说明如下。

上篇**侨乡之集美学村**——

侨乡[1]为开篇模式,是嘉庚故里的本质。嘉庚故里的所有模式都是侨乡本质的反射。当然,侨乡的面貌随着时代进程有所变化。

其次关乎区域认同。嘉庚故里的区域认同的建构，来自更大范围的集美学村的动态进程，体现为**集美学校**[2]的建设、**学－村治理**[3]和**学村完整性**[4]。

百年来集美学村的建设，不断改写学村范围的物理空间的地理条件、形态和意义，特别是曾是集美学村心灵归属的地标**天马山**[5]，以及没有海就没有嘉庚故里的**集美海岸**[6]。地理条件的变迁伴随着宏观区域结构的改变，包括学村的到达路径和朝向，导致地理认知和区域认同的重构，见**地区到达**[7]、**地区交通**[8]、**学村门户**[9]。

宏观区域结构下，在微观地区内随形就势的身体移动中，基于人的尺度与时间的积累，逐渐形成地区认知和情感认同，见**建成环境形貌**[10]、**高地建筑**[11]、**大台阶**[12]。

在宏观与微观互相作用的动态变化中，我们颇为惋惜集美学村的整体－中心关系的完整性益发减损，割裂的、模板化的建设和管理不再能激发环境使用的多样性，从而丧失其无名品质。见**鳌园海滩**[13]、**泛舟**[14]、**操艇**[15]、**龙舟赛**[16]、**散步道**[17]。

下篇共同体之集美大社——

集美学村曾以校领村的共治格局致力于现代性的地方自治，其底层是学校精英与草根村社的碰撞。其中，学村的核心组成——大社，是陈嘉庚的家乡、集美学校的发端和学－村共治的核心，迄今留有共同体的延续性，见**集美大社**[18]、**学村办事处**[19]、**角头**[20]。

共同体需有物理支撑和连续的民俗文化，通过日复一日的重复行为保证共同体的再生产，见**祠堂**[21]、**大祖祠广场**[22]、**正月十五割香**[23]。然而，共同体并非静态的想象的乡愁，尤其是在产权的私有、共有、公有、半

私有半共有、半共有半公有的界定、占有和转变中, 共同体呈现为真实
复杂的实体, 见: **共有地**、**自建房**、**侨房**。共同体既是想象也是实体,
其内部关系无论是团结友善还是明争暗斗, 往往反射在外部环境可
见之处, 因此, 环境沟通和疗愈潜力应获得更多重视, 见: **树地**、**檐下**、
可达的公厕。

　　最后, 对于尽地而占的习性、低幼张扬的设计偏好、嘈杂的旅游业
态倾向, 我们特别将位于集美寨和大社背面区位的最后一块未发展用
地——**引玉园**, 界定为静奥的背, 以烘托引玉楼并向南薰楼致敬。

目　录

上篇　侨乡之集美学村

下篇 共同体之集美大社

上　篇

侨乡之集美学村

✡ 1 侨乡

外向反身性

1913年,陈嘉庚回乡兴办集美小学,图为1914年小学全体师生在早期木制[1]校舍前合影
来源:陈嘉庚先生创办集美学校七十周年纪念刊编委会《陈嘉庚先生创办集美学校七十
周年纪念刊》,1983:21

1　地方文献中概用"木质校舍",鉴于校舍建设不只木材一种材料,本书中以"木制"
　　称之。

19、20世纪集美人下南洋，家乡有妻儿老母，海上有航运风险，异地前途未卜，此去不知几时返，且行且回首，凝望天马山前集美海这永远铭记的故乡记忆。

集美，作为闽南的组成部分，因生活困难、住民多出洋打拼，而成为"南洋侨乡"。"南洋"指东南亚一带，殖民时期包括：英属印度的缅甸省（今缅甸）、英属婆罗洲、英属马来亚（海峡殖民地、马来联邦、5个马来属邦，与英属婆罗洲合并独立为今马来西亚、新加坡和文莱）、法属印度支那（安南保护国、东京保护领、交趾支那、柬埔寨保护国、广州湾，为今越南、老挝、柬埔寨、中国广东湛江）、美属菲律宾（今菲律宾）、荷属东印度（今印尼群岛）、葡属帝汶（今东帝汶），以及唯一幸免于西方殖民的暹罗（今泰国）。

据推断，集美人最早出洋谋生可能发生于清康熙年间（1662—1722），至19世纪上半叶鸦片战争之后（1842）达到较大规模。最初多旅居新加坡、马来西亚，次为暹罗，少数到缅甸、印度支那，后有部分人到菲律宾。集美华侨在南洋各地经营树胶、锡矿业、商业及其他。

集美人下南洋的趋势，受到宏观国家政策、中观地方条件和微观个人或家族海外经验的影响。

宏观国家政策

从17世纪中叶的清朝到20世纪初的民国时期，国家政策经历了巨大转折。清政府建立之初，对于人民外迁采取严厉管控的取缔政策，禁止人民离国，对于违法迁出者禁止返国。鸦片战争结束后，清政府与各国所订商约中,往往有允许订约国人民互相旅行及居住之权,且欧洲有些国家为发展殖民地招募华工,致清政府取消从前严禁外迁的苛罚及对回国侨民的严政,对于驻外使臣及领事也有保护侨民的训令或派大员前往抚慰侨民。政策转向,使得沿海居民大量向国外迁移,特别是闽粤两省贫穷人家,通过出外打工或经营小商业,以改善经济状况和提高社会地位。1912年,中华民国建立,为承认海外华侨的贡献,特别是经济接济,且期望华侨继续报效祖国,赋予海外侨胞参选参议员的权利,并于"一战"期间设立侨工事务局以与对华招工的英、法等国对接,又于1932年成立侨务委员会处理益发复杂的侨民事务。

受此国际形势及宏观政策的影响,尽管闽南各处很早就有人前往南洋(约可追溯至明朝),大规模下南洋主要始自中外通商以后的外迁宽容政策;咸丰三年(1853)厦门小刀会起义失败,闽南掀起一波逃亡南洋的移民潮;光绪末年(1899—1908),在国政日非、民俗日坏、兵匪为患的环境下,携眷旅居南洋之势益甚。

中观地方条件

然而,下南洋并非搭上淘金直通车。"蕃边若是真好赚,许多人去几回还。都是家乡环境逼,只着出门渡难关。"这首流传于粤闽的出洋民谣,道出了出洋谋生的不得已和艰辛。"都是家乡环境逼",道的是地方条件的外迁推力。闽南地势崎岖、多山岭、少平原,可耕地与已耕地不多,多数人民不能以农业为生。地势较低处的土质大多是黏土带砂土,田不足耕;近山者种番薯和花生,但过去民风轻视番薯,只有贫困人家以番薯为主要食品;近海者则耕而兼渔。集美亦然。

集美是坐落于厦门岛北对岸、天马山脚下三面环海的小半岛。天马山脉蜿蜒而下的七个小山丘，被人们冠以"七星坠地"之雅称，实际上则缺乏耕地。这样的地理条件下生存竞争激烈、谋生困难，使得一部分穷苦居民，特别是有志青年，勇于渡海，往南洋各处谋生。

微观家族联系

1950年代以前，集美隶属同安县，同安方言称下南洋为"过蕃""通蕃"，称华侨为"蕃客"。从前下南洋使用帆船，厦门船头涂以绿色，俗称"青头船"，前往东南亚的航程约需六七十天，以载货为主，冬去夏回，一年一次。蒸汽机发明后，改用汽船，大部分由外商经营。从光绪年间（1875—1908）开始，远洋航运已普遍使用轮船，厦门与东南亚的航程约七八天。不论乘帆船或汽船，移民于渡海时往往遭受危

20世纪初钓艚帆船，背景为厦门港巨石"打石字"。大型渔船常在冬季改作商船运载货物，也是下南洋人群的主要出行方式

来源：旧明信片，许路供图

险与虐待。一般蓄客仅带一只水罐、两套衣服、一顶笠帽、一条草席，下船以后，只得听天由命。当中有许多人一到南洋，回国的机会就再难得，他们往往几年回国一次，甚至十余年回国一次。是以"昔时出洋，必泣辞尊长"。

即使长居海外，昔时华侨与家乡总保持着千丝万缕的联系。早期出洋者通常是单身男子，陈达（2011）描述其出洋返乡的人生节点如下："普通华侨，每逢儿子到十五六岁时，家长就要忙着为他定婚……过了几年，就召儿子回国结婚。"[1]134 "到结婚的前一月，儿子就从南洋跑回去，预备结婚的事情。通常青年华侨回国的第一次，多是为结婚而回去的。"[1]151 "婚事后，过一个月或两三个月，又重返南洋了。"[1]134 "以后回国，除非光景富有者，大概要在三四年中举行一次，每次回国所居留的时间，总在一个月左右。"[1]151 "所以国内的家庭，除尽祭祖的责任之外，还守着子孙繁衍的责任。这一点，在华侨的人生观中，是非常重要的。"[1]134

家族的延续，包括祖先的供奉、嗣续、财产的继承，从根源上联系着华侨与家乡的关系，为此华侨每隔一个月或两个月汇回或托人将金钱带回家中。陈达续论早期华侨与国内家庭的关系：

华侨大致保存大家庭制度，生活都是靠着几个人的生产，除一二位能生产者外，其余都是消费的人。华侨每月批[1]回的款项，

1　"批"指"侨批"，"批款"即侨批的款项。"批"为"信"的闽南方言，侨批是海外华侨通过海内外民间机构——侨信局、侨批局，结合家书与汇款的特殊邮传载体。

就是补助家中全月的生活费,如南洋生意茂盛,批款富裕,家里的人,除生活费外,就将余款预备婚姻、建造屋子、修理坟墓、教养儿童或储款生息。如家内尚有父兄能够生产,就把此款的一部分充作营业,或扩充买卖之用。此外如有余款,尚可用作公益事业如卫生或救济等……又家庭人员如在南洋或国内不幸失业,可以回到家里过活,生活的费用不必自己担负。[1]134-135

生产贫困加上大家庭制度,使得侨乡家庭的生命线赖于侨汇,随华侨经商情况和南洋经济周期,或富裕或困窘地起起落落。除了侨汇,住屋营建既是改善家庭生活的直接举措,也是华侨光耀门楣、荣归故里最直接的方法,也是在治安不佳区域较安稳的投资。陈达援引受访者云:

我们村内的华侨,凡富有之家,都愿意建大厝、祠堂、书斋、坟墓,然后方谓完成人生的大事。倘此四样不全,即不得称为"全福"。因大屋住人,祠堂崇祭,书斋设教,坟墓敬祖,都是光前裕后的意思。[1]122

反身性的主体经验

19、20世纪的华侨之于侨乡建设,除了纵向的文化根源性外,还有横向的救国意识,体现于他们投入侨乡的公益建设。这涉及华侨在欧美殖民地经历的主体经验的反射。

一方面,大多数华侨初到南洋身为工人或小商人,都有受殖民者歧视和不平等待遇的经验。譬如中国人迁入荷属东印度（今印度尼西亚），所受法律限制繁复而苛刻，其中最不平等者为警察可自由搜查中国人住宅，而无须事前向法庭领取搜查证。即中国人与被殖民土著同等待遇。[1]154 又如法属印度支那的殖民地政策，利用中国商人为统治阶级与土著之间的中间人，但限制中国人权利，防范中国人成为殖民地繁荣的必要条件。[1]167 彼时祖国羸弱，不但政府受他国欺凌，国民也到处被人轻视欺侮。这种歧视与压迫，华侨时有感受，他们"希望中国快点振作，提高国家的地位，不要使外国人笑我国为毫无出息的国家"。[1]208

另一方面，青年华侨多为热血青年，穷不失志，往往富于冒险精神，而能毅然决然离乡出洋。他们到了殖民地，拓展了气量与见识，不但观察同胞，也观察在南洋的欧洲人，在日常生活中不知不觉地受到欧洲文化的影响。彼时一些欧洲的新习惯与新技术，例如政治清明、社会有序、街道平宽洁净、交通方便快捷，都使他们感到喜欢和羡慕。

反观清末民初的祖国市镇乡村，只有污秽的道路。这种文明反差，使得青年华侨在回国或通信时，往往向家乡介绍南洋社会的优点，以期发展实业，或提高乡人的生活水平，或提倡改良他们认为不合时宜的民风。他们目光远大，乐于经营或建设祖国的乡村与市镇；他们的思想和行为，从关注家庭族亲拓展到社会利益、大众福祉，例如尊崇法律、主持公道、反抗恶势力等。

青年华侨中的陈嘉庚（1874—1961），从家乡落后的深沉悲哀中生出祖国复兴的紧迫感。他在《南侨回忆录》中述及祖国政治腐败、军阀割据、强抽税捐、产业落后、国弱民贫，闽南尤其治安不良、盗匪纷乱。

家乡集美的贫困落后不仅是环境问题，更是族人素质的文明问题，他不无沉痛地提到："（集美社）无别姓杂居，分六七房……各房分为两派，二十年前屡次械斗，死伤数十人，意见甚深"[2]4，以及1913年集美小学校开幕后，"我（陈嘉庚）于夏秋之间，出游同安各处乡村，目击儿童成群嬉游赌博，衣不蔽体，且有赤裸全身者……深感闽南数十县，同安如是，他处可知，若不亟图改善，恐将退处于太古洪荒之世，岂不可悲？"[2]437。

嘉庚故里——集美，得益于陈嘉庚带头，通过捐资、捐物及其他形式，或亲力亲为，或委托代理人，积极推动集美的公益事业，包括兴学、奖学助学、扶贫济困、修桥铺路、修缮祠堂寺庙、建设医疗卫生设施、赞助文化活动、兴办实业、捐款救灾、支援抗日战争、帮助战后重建和恢复生产等，对集美产生了深远的历史影响，谱写集美侨乡特征——经由出洋的主体经验反思，回馈侨乡以社会、经济、环境、教育、福利的全面建设，启动和加速落后侨乡的发展，使之赶超时代性。

因此：

华侨从出洋谋生到返乡建设，是国际关系、国家移民政策、地方生存条件、草根宗族文化，以及主体海外经验的综合作用。超越传统家族范畴，陈嘉庚以身作则发起兴办教育、交通、卫生等公益事业，以谋大众幸福，以兴国家现代化。于是集美的出洋回望，从单纯的泣辞尊长的本能情感、根脉传续的文化认同，提升转化为具有历史转折意义的外向反身性。

✿　　✿　　✿

　　办教育是华侨固有的人生四大事之一，但其传统格局限于书斋。陈嘉庚的外向反身性突破此格局，带动华侨系统性地兴办新式教育——**集美学校**[2]——超越家族边界，成就地域性公益事业和公共治理（**学－村治理**）[3]……

✿2 集美学校
从近代至共和国的缩影

集美学校校歌,迄今仍为集美大学、集美中学、集美小学等集美系学校的共同校歌

来源: 福建私立集美学校廿周年纪念刊编辑部《集美学校廿周年纪念刊》,1933:1

……集美学校集中体现了**侨乡**[1]的外向反身性特征,它是时代的、地域的,也是一群人的。

✿　　✿　　✿

辛亥革命次年(1912)陈嘉庚返乡兴办新式教育,奠定了集美学校血脉中的革命性和前沿性。此后,陈嘉庚基于力所能及和解决问题双重现实的基础上,一步一个脚印地增办学校、校舍、学生宿舍、教工宿舍、公用设施、集体经济组织等。其间有为争取时效的先办后建,有为合理运营的重组改制,有受限于用地、资金、经验和国家政策的频繁重整,既是爱乡爱国壮举,也是边做边学的有机生长。历经抗日战争和解放战争的弦歌不辍,1949年后的集美学校进行战后重建,融入社会主义新中国建设。随着社会发展,集美学校历经混乱失序、被迫停办到重建教育常态,回归教育兴国的初衷。

海峡殖民地首府新加坡的城市文明显化了家乡渔村的落后,侨居殖民地体尝殖民者对华人的歧视,这双重紧迫性激发陈嘉庚教育救国的使命感。

陈嘉庚次子陈厥祥(1900—1965)编纂的《集美志》收录陈嘉庚自陈之兴学动机:“教育不振,则实业不兴,国民之生计日绌。言念及此,良可悲已。吾国今处列强肘腋之下,成败存亡,千钧一发,自非急起力追,难逃天演之淘汰。鄙人所以奔走海外,茹苦含辛数十年,身家姓名之利害得失,均不足动吾念虑,独于兴学一事,不惜牺牲金钱,竭殚心力而为之,唯日孜孜无敢逸豫者,正为此耳。”[3]73 在《南侨回忆录》的

《畏惧失败才是可耻》一文中，陈嘉庚进一步将其办学动机界定为"尽国民一份子之天职"，他说："以一平凡侨商，自审除多少资财外，绝无何项才能可以牺牲。而捐资一道，窃谓莫善于教育，复以平昔服膺社会主义，欲为公众服务，亦以办学为宜。更鉴于吾国文化之衰颓，师资之缺乏，海外侨生之异化。愈认为当前急务，而具决心焉。"[2]439

兴学救国的首要落脚点自是故乡。陈嘉庚两次评价同安农村"几将回复上古野蛮状态"[2]5"恐将退处于太古洪荒之世"[2]437，并谓感到"触目惊心，弗能自已"[2]5"时萦脑中"[2]437。强烈的危机感，使陈嘉庚"默念待力能办到，当先办师范学校，收闽南贫寒子弟才志相当者，加以训练，以挽救本省教育之颓风"[2]5。

按年表（附录1）梳理20世纪10—30年代的集美学校简史，可以看到故乡盘根错节的利益关系、人情关系、风水观，陈嘉庚所能组织的财力、物力、人力，以及时局变动的影响。集美学校群并非一步到位、一张蓝图干到底的建设模式，而是因时、因地、因力制宜的有机生长（图2-1）。其间有兴盛，有破坏，有危机，有克服，有重构，有外因，也有自身的奋斗。参考集美学校发展史，分阶段简述其历程。

阶段一：侨乡兴学（1912—1926年）

如同"产品周期"，1912—1926年间是陈嘉庚办学的开办增长期。彼时的规模虽比现在小得多，但在教育极端落后的旧中国闽南，这里是一个名闻远近的规模宏大、设备充实的学村。这一阶段具有如下特征：

（1）办学初心，一是基于个人纽带为家乡兴办新学，改变家乡的贫弱、落后和械斗习气；二是倾尽国民责任，通过新式教育促使国家向现代性转型。

（2）由于办学始于家乡，始于一己之力动员族亲共建，办学的约束条件主要是资金和用地。基于资金能力的土地收购出价固然是谈判要素，但价格未必能有效地达成交易，族亲共同体的风水信仰、祖先神灵、初级人际关系、盘根错节的爱恨情仇等非理性要素，也是取得用地的约束条件，甚至更为关键。因此，关于集美小学用地，最被陈嘉庚看好的大祖祠对面的空地因风水顾虑而无法取得，动用其家族花园也恐激发无谓的争执，最终落脚于乏人问津的滨海废弃鱼塘。

（3）新学是迎向一个新时代的举动，具有抛却旧教育的替代性。因此陈嘉庚不能仅以一己之力办学，还必须号召各**角头**[20]抛弃成见、解散私塾、联合兴办新学。即以公共利益使各角头共同体实质性地联合为集美社共同体。

（4）熟谙商场的陈嘉庚深知时机的重要性和时势的动态性，他具有熊彼得定义的企业家创造性，对于从零开始之事，他认为动手开始比万事俱备更加重要，日后可再于过程中迭代提升。[1] [7]因此集美两等小学校[2]成立之初假大祖祠、浩驿、二房角祖厝等处上课，集美女子小学开学假向西书房作校舍，集美幼稚园成立时假集美渡头角向东祠堂为

1　譬如，当时中国教育界泰斗、北京大学校长蔡元培（1868—1940）主张厦门大学"不要速办"，并通过北京大学校友、集美学校校长叶渊（1889—1952）力劝陈嘉庚缓行。陈嘉庚认为凡事不能一切完备后再动手，不能企望一蹴而就，要先做起来，然后不断完善。

2　清末设小学堂，分初等（一至四年级）和高等（五至六年级），合并设立者称两等小学堂。辛亥革命后，学堂改称学校。

园舍，厦门大学开校暂借即温楼上课等，皆采取开办与建设同步进行的权宜之举。

（5）办学不是简单的办校，而是与地方发展环环相扣的复杂问题。从集美学校的"生长"史可以看到这样一个动态规律：解决一个问题的同时往往衍生出另一个有待解决的新问题。而不断地解决问题，从不退缩推诿，是嘉庚先生留给我们的"畏惧失败才是可耻"的典范。"问题和解决问题"体现如下：为引领家乡现代化，解决方案是兴办新式小学；办学衍生师资奇缺问题，解决方案是兴办师范学校附设中学；中学衍生毕业生就业问题的解决方案是兴办实业部，含水产科、航海科、商科。同样，为解决教员子女照顾和家乡学前教育问题，创办幼儿园；这又衍生幼教师资问题，便又创办幼儿师范。

（6）正是因时、因地、因能力的"生长"而非"一步到位"，集美学校所能取得的用地主要是聚落边缘、没有生产力的坟地山头，形成聚落与学校互嵌的形态。为避免大规模改造地形的成本，建筑物依地势而建，保留了微地形变化的趣味。

阶段二：因应经济危机之减损（1927—1936年）

1926年之前的几年，陈嘉庚的公司年年斩获甚巨，于是加快集美、厦大两校发展步伐，其他公益事业也放手铺开。然1926年初，橡胶价格开始跌落，之后连连暴跌，短短几个月就使陈嘉庚的公司陷入困境，企业严重亏损。1929年10月爆发世界性经济危机，新加坡实业界笼罩在一片愁云惨雾之中，首当其冲的是橡胶业。为按月支付两校经费，陈嘉庚开始向银行举债,债台高筑。面对亲人建议停止两校经费,集中财力维持企业经营,以及外国银行财团以债权人的资格要求他停止支付两校经费以清偿债务,否则就要拍卖他的不动产,陈嘉庚的衡量是:集美、厦大两校是社会义务,商业成败乃个人荣枯,何者影响事大显而易见。进入1930年代,益发显著的事实是,在外国资本的钳制下,陈嘉庚的企业发展无望,1933年底陈嘉庚做出企业收盘的决定。

由此可见,这个阶段的约束条件是资金流。陈嘉庚不得不采取断然措施:停止两校新的建筑项目,终止正进行的国内三座图书馆的筹建工作,压缩两校的经营常项费用,不足部分靠收取学费弥补,并校裁员,同时调整组织、重新分配校舍。在这段陈嘉庚艰苦支撑时期,1931年在校学生达2723名,是建校以来最多的一年;被国立杭州艺术专科学校教授、散文作家、画家孙福熙(1898—1962)誉为"世界上最优良、最富活力的学校"。

阶段三: 抗日内迁之弦歌不辍(1937—1944年)

1937年9月,日本飞机、军舰掩袭厦门,集美危急。为确保师生安全并使办学不致中断,学校开始迁往内地。同年10月,集美师范、中学、商科迁往安溪县城文庙;11月,科学馆仪器标本运往安溪;12月,农林职业学校迁往安溪同美乡,水产航海学校迁往安溪官桥乡。各校地点、人员分散导致管理和经费运作的困难。1938年1月,各中等学校一律迁入安溪县文庙校舍,合并办理,定名为"福建私立集美联合中学",师范、水产航海、商业、农林各校改为科;同年5月,集美小学迁往同安县，于1941年2月迁回集美。1939年1月，联合中学的水产航海科、商业科、农林科迁往大田，成立"集美职业学校"，中学取消"联合"二字。集美学校经此变革，分为三个部分：集美中学、集美职业学校和集美小学。1941年8月，职业学校因三科性质不同，分开独立为校。1942年8月，高级水产航海职业学校由大田迁往安溪，以利闽南各县渔民子弟就学。

战火威胁下的办学形态是：搬来迁去，分分合合。约束条件是安全与资源，前者包括人身安全和粮食安全，后者主要是资金的存续与校舍空间。抗战时期，学校经费极端困难，在国内不少学校停办的情况下，集美学校以百折不挠的精神依然弦歌不辍，为抗日战争作出自己的贡献。

阶段四：战后重建，融入社会主义新中国（1945—1965年）

1945—1949年是集美学校的复建时期。1945—1946年，各校陆续迁回集美，积极医治战争创伤，修复校舍和公共设施，从战时状态转入和平状态。然内战又起，学校只能巩固维持。1949年10月，中华人民共和国成立，集美学校迎来重生和发展，办学规模扩大，教育质量提高，嘉庚建筑群拔地而起，在制度上融入社会主义国家体制，也历经了体制建设初期的不稳定。

1950年2月，陈嘉庚拟请政府接办集美学校以发展壮大，他自身则集中有限财力建设学村的公共设施。当时国家政策鼓励华侨办学，省政府不同意接办，但学校经费由国家补助，学校教学工作由政府各主管部门指导，中专各校毕业生由国家负责分配。于是陈嘉庚有限的自筹经费,除部分用于小学、幼儿园外,都集中投在鳌园、游泳池、龙舟池、道路、园林绿化、环境卫生、厕所改造等建设中。校舍和公共设施重建、扩建和新建的面积比过去增加三倍,且为学村增添了新的景观和风情,陈嘉庚意在学村"不但成为文化区,应使成为风景区"[3]159。

与此同时,学校在中央—地方关系重构中不断改制,集美各专业学校分属不同主管部门,其所面临的校园的划分、公用场所的使用安排、经费的统筹和分摊、管理协调等方面问题,只有在陈嘉庚统筹安排下才能取得统一解决。

该阶段快速且不止歇的重组,足以使人眼花缭乱,无法一一铭记。

1.中学: 1950年秋,集美高级中学与初级中学合并,定名为"集美中学"。1956年被定为福建省重点中学,省政府全面负责学校经费。

2.水产航海学校: 1951年增办"水产商船专科学校"(简称水专),由"集美高级水产航海职业学校"(简称高水)负责筹办,后于该年8月分开独立为校。

(1)水专于1952年与厦大航务专修科合并为"国立福建航海专科学校"(简称福建航专),又于1953年并入大连海运学院。

(2)高水于1952年与"福建省高级航海机械商船职业学校"(简称高航)合并,1955年校名改为"福建省厦门市私立集美水产航海学校"。其中渔捞、养殖、轮机专业由农业部负责指导,航海专业由交通部负责指导;1957年划归水产部、交通部领导。1958年分为"福建省厦门市私立集美水产学校"(简称水校)、"福建省厦门市私立集美航海学校"(简称航校)。

(3)1958年福建省依托水校创办"集美水产专科学校"(大专)。

1960年水校改称"福建省集美水产学校"。

（4）1958年交通部将航校下放给福建省，省交通厅接收后改名"厦门集美航海学校"。1960年省交通厅依托航校筹建"福建交通专科学校"（大中专，简称交专），后交专独立办学，迁往闽侯。1962年交专大专停办，中专并入集美航校。1963年航校收归交通部领导。1964年改名"集美航海学校"。1965年交通部将航校交由广州海运局领导。

3. 商业学校： 1952年"集美高级商业职业学校"改名"福建私立集美财经学校"（简称财经）。1956年改归福建省轻工业厅领导。1959年省轻工业厅将泉州食品工业学校、厦门纺织工业学校并入集美财经学校，改称"福建省集美轻工业学校"（简称轻工）。1965年分为轻工、财经两校，财经归福建省财政厅领导，留在集美；轻工迁至南平，与南平造纸学校合并，定名为"福建轻工业学校"。

阶段五："文革"中的重灾区（1966—1972年）

"文化大革命"期间，作为教育机构的集美学校遭受重创，学校的教学体制、设备图书、公用设施、教育伦理、师生关系、学校运营机制皆遭到极大摧残。各个专业学校被迫停办、解散，教师下放劳动，仪器设备被分散破坏，一个远近驰名的文化区只剩下普通中学和小学各一所，中学也停课近两年。这一阶段的过程如下：

（1）1966—1967年：厦门市委和部队工作组进驻航海学校—"六一九"事件—驻航校工作队撤离—省委、广州海运局、厦门市委各派出工作队进驻航校—成立航海学校"文化革命委员会"和"红卫兵"

组织—驻航校工作队撤回原单位—学校陷入无政府和"文攻武卫打派仗"的混乱局面。

（2）1968—1969年：清理阶级队伍—工人宣传队进驻学校—工宣队和造反派及工友领导学校工作—各校成立"革委会"—干部下放劳动—"革委会"动员学生"上山下乡"，延续到1970年6月，一批无辜的教职工被立案审查或受迫害。

（3）1970—1972年：各校被迫停办，陆续是集美幼儿园、福建轻工业学校、集美航海学校、福建财经学校、集美水产专科学校、福建水产学校、集美华侨补习学校，人员下放，校舍被占用，教学仪器设备、图书资料全部散失。

校舍被占用的典型情况有：集美航校校舍被多个单位瓜分占用，海通楼被围垦指挥部占用，克让楼被厦门市"革委会"用来看管未"解放"的干部，允恭楼、明良楼、即温楼被厦大农场占用，校办工厂被公安教养所占用。大操场因拓宽海堤需要取土，被下挖几米深。

集美校委会也处于瘫痪状态，为集美各校服务的公用设施，如科学馆、图书馆、体育馆、福南大礼堂、医院、印刷厂等，也陆续划归其他单位使用。

阶段六：复办和振兴（1973—1993年）

1973年开始，被迫停办后学校陆续由国家主导复办，集美学校彻底国有化：幼儿园、小学、中学被纳入地方政府的公办教育系统，不再具有侨办私立性质；专业学校在中央或省级部门直接管辖下复办，逐步升格为学院，最终于1994年整合为省属综合性大学，即集美大学。

专业学校的复办、升格、整合，尤其是校地的收回，反映了"文革"后中央—地方的"条块"关系重构。

（1）航海学院：1973年厦门大学筹办航海系，调回被下放的原集美航海学校教职员，后改办中专，恢复原名"集美航海学校"。1978年升格为集美航海专科学校，交通部与福建省共同领导，以交通部为主；收回被外单位占用的房屋，平整大操场，建筑挡土墙、校园围墙，建造两幢教工宿舍，一幢学生宿舍。1979年由交通部直接领导。1989年升格为"集美航海学院"。

（2）水产学院：1971年"四人帮"要求高等农业院校"统统搬到农村去"，1972年上海水产学院南迁集美，学校易名为"厦门水产学院"，直属福建省领导。1978年归属国家水产总局和福建省双重领导，以前者为主。农林渔业部（今农业部）成立后，为部属16所高等农业院校之一。1979年恢复上海水产学院，迁回上海军工路原址；厦门水产学院在集美继续办学。

（3）体育学院：1974年福建省体委在集美创办"福建体育学校"，培养中等学校的体育教师。1978年在该校基础上复办福建体育学院，选址集美原"福建航海俱乐部"。

（4）高等财专：1973年福建省财政厅复办"福建省财经学校"；1983年改名为"集美财经学校"，收回原在集美的校舍；1985年升格为"福建省集美财政专科学校"；1993年更名为"集美财政高等专科学校"。

（5）高等师专：1940年集美师范因"统制"停办。1971年厦门市"革委会"复办厦门师范，选址于鼓浪屿原省工艺美术学校校址。

1975年厦门师范搬迁到集美,1977年设置大专专业,1979年成立"厦门师范专科学校",1980年改名为"集美师范专科学校"。复办初期除厦门师范所建教学楼,借用科学馆、三立楼、体育馆作为办公室、实验室、宿舍、校办工厂、厨房。1983年征用孙厝村土地建校,1987年竣工。1993年更名为"集美高等师范专科学校"。

(6)水产学校:1974年省"革委会"同意省水产局关于复办福建水产学校的要求。鉴于原集美水产校舍已被移交厦门水产学院,福建水校暂借仓库开办,1975年搬迁到厦门东渡,1977年建校址于厦门仙岳山下。1980年校名恢复为"福建省集美水产学校"。

(7)轻工学校:1974年福建省轻工业局复办"福建轻工业学校",为全日制工科中等专业学校。名为复办,实为重新筹办。1985年,恢复原"集美轻工业学校"校名。

(8)华侨补校:1978年复办"集美华侨学生补习学校",由福建省教育局直接领导,省侨办协助领导。1980年由福建省侨办直接领导,省教育厅协助领导。1983年恢复由国务院侨办和福建省人民政府双重领导,以国务院侨办为主。1981年搬回原校址办学。

(9)集美幼儿园:1979年复办"集美幼儿园",1980年住在幼儿园的部分居民搬出园舍,腾出整栋养正楼和葆真楼的部分房间;举行复办典礼,成为厦门市直属幼儿园。

(10)集美小学:1980年集美小学被定为全省重点小学。

(11)集美中学:1969年集美中学初中两年制招生,1971年高中两年制恢复招生,1974年恢复过去的秋季招生,教学秩序逐步恢复正常。1973—1974年"上山下乡"职工获准回到学校。1978年集美中学恢复为全省重点中学。1984年集美中学列为全省首批"办好的重点中学"，面向港澳台、东南亚、全省招生。

（12）集美学校委员会：1980年集美学校委员会重新开展正常的工作，同年厦门市人民政府批准恢复"集美学校校友会"。

阶段七：成立集美大学（1994年迄今）

1993年福建省政府明确《关于筹建集美大学的决定》，由此推进集美航海学院、厦门水产学院、福建体育学院、集美财政高等专科学校、集美高等师范专科学校五所大专院校联合组建集美大学的实质性合并，实现了陈嘉庚"本校将来应改为大学"的夙愿。

彼时五校分属不同管理部门，其中航海学院归属交通部、厦门水产学院归属农业部、福建体育学院归属福建省人民政府、集美财政高等专科学校归属福建省财政厅、集美高等师范专科学校归属厦门市人民政府，五校虽近在咫尺，但各自为政、封闭办学。这样的制度惯性之所以能得以突破，做到实质性合并，嘉庚夙愿、嘉庚精神起到巨大作用，其所彰显的超越本位主义的大局观，成为福建省与各中央主管部门、集美学校委员会、集美校友间的黏合剂。回顾历史，与1912年陈嘉庚说服族亲放弃各角头私塾合办新学有异曲同工之妙。

回顾集美学校校史，无法不思潮澎湃。这些令阅读者难以厘清的增、减、分、并、散、调、停、复、升的校名校制，反映的是集美学校与近代中国的同频动态。自1980年代中期起，嘉庚精神重回社会视野，成为集美学村的象征。1985年成立"集美陈嘉庚研究会"，举办"嘉庚杯"

龙舟赛;1988年成立"陈嘉庚基金会",设立"陈嘉庚奖";1989年成立"集友陈嘉庚教育基金会";1990年国际小行星命名委员会,将中国科学院紫金山天文台在1964年1月9日新发现的第2963号行星,命名为"陈嘉庚星";1992年成立"陈嘉庚国际学会",一座以陈嘉庚名字命名的化学大楼,在美国加州大学伯克利分校破土兴建。

进入21世纪,与国力增强同步,陈嘉庚故居、嘉庚公园、陈嘉庚纪念馆、鳌园、归来堂等地作为爱国主义教育基地对公众开放,鼓励人们追念伟人。然而,宣扬嘉庚精神的手法却有简单粗糙之嫌:在集美学村的公园、人行道、街巷、空地,凡是有墙面的地方都饰以弘扬嘉庚精神、传述嘉庚故事、强调嘉庚建筑的墙绘、标语、宣传栏,如此密集的视觉轰炸,仿佛只需认识简化贫乏、单一主题、功能化的集美学村复制意象,而不必认识身边真实的嘉庚故里。讽刺的是,简单文本覆盖真实复杂故事之后,甚至某种程度上导致人们神化陈嘉庚而主动脱离典型效仿——不乏大社后代直接将陈嘉庚奉为"神",并自嘲"不肖子孙"——这恰恰与陈嘉庚的愿望相背离。

因此:

宏大叙事需在真实地点中通过共情、细腻的多重解读,使听者在当代的日常真实中缅怀先贤的立体面貌,使伟人典型产生"南风之薰兮"的柔、和、深、透的影响力。弘扬嘉庚精神须同步致力以下三者:历史建筑保护、集美学村空间文脉保护,以及历史多重解读的细致呈现。即尊重嘉庚建筑的材料—结构—形态一致的真实性,毋以表面风格处处

复制；尊重百年校史经历的不同底色，毋以单一叙事覆盖历史；尊重历史由"复数的人"谱写，在历史故事或特定地点中，呈现不同人的故事以及交织其中的集美学校和嘉庚精神。克制对集美学村的简单改造，务求在真实的"社会空间"中，让历史对人们的潜意识耳濡目染，而非教条训诫。

❀　　❀　　❀

新式教育不是家族私塾，而是地方公益事业。是故在村社（尤其是落后村社）嫁接新式教育，不可能仅管理校园自身，而势必介入村社治理，建立校村共同治理——**学−村治理**[3]——甚至，在学校精英集群与落后村社的反差中，不可避免地形成以校领村的格局……

✿3 学-村治理

从自治体到领地集合体

1980年代的集美学村航拍　　来源：厦门美璋影相馆紫日

……近代背景下的**侨乡**外向反身性，反映了强烈的现代化强国愿望。可以说，新式教育**集美学校**既是目的也是媒介，其目标是使地方从人情治理转向公共治理。

❀   ❀   ❀

集美学村将教育与地方治理合一，既是办学，也是地方振兴。此整体性因《承认集美学村公约》的机缘而合法化为自治体。但现代国家架构将集美学村自治体消融于地方治理体制中，从自治转向共治，再转向条块分割，整体性进一步销蚀，成为领地的集合体。

"集美学村"之名和概念并非建校即有，乃建校10年后因时局演化而来，源于《承认集美学村公约》[6]38（附录2）。1920年代，闽粤军阀交战，两军隔集美海对峙，开枪互击，厦集交通为之断绝，叶渊[1]等学校负责人为购买粮食等事，经常冒险由海道往厦。继两学生乘帆船中弹后，鉴于军队屯驻校内动辄千百、予取予求，且溃兵过境亦有事端，叶渊校长怀于战事之蔓延，倡议划学校为"永久和平学村"，向南北军政当局请愿。在新加坡的陈嘉庚也同林义顺[2]和新加坡中华总商会[3]分别致电闽军、粤军首领，要求他们把驻军撤出集美学村界外。倡议和请愿获得各有关军政当局、大学、报社、名流人士等复函，表示极力赞同、支

1　叶渊（1889—1952），又名叶采真，1917年毕业于国立北京大学经济系。1920年，受聘任集美学校校长、董事长，主持集美学校长达14年。

2　林义顺（1879—1936），新加坡华侨、民主革命活动家。

3　新加坡中华总商会(Singapore Chinese Chamber of Commerce & Industry, SCCCI)于1906年由华人创办，并于1977年更改为现名。总商会是本地华商的最高领导机构，也是世界华商大会的创办机构，并拥有广泛联系世界各地华人企业的商业资讯网站 "世界华商网络" (www.wcbn.com.sg)。

持、承认。孙中山陆海军大元帅大本营也于1923年10月20日批准在案，由大本营内政部电令闽粤两省省长及统兵长官对集美学村特殊保护，并于电文中附上《公约》。争得永久和平学村的承认，实际上并没有使集美学校幸免于战祸，但"集美学村"由此得名。

学村自治体

《公约》得到各方承认后，为使集美学村成为一个运营实体，1923年底成立"集美学村筹备委员会"制定《集美学村筹备委员会规程》**（附录3）**，设学村办事处，于1924年呈文国务院准予立案。《规程》明确了学村的自治实体性质，委员会是其自治机构：

（1）委员会成员的构成包括集美学校校友和集美社家长；

（2）委员会的最高权力者为正会长（校主陈嘉庚），副会长（校长）为其代理人；

（3）校-村间的权力比大约是3:1，体现在各股委员组成由教职员6人加集美社家长2人；

（4）委员会的权责包含教育、卫生、建筑、警务等四个实施部门，以及统计、文牍、会计、交际等四个后勤部门。

学村的自治工作分为村内与村外。村内工作重点是：

（1）教育：将未受教育之成年人、不能受学校教育之儿童、曾受初等教育未完之青年、曾受初等完全教育之青年等四种学村村民，列为接受教育的对象。施教场所包括义务学校（平民学校）、通俗教育馆（演讲所、博物馆、娱乐部及阅报所）和体育场。1927年成立校友会，讲演部每周派员赴集美社，举行通俗讲演。

(2)卫生:填无用私厕,建公共厕所。烧除无用丛草,定期烧草杀虫。学校的附设医院对村民做义务施诊及施行各种疫苗预防接种。至1930年代,寒热病、吐泻病、天花和鼠疫这四种当地常见的疾病都得到救治:鼠疫绝迹,天花亦未流行,蚊蝇减少,疟疾罕见。

(3)建筑:道路建设列为重点。最早是在住宅之间的空地拼接连成道路。

(4)调解:村内房与房之间、角头与角头之间发生的纠纷,学村委员也都介入调解。

村外工作重点为与政府交涉杂捐和丁粮的减免。1925年5月22日,学村委员会副会长、集美学校校长叶渊向福建省政府呈请撤销集美学村杂捐和校产丁粮,得政府回应(**附录4**)如下:

(1)1925年8月11日,同安张知事电文通知叶渊校长,已通知军需局同安办事处撤销集美学村各种杂捐。至于丁粮,集美学校提出校产概用于建校,已丧失田产之性质,即使间有辟为植物园试验场等,亦为试验研究而设,非为营利;同安知事电文指校产丁粮的豁免呈请,尚需上报省长核办。[6]42

(2)8月22日,福建省省长公署发文,原则性明确豁免集美学村杂捐,并指示查明有无违纪事项。至于校产丁粮,若校地永远作为教育用地,将予同意,要求财政厅长、厦门道尹会同查明核议再报省府定案。

(3)8月28日,福建省省长公署发文,依据叶渊呈文的校产丁粮清册,以及省财政厅和厦门道尹的核议方案,指示在未经豁免之前,由同安县照数拨作学校补助费。

(4)9月,同安县知事奉省长令,派人调查校产,进行校产丁粮清册核实手续。9月28日,福建军务督办发文"撤销杂捐布告"。

政-学-村共治

1935年,集美学村奉同安县政府命令,办理学村土地陈报及编查保甲后,县政府将集美学村改为8个保,取消学村办事处,改设联保办公室,直属县辖。即集美学村不再是自治体,而纳入地方政府的管理体制,形成共治。集美学村办事处取消后,改设"学村联保主任",由各角头家长暨各保保长推出一人,送请学校加以委任,若无适当人选,由学校指派,送请县政府委任;学村的经常费、夜校经费改由学校督促管理;查禁烟赌由校警所负责;公共卫生由校警所和联保办公室督办。[4]133

事实上,直到中华人民共和国成立之前,无论是自治或共治,集美学村都是"校管村""校领村"格局。在学-村二者关系中,成人教育、通俗教育、建筑、卫生,是学校牵头来做。而出面与政府部门交涉的单位,从政府函文对象是集美学校而不是学村委员会来看,学校在对外关系上大于学村委员会。加之,《集美学校廿周年纪念刊》中只字未提学村委员会,合理推论,对等的学-村联合自治体并没有真正形成,在权力与能力上,学-村大约是3:1的关系。毕竟,正是村社的落后刺激了陈嘉庚办学。塑造具有现代性的良好国民的见识和能力,传统村社必远不如新式教育的集美学校。

更为可能的是,无论是在自治形态或共治形态,将学-村黏合为一个整体的、真正发挥作用的是强人陈嘉庚的威望,加上能人叶渊的执行力。那么，学村委员会很可能是虚体，学校和村社是实体，以学村办事处具体联系之。

1949年后，陈嘉庚仍是维系学-村整体性最重要（或唯一）的要素，体现于以下现象。1950年代，集美学校的重建、扩建经费由国家补助，交由陈嘉庚主持；陈嘉庚的个人财力则用于学村的公共设施。政府在集美的各项建设计划，都需征求陈嘉庚的意见，包括1953年厦门市委根据陈嘉庚的建议，形成一条不成文的规定：集美镇历届常委或政府的领导，必须有一名由集美人担任。这种做法一直保持到1991年才改变。以及，1959年集美镇人民委员会和集美学校委员会合并办公。[4]17-18

领地集合体

随着强人故去，以及国家经历的激烈重构，集美各校和村社纳入条块分割的国家体制，不仅学-村整体性不再，集美学校的整体性亦无实存。改革开放以来，集美学村进一步融入国家的地方治理，譬如1980年代，集美区在福厦公路左侧高海的黄金地段划出330多亩（约22公顷）土地，提供给厦门水产学院、集美航海学院、集美师范专科学校兴建校舍；集美区拨出专款，翻修和兴建学村道路8条。1990年代，在迎接集美学校建校八十周年的筹备过程中，厦门市和集美区共同投资5500多万元，维修校舍、福南堂，兴建嘉庚公园，并在龙舟池南岸填海造地60亩（4公顷）兴建旅游商城，解决旅游沿线占道摆摊，嘈杂喧闹影响教学秩序的问题；为缓解集美镇缺乏发展用地问题，集美区和集美镇投资9000多万元进行东海围海造地，发展商住、旅游和房地产业，开辟工业园兴办企业，并统建11栋建筑总面积为2.6万平方米的民宅。[10]

融入地方治理体系后的集美学村，如今更像是产权领地的集合体：

1. 学村内各校分开、各有主管部门、各有校园领地：

(1)集美幼儿园,为区属公办幼儿园,主管部门是集美区教育局;

(2)集美小学,为区属公办普通小学,主管部门是集美区教育局;

(3)集美中学,为市属公办完全中学,主管部门是厦门市教育局;

(4)集美大学,为福建省人民政府筹办,福建省教育厅管理。

2. 集美学校委员会和社区各有辖属：

(1)原为集美学校管理机构的集美学校委员会,现为中共厦门市委统战部的下属事业单位,管理鳌园景区(包括集美鳌园、嘉庚公园、嘉庚文化广场、陈嘉庚纪念馆、陈嘉庚故居、归来园)、体育馆、福南大礼堂、图书馆、科学馆、园林、游泳池、龙舟池等建筑物及所辖土地,和旧各校教职工公共房产;

(2)学村范围的村社为集美街道办事处领辖的岑东、岑西、浔江、盛光、银亭五个社区,其内有宗亲会传统组织和集美社公业基金会。

在这个领地集合体中，鉴于各领地之主管部门的级别高低的制度性常规，各领地很难自发形成多边平等的协商机制。但通过校委会支持的陈嘉庚事迹的研究、发表和展陈，校庆，集美学村重大庆典，"嘉庚杯""敬贤杯"海峡两岸龙舟赛等大型文体活动，以及集美校友会的活动，在认知和意象上维系了集美学村整体性的认同。然而，对于年轻一代，这个"想象的整体性"正在式微。说到"学村"，学生们脑中浮现的画面仅仅是位于嘉庚路和岑西路交口的"集美学村"门牌坊。"〇〇后"一代的世界认知由领地（或其流行语"结界"）构成：有门禁的校园和居民区，以及校园外日常消费的学生街；此外无他。一些学生甚至直到毕业都没进入过集美大社。

然而，回顾集美学校的办学初心（**附录 5**）。可以看到"学-村整体性"是集美学校养成现代国民的基础、媒介和表现；"学"与"村"不可分，"村"是使"学"不离社会、国家、世界的地方载体。

因此：

有必要缝合"领地集合体"中的"领地豁口"，以增进学-村的整体性。加强"共谋、共建、共管、共评、共享"的基层治理，是新时期人民城市建设的重要举措，但鉴于街道办和居委会的级别和任务目标的紧迫性，由非政府暨非营利组织进行集美学村社区营造，应为更有效的重塑学村整体性的方法。克制对于集美学村的简单改造，联合具有社区贡献职责的集美学校委员会、拥有各校之间缝合经验的集美校友总会，对集美学村有丰富认识的集美陈嘉庚研究会，以及分配族亲福利的集美陈氏宗亲会、集美社公业基金会，在政-学-村界面中，通过日常生活的连续性，促进学村整体性的重建。

学村治理整体性重构示意：于各个机构的领地边界推行社区营造，使边界既是分隔也是联系。 来源：刘昭吟绘

❀ ❀ ❀

集美学村的整体性，不仅是地方治理的体制机制，也体现于物理空间的连续或分裂——**学村完整性**……

✤ 4 学村完整性
联外有限,内部不分

1980年代,道南楼—龙舟池—启明亭的整体场域感

来源: 陈嘉庚先生创办集美学校七十周年纪念刊编委会《陈嘉庚先生创办集美学校七十周年纪念刊》,1983:52

　　……物理空间既是体制机制的载体,也是媒介和表现。随着集美学校[2]的兴办和重构,以及学—村治理[3]机制的变化,学村物理空间留有办学价值观、产权和权力的印记。

✿　　✿　　✿

集美学村完整性的物理环境支撑系统，逐步解体。

我支持集美学村联合办学，没必要各自搞围墙，你一块，我一块，当初陈嘉庚先生办学就是这个指导思想，图书馆就是一个，实验室就是一套，操场就是一个……[11]

1994年时任国务院副总理李岚清支持集美各校合并为集美大学时作的指示，道出了集美学村完整性的物理条件：各校间无围墙阻隔，公共设施共享。不独于此，历史上的村校之间亦然。但如今促进学村完整性的物理支撑已然益发解体。

物理整体性的瓦解

学村内各组成之间能无围墙相隔，乃得益于学村与外部世界间的有限接口。比较集美学村1933年、1955年、2021年地图，得出学村的外部联系接口、校－村之间的分界、学村内部道路的串联对其完整性的影响如下：

1. 学村的外部联系接口

（1）1933年，无论陆路或水路，集美学村与外界连通的主要通道是同美汽车路（今岑西路），另有步行的土路（曾名圣光路，今盛光路）

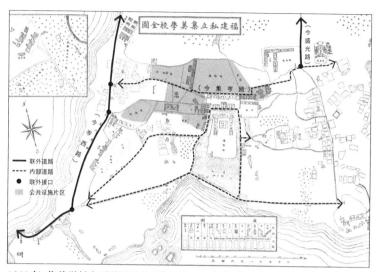

1933年，集美学村主要道路结构：联外接口4个，校村无显著边界

来源：1933年福建私立集美学校全图，刘昭吟、张云斌重绘

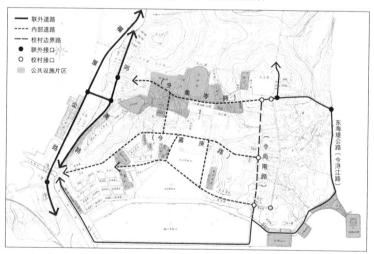

1955年，集美学村主要道路结构：联外接口6个，今尚南路已成形，为校村分界道路，有5处校村接口

来源：1955年集美学校全图，刘昭吟、张云斌重绘

向北连接到天马山,时集美学村边界共有4个联外接口。

(2)1955年,同美路仍为学村的主要联外道路,另增福厦公路和东海堤公路(今浔江路)[3]61可对外,学村联外接口增至6处。

(3)今集美学村的道路无分内外,皆为通过性交通;交通量荷载高的石鼓路从集美学村中央区穿过,将其一分为二。依据昔日集美学校地图,若界定岑西路、塘埔路、浔江路、龙船路所围范围为集美学村,则联外接口多达10处。

(4)联外接口的数量与学村完整性呈负相关,联外接口越多,通过性交通越多,学村越被分割为碎片。

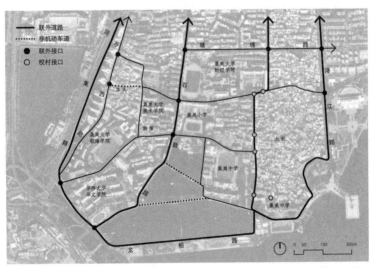

2021年集美学村主要道路结构:无分内外皆为通过性道路,学村联外接口10处,大社校村接口6处

来源:刘昭昀、张云斌绘

2. 校-村之间的分界

(1)1933年,集美学校与集美社(包括大社、岑头、郭厝,详见**集美大社**[*18])之间无显著边界,校村以东西向道路相通。

(2)1955年,已建成南北向的校村分界道路(今尚南路),校村间有5处接口。

(3)如今在1955年的基础上,加上美西巷为大社主要联外道路,校-村间的接口增加至6处。

(4)尽管集美学村被认知为一个实体,尚南路标示着校村分界的显化。

3. 学村内部的通道、围墙与公共设施

(1)联外接口数量有限,保护了学村相对于外部世界的独立完整,也为学村内部互通提供了保障。集美本地文史专家陈新杰(1949—)指出:"嘉庚校主认为集美学村是个整体,学村要像个大花园。因此除幼儿园保教需要外,学村内各校各单位均不得自建围墙,同时不许机动车进入学村干扰师生校园生活。"[13]集美航海学院原副院长、党委副书记陈泰灿(1939—)回忆1963年的校庆运动会:"那时集美各校没有围墙,运动场也是敞开的。"[14]

(2)学村内部道路的用途在于"连接"(而不是"分割"),实现公共设施的通达性。早在1930年代,集美学校公共设施集中于集岑路南北侧的格局已定,东西向的集岑路连接医院、图书馆、大运动场、大膳厅[1]、植物园、军乐亭、音乐室、手工教室、科学馆等共用设施。

---

1 也称膳厅、饭厅,即食堂。

由带有刺钩的线圈、箭镞、玻璃碎片组成的围墙，标示着区域"暴力"，与远景南薰楼的命名起源——陈嘉庚引《孔子家语·辩乐解》中"南风之薰兮，可以解吾民之愠兮"，恰相背离

来源：张云斌摄

(3) 至1950年代，福东楼、福南堂、侨校等于郭厝南侧发展，切过郭厝和科学馆东侧的南北向道路，成为连通南侧校区与北侧公共设施的重要通道。这条通道随着贯穿学村南北的石鼓路开通而消失。

(4) 现如今，过去作为学村内部各楼栋、公共设施的主要联络通道，大多已成为伴有围墙分隔作用的通过性通道，在声明领域的围墙中设置有限出入口。

集美学村完整性的物理支撑不断演化，呈现的是一个分化的过程：学村从一个联外接口有限的整体，分割为有多处通过性交通或围墙隔离的学校或机构实体。2020年起，各单位进一步减少和关闭出入口，益发强化区域封闭性，这是不可逆的吗？

人们或许"习惯"了区域边界，为私密性和安全性要求封闭性[1]。

1　例如，《集美校友》（1997年第2期）报道："集美中学规模大，是省重点中学，对外开放单位。该校地处集美风景旅游区中心地带，学校没有围墙，各类人员能随意进出，加上各种因素的影响，学校治安状况一度形势严峻。如外来人员窜入学校盗窃财物、殴打师生，校内一些法制观念差、行为不端的学生打架斗殴、小偷小摸、损坏公物等不良现象时有发生。"

然而，人的空间本能却是突破边界，与外部世界交织。当边界不是一条线，而是一个起到交织、缝补作用的空间实体时，人们的空间认知将导向融合的场域感和整体感。过多截然划分的边界标示（围墙、通过性交通），压制了循序渐进的空间过渡，必然挫伤场域的营造。没有场域感自然没有整体性。

曾经的"场域感－整体性"

今华侨大学华文学院与昔日集美侨校（集美华侨学生补习学校）的差异，可以说明"场域感－整体性"的丧失。从厦门本岛取道厦门大桥进入集美学村时，目光无不被那透着东方含蓄美的南侨楼群第一排所深深吸引，砖混结构、前廊、硬山五段脊大屋顶、燕尾脊、垂脊灰塑卷草等的建筑之美，引人入胜。然而，更具感染力、更加润物无声的，是建筑与地形和开放空间相融合的场域感，看似平凡无奇却有着难以言喻的品质。

但华文学院的4处校门令人费解（图4-1至图4-2）：

（1）位于鳌园路的南校门为新建主校门，此处无疑问；

（2）主校门后有1962年后建成的南门牌坊，为什么在区区40余米的距离内有两层校门？该门牌楼从操场登南侨楼群第一排，但与一般直行穿过门楼进入中轴线的体验不同，循两侧阶梯上至该门楼垂直转入中轴线，使得该门楼有主席台之感；

（3）位于嘉庚路的北校门曾挂牌"厦门水产学院"，据此推测建于1970年代；

（4）位于石鼓路——鳌园路口，建于阶梯上的两层昔集美侨校天南门楼令人望而敬之，但为常年不开放的校区侧门。既然是侧门，形态为何如此庄重？

那么，华文学院的前身——集美侨校的校门究竟是怎么回事？仔细推敲集美学校全图（1955）和南桥楼群平面图（1959），我们推测这个谜题的解答是：集美侨校作为集美学校的组成部分，其区域界定并不重要，只要能形成清晰的场域感，非必要无需门。

1950年代的集美侨校只有一处校门，其他的入口门道都是通过建筑物和地形的围合自然形成的。集美侨校地形北高南低、中央高东西低、微地形复杂，其唯一的校门即天南门楼，位于今石鼓路端头隆起的高地，结合地形建造凸形大阶梯、两层门楼和两侧一层翼楼的建筑体量，指向龙舟池—高集海堤，如张开双臂，完整地拉开侨校建筑群序幕，展示于世人面前。

从集美学村东部而来的动线，登天南门入校，先经双翼围合保护的小广场，再循路拾级上膳厅和南侨楼群第三、四排，或左转入第一、二排。从东而至的动线也可一直沿着龙舟池亭（今鳌园路），进入集美侨校操场区，经南侨楼群第一排前的阶梯上高差约2米的校区南段。

从北侧大中路（今嘉庚路）过来的动线，可以取道福南大会堂旁小路进入校区东界，或继续沿大中路在南侨楼群第四排各楼间道路进入校区北段。另一方向，从龙王宫、福厦公路（今同集路）过来有3条入校动线：①走大中路经海通楼，入校通道如上；②沿校区西界（今鳌园路）行至操场进入校区南段；③经集美始祖墓前地块至南侨十六楼与厕所、仓库围合处，登南侨十六楼下广场，再登诚毅台阶至上广场，进入校区北段。

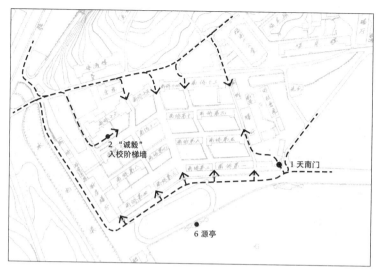

无围墙的原集美侨校的到达路径,提供多种入口体验

来源:1955年集美学校全图局部,刘昭吟重绘

我们注意到南侨楼在北高南低的地势中,第一排至第四排的楼高分别为1~4层,层层递进,为强调龙舟池和大海,因此所有校舍的正立面皆朝南。但位于校区北缘的最后一排,设计为南、北立面相同,以便从北侧入校时不致感到是从背面进入。

可以说,陈嘉庚亲自督建的集美侨校,体现了陈嘉庚实事求是的原则,毫无形式主义:如果必须有门,门必须是具有体量的空间实体,以形成入口门道的场域感和对外的宣示感,如天南门楼;如果能以地形结合建筑物形成门道的过渡性场域感,就无需刻意安装一个门,如诚毅台阶;如果建筑物在边缘,就让它成为可以连接内外的空间实体。但如今,天南门楼的翼楼皆不可见,被停车棚、商铺遮挡,天南门楼不再作

1962年以前的龙舟池和集美侨校的南侨楼群第一排。池畔低栏杆和适当的休憩设施,使人、水、建筑物得以相嵌

来源: 陈嘉庚先生纪念册编辑委员会《陈嘉庚先生纪念册》, 1962: 图片之页第三部分

为人口使用,只不过是一座建筑遗留,演化为少数人喝茶打牌的户外房间。南侨群楼第四排的北立面被围墙遮挡,与校外分割阻隔,再也不具备连接内外的作用,成为消极的背面。(**图4-3**)

与天南门楼关闭同步发生的是校园朝向的改变。天南门楼以中央高楼加双翼的形制位于龙舟池西侧角部,带领这一校区指向龙舟池、高集海堤、厦门,与东侧角部的南薰楼及其双翼异曲同工,共同形成龙舟池的双螯。但1962年建成的南校门牌楼和1970年代建的北校门,乃至90年代后期侨校改制为华侨大学华文学院所建的大校门,皆强调校园自身的中轴线,有头有尾,但眼界向内。这留给我们一个疑惑:1950年代陈嘉庚亲自主持侨校校园,彼时南侨楼群的中轴线难道无须做文章?

1959年,集美侨校迎接归侨学生。中轴线立有简易牌坊,横批为"热烈欢迎新同学",左联"团结互助……",右联"学好本领……"

来源:庄景辉、贺春旎《集美学校嘉庚建筑》,2013:176

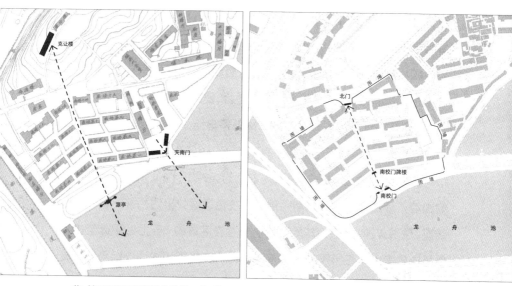

昔,校园贡献于学村完整性;今,校园眼界向内

来源:本研究CAD图纸,1955年集美学校全图,张云斌重绘

从1959年的老照片可见，南侨楼群第二排、第三排间的中轴线上立有形式较简、体量较小、书有励志标语的门牌坊，显示在实际使用上，中轴线上的门牌坊具有象征性作用。但从规划图看，这条中轴线略有弯曲，并非笔直，且无门牌坊的设置意图。我们猜测规划思路有意谦卑，使南侨楼贡献于、完善于龙舟池片区，而不是彰显自己。而中轴线总得有个端景，朝北，见克让楼；朝南，见源亭。借景，完美地体现了无特定区域之见的场域感（图4-4）。

因此：

集美学村的完整性被城市道路切分为多个独立体块似不可逆，但可通过减少穿过性交通增益其完整性。在不改变石鼓路、鳌园路、龙船路行驶公交车的前提下，将集美学村视为西片区、东片区、大社，致力于各片区的内在完整性和片区间的东西向动线。基于集美大社限制机动车的成功经验，封闭或减少（通过时段管理）集岑路、岑东路、嘉庚路、尚南路、鳌园路集美中学段的小汽车通行，使其成为内部道路。为达此目标，可在各片区的联外接口处设路外停车场，选择运动场、公园、绿地、闲置用地辟建地下停车场。

在通过性交通量减少、道路内部化的条件下，降低或拆除标示区域的围墙。尽管当前学校围墙采用具有视觉通透效果的栏杆，但由铁刺线圈、玻璃碎片、箭镞组成的围墙仍属宣告区域的"暴力"，因此至少以学村内集美大学各学院和市政道路为标的，将高墙降为既标示地界又表达跨区域邀请性的矮墙。

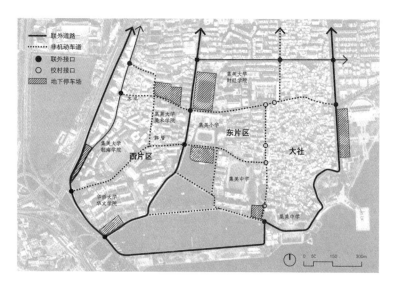

在学村主要道路的边界提供停车场,以减少学村内部道路的车辆穿梭,提高学村内步行环境品质,使通过性交通更易于经过主要道路疏导,形成联外有限内部不分的结构

来源: 张云斌绘

在集美学村的治理整体性和物理环境整体性的变化中, 区域的地理条件和意义也起了变化——**天马山、集美海岸**……

✿ 5 天马山

被遗忘的心灵故乡

1960年代从南薰楼高处拍摄天马山屏障下的集美学校尚忠楼和集美大社

来源：厦门美璋影相馆紫日

  ……在集美学村的发展（**集美学校**[✿2]）、使命（**学−村治理**[✿3]）、环境整体性（**学村完整性**[✿4]）和意象认同（**侨乡**[✿1]）中，天马山不仅是不可忽视的组成部分，也是集美侨乡的朴素反射，更是精神象征。

❀   ❀   ❀

集美学校的校徽、校歌、诵诗，皆体现天马山既是集美学校的实践地点，也是集美学村的精神象征。在改良农业、试验乡教、承接归侨的前沿奋斗中，深化抬眼即见天马山素朴的自然崇拜。天马山，堪称集美学村集体记忆的心灵故乡，如今却成忌讳之地。

天马山之于集美的存在感，孙福熙说得最直接，最能引发我们的共鸣："集美海天的美丽全靠一座天马山做主题。天马山时青时紫，忽隐忽现。在集美九校的学生，人人能够瞻仰体味，然而唯有分到农林学习门下者更多。"[17]7

意象象征

1918年，集美学校校歌颁布，起首两句即以自然地理特征与闽南教育中心互为目标："闽海之滨，有我集美乡，山明兮水秀，胜地冠南疆。天然位置，惟序与簧，英才乐育，蔚为国光。"1922年，集美学校确定圆形校徽：篆书"集美"二字包裹的中心图案是天马山和集美海。抗日战争期间的1943年10月21日，内迁安溪的集美学校举办三十周年校庆暨校主陈嘉庚诞辰七秩大寿，师生校友纵情歌唱包树棠作词、曾雨音谱曲的

集美学校校徽

《颂歌》[1]。从其第二段关于集美学校的赞颂"有千间广厦何崔峨／百寻天马万顷云涛／好个读书窝／中小职业擘规模／东西富学科",显示天马山是集美学校不可忽略的要素。可以说,校徽与颂歌,是天马山作为集美学校精神象征的"官方"印记。

对天马山的赞颂,广见于校友诗文中。1931年,何敬真《登天马山赋并序》[18]指明天马山的地位:"天马山之于集美,犹紫金山之于新都,盖其形绝肖也。忆在京之日,每遥瞻紫金,则联想天马,其雄伟峻峭,可相伯仲。"另搜寻1980年复刊迄今的《集美校友》,得107篇述及天马山者,其中记事21篇,余86篇为借景抒情,天马山代表高洁、高远、高峻、巍峨、奇拔、刚毅、坚定、伟大、永恒、力量、奔腾、飞跃、目标、开创等品质,甚至以天马山指代集美学校直通南洋的特殊性。

地理认同

但天马山与集美学村之间,有着更为物理的真实联系。

首先是地缘关系。集美地势由天马山发脉蜿蜒而下,直至陆地的末尾,因此有"尽尾"之称;又因在浔江末端,故清代又称"浔尾"。可以说,在地理认同上,天马山是集美这块土地的发源地和屏障,又以挺拔俊秀的山形山势成为自然崇拜的对象。而其地形地势条件,使之成为古今海隅图中不可忽视的要素,例如清嘉庆年间《厦门海防图》《同

1　《颂歌》歌词:三十春风栽李桃／七旬黄／辛且苦／我爱集美我爱集美／有千间广厦何崔峨／百寻天马万顷云涛／好个读书窝／中小职业擘规模／东西富学科／际艰危大地干戈／播迁弦诵继晷焚膏／诚毅精神永不磨／效嵩呼并寿山河(陈毅中、陈少斌《三十周年校庆的"颂歌"钩沉》,《集美校友》2003年第1期)

早期集美岑头海边看向天马山，岑江向北仿佛蔓延到山脚下，天马山从一片低矮的丘陵田地中升起

来源：陈呈主编《陈嘉庚画传》，2019:15

安县境图》和清光绪二十六年（1900）《厦门形势图》。

　　自然崇拜的地理认同，体现在陈嘉庚致叶渊函中对于师范校舍（今集美小学）阻碍天马山势景观的后悔：

　　集美校舍建筑之大误，其原因不出两项，（一）六七年前，既乏现财力，故无现思想；（二）愚拙寡闻见，不晓关碍美术山水而妄自堆建。迨至后来，悔恨无已。论集美山势，凡大操场以前之地，均不宜建筑，宜分建两边近山之处，俾从海口看入，直达内头社边之大礼堂，而从大礼堂看出，面海无塞。大操场、大游泳池居中，教室数十座左右立，方不失此美丽秀雅之山水。先生亦知此误，唯无术

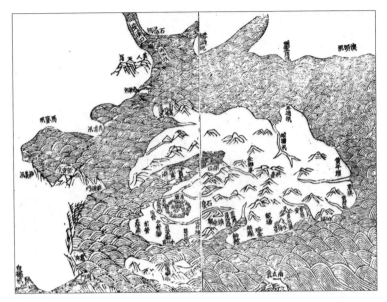

清嘉庆年间《厦门海防图》,标注有"浔美汛""美人"(山)"天马"(山)

来源: 清嘉庆《同安县志》

清嘉庆年间《同安县境图》,集美半岛标注有"美人""天马""大帽"

来源: 清嘉庆《同安县志》

可移耳。再后复建师范饭厅 (即大膳厅), 其失错亦甚。因阻塞岗下天然曲折之纵观, 每念他日移之别处, 损失不出数千元工资而已。至于师范部之教室、礼堂、宿舍, 或者他日有力时, 亦当移之, 庶免长为抱恨也。[15]195

　　师范部饭厅阻碍了南北视廊, 而南北视廊 (今石鼓路) 应控制建筑高度, 布置没有建筑物的操场、游泳池, 再侧才是建筑物。因此, 为保障视廊, 除了师范部饭厅宜迁移外, 师范部 (今集美小学) 建筑亦为陈嘉庚重新布局所考虑。

　　进一步比较1963年写实绘画的集美村全景图画和今天的鸟瞰照片 (**图5-1至图5-2**), 可以看到, 绘画拉近了天马山与学村的距离, 符合彼时人们心中的天马山意象, 即天马山之于集美半岛的坚定守护。

1920年, 木制平屋与居仁楼、尚勇楼 (师范部) 阻碍天马山天际线, 为陈嘉庚欲迁移者　来源: 陈嘉庚故居展览资料

天 马 山

山
海
视
廊

大礼堂选址

饭厅

师范部
校舍

集 美 海

0   200   500   1000m

左页 1965年航拍图。学村与天马山之间是大片农田和零星村落形成的开阔地景，集美半岛处处可仰望天马山。亦可见陈嘉庚致叶渊函提及之师范饭厅、师范部校舍遮挡山海视廊

来源：张云斌绘

1925年，集美学校体育运动会开幕式在大操场举行，背景天马山，如陈嘉庚对山势无所阻挡的要求

来源：吴吉堂主编《时间，在集美增值：老照片》，2017:22

1960年代，登南薰楼拍摄集美学村。近景是南薰楼角楼风亭，远处大楼是尚忠楼

来源：厦门美璋影相馆紫日

办学：农林学校与试验乡师

　　天马山与集美学校的近距离关系体现在农林学校。为振兴闽南农林业，造就实用之农林人才，1925年，集美学校购买天马山下荒废田园旷山，开辟农林学校、试验场、苗圃、畜牧场，以进行引种试验、学生实习、教职员研究、推广应用等。然而，农林学校办学一路艰辛，一是荒凉之地新辟后瘴气暴发，疟疾、痢疾、伤寒威胁师生生命安全；二是地处偏僻，治安不靖，周边强悍乡社时来劫牛偷鸡、窃取果实、强砍林木；三是校舍、农场开垦颇巨，遭遇经费困难。抗战内迁时期，农林学校迁往大田、后迁入安溪、再迁大田；抗战胜利前夕，农林学校提前迁回集美旧址复校，至1947年停办。农林学校停办后，农林场继续维持，1954年，捐给福建省农业厅创办天马种猪场。

集美农林学校旧照，天马山麓的务本楼

来源：福建私立集美学校廿周年纪念刊编辑部《集美学校廿周年纪念刊》，1933:27

此外，天马山麓周围是集美试验乡村师范学校（简称试验乡师）的阵地。与集美各校不同的是，试验乡师并非陈嘉庚指挥开办，而是陶行知晓庄学校的余脉在集美的开花结果。1930年，晓庄学校负责人之一张宗麟[1]避难上海，集美幼师校长黄则吴礼聘张氏夫妇到幼师执教。1931年，集美教育推广部主任陈延庭[2]，拟将乐安、亨保两所小学作为新教育试验园地，与张宗麟商议。张提议推广新的教学试验，应办一所试验性的乡村师范，培训新的乡村教育队伍，开展乡村教育运动。这一倡议获陈、黄二人支持，遂创办集美试验乡村师范学校，由张宗麟任校长，将教育推广部所属乐安、亨保两所小学划归乡师作为中心小学，并抽出部分经费补助乡师。1932年初，并归校董会主管，成为当时集美九校之一。

试验乡师校址设在距集美社3公里的凤林村。乡师强调"教学做合一"，将本部称为"后方"，师范生要在现实的乡村教育运动中，在建设中心小学（"前方"）的"教学做"实践中经受考验。如此先后扩展了东势、养正、集亨、陇西、后溪等中心小学，即当时天马山麓周围数十里几为乡师指导下的乡教前方。

---

1 张宗麟（1899—1976），浙江绍兴人，幼儿教育家、乡村教育家。清末学前教育制度建立以来的第一位男性幼儿园教师。

2 陈延庭（1888—1983），同安马巷人。1926—1935年，担任集美学校教育推广部主任。1951—1955年任厦门大学建筑部主任。

华侨农场

再者，天马山华侨农场与集美侨校、集美中学曾共同承接归难侨[1]，尤其是侨生。中华人民共和国成立之初，先后多次出现海外华侨归国的浪潮，或为回国求学以建设祖国，或因排华迫害避祸。1953年，陈嘉庚向中央人民政府建议创办"集美华侨学生补习学校"，专收逾考期回国、文化程度较低、考不上国内学校，或新近回国的、由于其他原因入正规中学或大专院校有困难的华侨学生，给予中学程度的补习。1953—1970年间，集美侨校平均每年接纳侨生超过1000人；与此同时，1953—1972年间的集美中学，在校生曾达到76个班级，近4000人，侨生1600多人，占41%，被誉为"侨生摇篮"。

国营厦门天马华侨农场则晚至1963年成立，其动机之一是安置侨生的毕业出路。侨生并非全部都能升学，彼时中国城市人口过剩，或难以就业，或无法投靠亲友，只能滞留学校，越积越多，甚至有些都已30来岁，成为侨校的老大难问题。于是就近设立天马华侨农场被提上议事日程，接收从集美侨校、集美中学毕业后考不上大学的归侨学生逾100人。40多年间先后安置归侨600~800人，常住人口1000多人。此外，天马华侨农场也是侨务干部和归侨学生参加劳动的实习基地，侨校也会在春节组织留校侨生文艺队到天马、竹坝两个华侨农场演出慰问。

1　指第二次世界大战后，东南亚的部分前殖民地国家在获得独立后，为加强国家认同，开始排华。这批侨民遭受迫害，举家回乡，受到我国政府的接待与安置。

1960年代,天马华侨农场职工合照

来源: 厦门市归国华侨联合会、厦门市华侨历史学会编,《厦门天马华侨农场史》,
2017:3

　　农林学校、农林试验场、试验乡师中心小学、天马华侨农场,使得
天马山与集美学校之间,一方面建立起"身体劳动"的实质联系,另一
方面折射出侨乡属性,体现于校友诗作中,例如"天马仰啸东南亚,你
跨天马迎彩霞;常饮浔江家乡水,浔江流向马六甲"[22]"头枕天马山,
脚洗太平洋"[23]。然而,随着这些机构陆续退出历史舞台,也中断了
集美学校与天马山的实质联系。即使天马山的物理实体依旧存在,失
去实质联系的天马山之于集美学村,仅剩纯粹的象征和情感上的地理
认同。

被遗忘的心灵故乡

但是,即使是象征意义,也在城市化过程中益发边缘化。1980年代中后期,厦门火葬场迁至天马山、修建中华永久墓园,天马山被贴上"邻避"[1]标签。2002年,集美北部工业区成立,一直开辟到紧贴天马山麓,毫无缓冲区。2015年,天马山郊野公园动工,意在使天马山成为可达的城市休闲公园,但城市审美的建设,不多见乡间自然和谐的体验感,不少见城市绿化"套路"。天马山被作为城市背面看待,或弃于角落,或被最大化榨取土地剩余价值,或被强加装扮。它的景观价值是登高俯瞰城市而非其自身,然单调的城市景观又令人失望。天马山成为城市的功能化碎片,没有作为一个整体正面被认真对待。

当今集美学校学生几已不识天马山。学村范围内,天马山几乎没有存在感。陈嘉庚在1923年构思的视廊,并没有在1950年代他所主持的重建中梳理实现,大膳厅依旧在,膳厅南侧建起体育馆,我们推测因缺乏财力进行结构调整,只能在既有格局上增减。城市化进程开辟了石鼓路,也进一步遮蔽山海视廊。沿龙舟池想象陈嘉庚的"海口—天马山",须行至龙舟池南岸宗南亭附近众里寻它,依稀可见(**图5-3**)。再者,或在城市交通干道同集南路、杏林湾、集杏海堤等空旷处,或登高刻意寻找,方可见到天马山(**图5-4**),但天马山已从人们的日常生活中消失。

---

1 邻避,即"不要在我家后院"(Not in My Back Yard,NIMBY),指人们对某些类公共设施负外部性的排斥。

昔集美学村不同视点见天马山

（1）20世纪二三十年代，岑头山肃雍楼等教职员住宅建筑群与天马山

来源：林青编《集美商业学校第十组毕业纪念刊》，1933；厦门图书馆供图

（2）20世纪中叶，龙舟池与天马山

来源：李开聪摄，厦门美璋影相馆紫日供图

（3）20世纪中叶，龙舟池畔见集美侨校和天马山

来源：厦门美璋影相馆紫日

（4）20世纪中叶，钟楼内池畔及若隐若现的天马山

来源：厦门美璋影相馆紫日

然而,只要稍稍专注,远眺天马山,一种心灵归属感便油然而生,那么直观、那么本能。就像校友们的诗句:

天马巍巍浮水清[25]

集美眷倚浔江天马[26]

鹭江涌,天马苍[27]

万顷千秋建学校,美人天马共朝昏[28]

天马山高送青眼,浮江鱼美荐春盘[29]

天马崔巍,延平故垒,浔江激濑波差[30]

天马苍苍,浔江泱泱[31]

天马崔巍耸碧空,浔江弯曲绕西东[32]

天马苍翠,浔江澄清[33]

天马秀,浔江长[34]

天马峥嵘浮水清[35]

天马山挺秀,浔江水澄莹[36]

北钳天马之山魂,南衔鹭海之水魄[37]

踏长川之于天马,枕波涛之于鳌园[38]

……

因此:

重建天马山之于集美学村的心灵故乡地位。首先,需处理好郊野公园,像对待城市正面那样认真地对待天马山郊野公园作为城市背面

的积极价值：仅将天马山山体划为生态控制区是不够的，还需将山麓一定范围梳理为缓冲区，限制建筑物高度和密度，使城市正面逐级变化过渡到城市背面，而非突然到达。

其次，使集美农林学校旧址成为天马山郊野公园的入口，使务本楼作为到达城市背面的标志和设施，具备天马山的门面、公民教育、公共服务的功能。由此处出发能望山登高，犹如投入巨人怀抱，心生崇敬之情。沿途可利用的平坦地块辟为供休憩、望山、赏景的花园，而不是简单的凉亭或游乐设施。即如其所是地建立背面美学，它应该僻静、幽深，听得到自然的风声、叶隙婆娑、鸟鸣蛙叫，使人碰触到自己，而不是简单复制景区设施、城市公园、儿童游戏场、广场和自行车道（图5-5）。

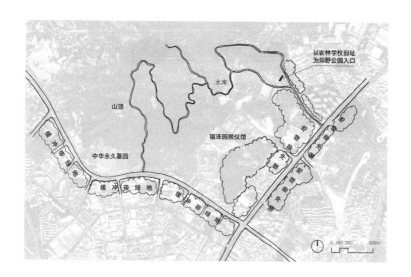

结合"退二进三"创造缓冲带绿地，像城市门面那样正式处理作为城市背面的
天马山　　来源：刘昭吟、张云斌绘

　　最后，火葬场、墓园应是生命周期自然、正常的终极地点，而不是忌讳之地。

✿　　✿　　✿

　　背山面水的集美小半岛，除天马山面临地理意义的变迁，海岸线亦然——**集美海岸**……[6]

✿ 6 集美海岸

自然野性的驯化

20世纪二三十年代,渔船停靠在浔江海滩上

来源: 林青编《集美商业学校第十组毕业纪念刊》,1933:85; 厦门图书馆供图

……地少人多,不得不下南洋的**侨乡**[*1],既有人地矛盾突出的问题,农地、房地、坟地、校地、发展用地难以平衡;也有滨海村落的安全问题,时有台风、海啸、海水倒灌等。无论是传统村落时期、**集美学校**[*2]时期,或近几十年城市化时期,增地和防灾都在持续地改变着海岸线。

✿　　✿　　✿

百年来集美半岛的建设都在朝着离水上岸努力，其海岸线形状从直插入海中的瘦削短靴，增肥为半临海、半临湖的不规则圆饼；海岸地景从被风灾海啸肆虐的落后渔村，转向现代、人工造景的滨海公园、高级住宅区和水上运动基地。这是一场驯化自然野性的历程。

1931年，到集美学村旅游的孙福熙描述集美的交通情况：

> 她（集美）的交通，有一条汽车路到内地；然而我们在大陆上的人，还是非走海路不可。凡经过天津、上海、温州、福州，或广州、香港、汕头而来集美者，必先在厦门岛上岸，再由厦门坐船渡到大陆，小轮船行一小时可到……从集美到厦门，一条路是坐船直至厦门市。一条则摆渡至高崎，再坐公共汽车到美仁宫，就是市中了。[17]7

"非走海路不可"是这个半岛曾经的记忆。据陈春元编绘的《集美地质古地名图》(图6-1)，早期集美半岛三面临海，东为浔江或称东海，西是岑江或称银江（今同集南路以西皆为海域），南临高（崎）集（美）海峡；陆地范围为砖红壤风化于花岗岩上的低丘滨海台地。时大社与岑头、郭厝隔着一道港湾，港汊可到内头社（今集源路北侧），经高厝（今敬贤公园）到岑江。相传当时内头社可泊大木船，来往北方天津等地运货。陈嘉庚建三立楼、大操场时，曾发掘到大船板、铁锚、大绳等可为证。后因各处筑埭垦田，集美大社遂与岑、郭连成一片陆地（图6-2）。

从航运到陆运的价值区位变迁

筑埭垦田、与海争地，是地少人多、半渔半农的集美人对生存的回应，是一种向陆而生的追求。陆地化不只是增加陆域面积，还体现在交通建设改变了集美的地景：从点对点航线的渡口、码头的商贸发展，转为朝向内陆同安的航运-汽车路的海陆接驳枢纽，再转向以轨道交通融入厦门岛的陆路交通枢纽。从航运到陆运，集美的有价值区位有渡头角、岑头、龙王宫，经历了发展—转型—退化的过程（图6-3）。

1. 发展

（1）渡头角与高崎对渡，今渡头海滩仍保有简易石桥。清以前天妃宫（今鳌园）侧设有渡口称"浔尾渡口"，渡口石桥直铺设到海面深处，利于摆渡。渡头角的名称即源于此。

（2）岑头海摆有一简易石桥用于帆船停靠，是集美村民前往后溪一带的主要航道，也是厦集航道[1] [43]的经停码头，或为海澄县运粮船只的靠泊码头。加之集美学校教工住宅位于岑头片区，岑头发展为繁盛集市。[2]

1　厦集航道起自第一码头，经集美龙王宫码头、岑头码头、孙厝渡口、英埭头渡口，止于后溪新店渡口。

2　1925年，《集美周刊》一则《岑头社火警》述及岑头区位特征："自本校日事扩张

（3）1922年12月，同美汽车路竣工后，在龙王宫港区建设可泊万吨级轮船的深水码头，称为"集美码头"，并设同美车站，使龙王宫成为海陆联运连通同安与厦门岛的枢纽站。

2. 转型与退化

（1）**岑头**：1955年，高集海堤建成；1956年，集杏海堤建成，从此结束了集美往来厦门需舟楫过渡的历史，厦集航道止于集美龙王宫，岑头码头退化为杏林内湾渡口。1957年，同集路南端填海西移，岑头海域被填没。

（2）**龙王宫**：1957年，同集路南端填海西移致龙王宫港区逐年变浅，仅能停泊小型船只。同年，鹰厦铁路通车，集美站设于龙王宫片区，成为铁路和公路的交通节点。1960年代末，集杏海堤拓宽建引水渠，龙王宫港区海域变为浅滩，龙王宫码头最终荒废，集美彻底成为陆地城市，不再有水上公共运输。[43]135,140

（3）然而，由于龙王宫片区区位颇偏，终究仅能作为功能性节点，商贸无由发展，即便铁路集美站在21世纪改建为地铁站亦然。因此相当长一段时间，岑头一直是集美的商业中心与最有价值的区位。但1990年代，随着城区范围拓展，集美市场由岑西路迁至石鼓路，岑头逐渐衰落。[43]98

以来，岑头社以当厦水陆之衢，兼为同美车路之终点，故市侩咸视此处且为商业巨埠，日事建筑，广开市面。将此前凄凉寂静之旧观，一变而为繁华热闹之所。"

与海争地

即便集美转型为陆地城市，与海争地的行动并没有停止**(图6-4)**。其一，1950年代，陈嘉庚建议建集杏海堤以通鹰厦铁路时，即有围湾造陆的目标，云："且可获海滩作良田好港三万亩 (2000公顷)" [3]61。其二，陆域东扩，集美东海岸为沙滩，20世纪二三十年代集美学校学生"从这里 (幼稚园) 沿沙滩走，可以到鳌头宫，是大半学生散步的终点。"[17]7推测1930年代后期，东海岸沙滩在清宅尾角段建起堤岸，以抵御海水倒灌的威胁。建堤时间推测证据有二：① 从《集美地质古地名图》来看，清宅尾角原为清宅尾塘，为集美社地势最低洼、最不安全的地段；②于迅《记抗日战争时期的集美》[44]48记有1938年5月12日国民党军在文确楼[1]前堤岸蹲下持枪瞄准对海，彼时文确楼前堤岸已建成。1950年代，陈嘉庚重修并延长该堤岸，自文确楼起，沿海岸筑海堤转经龙舟池直达龙王宫码头。[2]**(图6-5)**1990年代快速城市化时期，集美区以这道海堤 (今浔江路) 为起点，在东海滩涂围海造地，拓展新城区2平方公里[43]43，进一步改变集美东部海岸线，也使得集美有价值的区位不再是海陆交通节点，而是陆上房地产开发。

---

1 文确楼位于浔江路与集岑路交口，由旅居新加坡陈文确和陈六使兄弟建于1937年。原称"吃风楼"，因浔江路原为东海滨，文确楼处迎风处，故名。

2 "文确叔住宅，其海边石堤基址太浅，故多崩坏，现经从苍宅尾海边，站上听渡头全线，筑坚固海堤。堤岸内造公路阔三十尺 (10米)，从幼儿园前经东海边至延平楼小学，再由小学前筑长堤内外两道路，各阔三四十尺，可达龙王宫码头。"(陈嘉庚《故乡之建设》,1957)[3]61

滨海地景的改变

伴随陆地化的，除了海上交通退化至无，地形和海岸线改变外，还有近海渔场和滩涂养殖的消失，取而代之的是人工的滨水公园和沙滩（图6-6）：

（1）浅海捕捞：在沿岸水深40米以内，渔船历来以舢板为主，也有少数挂帆木橹船，吨位小，在近海靠人力和风力进行捕捞作业；1962年有木帆船，1972年始有机帆渔船。海堤建成后，渔场面积缩小，潮流不畅，水下底质改变，鱼虾类资源衰退。[43]192

（2）滩涂养殖：孙福熙在1930年代描述集美滩涂养殖牡蛎："生潮水所到的岩石上，乡人们于海滩上竖立石条，三四条成一架，如军队在野外休息时的枪架。这种贝壳就是自然地附着上面的。潮退的时候，男女老幼，勒起两只裤脚，从浅滩中涉水至几里之远，在石条的架上凿取贝壳，背在麻袋中或挑担回来。"[17]5 1990年代以后，大量滩涂开发建房，滩涂面积不断缩小。至2006年，市政府实行滩涂禁养。[43]189

（3）滩涂捕捞：又称讨小海、淘小海、讨海。海水退潮时，捕捞滞留在滩涂的小杂鱼、青蟹和拾螺采贝。[43]192 今集美半岛皆为海堤环绕阻隔亲水，仅鳌园海滩和龙王宫片区留有开放滩涂。

伴随退渔登场的海岸地景，是**滨海景观建设**。其主流做法是堤内建公园，堤外铺填人工沙滩——宽阔的沙滩、消失的滩涂、笔直的海堤步道、平整的草坪、园林设计的植栽、几何形的广场、刻意造型的雕塑、滨水危险的警告标语——透露着陆地主义视角的滨海改造。

风险控制

海岸人工化的努力,最初来自风险控制,因为海面从来不是平静无波。民谓"大海无风三尺浪",无论天气预报技术如何先进准确,看似风平浪静的海域,总会因地形微气候而不可预期地掀起风浪,因水下地形而有暗流暗涌,更何况灾害气候来临。滨海即风险。《厦门市集美区志》记载台风、海啸的灾害:"飓风大作,雨下如注,潮涌数丈,海水倒灌,大木撕拔,掀瓦倾墙,居民有被压者,田亩多被淹,各港汉泊大小船有冲陆地者,沿海轮船皆破坏,漂人畜无数,桥梁多坏。"[43]66-67。集美校友陈友义描述出海遭遇台风:

> 在20世纪初期,就在当时历史条件下作为运输工具用的帆船或渔船上工作,不断来往运输集美与厦门岛及附近其他港口间的货物与旅客,或在海上捕鱼虾与收获牡蛎。1920年代期间,祖父与堂叔祖父同在一艘帆船工作。在一次强台风的袭击下,堂叔祖父被无情的大风浪吞没了,祖父抱着一块船板漂浮两天而幸存。[45]

除了台风,汛期也有灾害。《集美周刊》记有1931年10月11日的秋汛暴溢,海水由中学居仁楼后鱼池直冲而进,大礼堂口、手工教室、约礼楼、博文楼等处一片汪洋,水深没踝。[46]6即便是日常出行,海上风浪也千变万化,譬如《集美周刊》记载:"农林学校新聘教职员搭宜昌轮来厦,适遭飓风"[46]10,又有"女小学生赴厦参观,归途狂风暴雨,船几倾覆,遂乘原船返厦,次日自厦回航,又遇风雨大作,簸摆不定,搭客惶骇,呼号哭泣之声竞作,电船舵工乃转舵往厦"[47]9等。

为了控制海上风险,必须约束不可预测的自然野性并驯化它。驯化对策是建海堤、围堤建池、内湾化。

1.建海堤:以防海潮侵蚀陆地,保护陆地免受海水倒灌,但也阻隔海的可达性,人们无法亲海、触碰海,只能在海堤上望海或海钓。

2.围堤建池:集美学村范围内有游泳池和龙舟池。

(1)1931年,男小学校(延平楼)前兴建游泳池的原因是:"男小学校前面临海,暑天儿童多往洗浴,但海石错落,潮水又涨退无定,浴者常感不安;有鉴于此,延平村公所1职员特于村政会议时,议决向各村民募捐,以建筑游泳池。"[47]10后增建男女泳池。

(2)龙舟池:1949年后移风易俗、废除封建迷信,集美多项民俗节庆完全停止,陈嘉庚以水上体育运动会的视角提倡恢复端午节龙舟竞赛。龙舟赛起初在东海边进行,但海上难以预测的风浪常导致公平争端和安全问题。因此,1951年起,陈嘉庚修建龙舟池,新造专门的龙船,并规范集美龙舟赛事各项规程。将龙舟赛从海面引入人工池,使风险可控。[48](详见**龙舟赛**)*16

3.内湾化:为鹰厦铁路和围海造陆两个目的而建的集杏海堤,导致水体交流受阻,破坏了水质和泥沙淤积,于2010年进行开口改造工程,形成由水闸控制水量与水流的杏林湾。杏林湾西为厦门园林博览苑,虽是水上园博园,但基本没有亲水活动,水只是园林的视觉对象。湾东为福建省与厦门市的水上运动中心、渔钓平台以及高级住宅区、滨

1　延平村公所,集美男小学校学生自治组织。

水公园、海上慢行栈道。其中,滨水住宅、公园和慢行道,对大多数人群来说, 水域仍是视觉对象的景观;休闲渔钓是直接使用水域的亲水活动,但限于岸边,水域是资源和环境;赛艇、皮艇、划艇运动不仅直接使用水域,更是使用面积最大的活动,但使用权利和方式需经专业训练方得许可。那么,水体环境必须相对可控(**图6-7**)。

(1)1988年6月16日,厦门郊区[1]体委组织本区军民数百人横渡高集海峡,高崎下水集美上岸　来源: 林火荣摄

(2)1950年代的海水泳池　　来源: 厦门美璋影相馆紫日

2　1957年7月2日厦门市成立"郊区",辖集美镇、岛内的禾山乡及灌口区的11个乡,面积443.1平方千米。1987年7月6日禾山乡划出,郊区易名集美区,面积缩减至347.39平方千米。

随着水体野性驯化的进展,一方面,水上活动趋于专业化、规训化,不再是各凭本事的野路子;另一方面,在日常的城市生活中,水成为纯粹的视觉对象,而不是身体经验。在这两个面向之间,缺少一个中间地带——驯化和野趣兼具的亲水活动。

因此:

在集美转型为陆地城市、驯化海域野性的脉络中,应降低陆地主义,更多地保留和创造既驯化亦野性,无须专业许可的中间亲水地带。除了既有的开放滩涂,还可使红树林能涉水而入,湿地无硬质铺地,水岸边缘由石块、砾石、细沙逐渐过渡等。只有使带有野趣的水与人们肌肤相亲,而不是仅仅作为视觉对象,才能在人们的身体经验中,唤回这座城市的本真记忆。

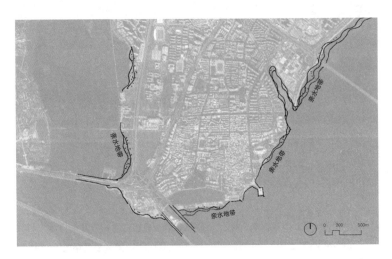

保留和创造中间亲水地带示意　　来源:张云斌绘

❤ ❤ ❤

建设导致的区域地理的结构性变化，经由人们在真实空间中移动的身体经验——**地区到达**[7]、**地区交通**[8]、**入境门道**[9]——来感知作为地理单元的集美学村……

✤7 地区到达

在移动中建构意象

昔时乘船渡海或经高集海堤从厦门方向接近集美学村,饱览集美天际线由远到近的变化
来源:陈嘉庚先生创办集美学校七十周年纪念刊编委会《陈嘉庚先生创办集美学校七十
周年纪念刊》,1983:119

  ……集美学村作为地理实体(**学村完整性**[4]、**天马山**[5]、**集美海岸**[6])不
只经由历史叙事建构,更是日常身心体验的环境认知建构。

❤   ❤   ❤

1921年，陈嘉庚先生撰《集美小学记》[1]，有"建百尺钟楼，以为入境标志"之愿。南薰楼[2]建成后，即成为集美学村之地标，广见于校徽、邮票、画作、纪念文集等；且与鼓浪屿共同作为厦门元素，呈现于2017年中国厦门第九次金砖峰会的会场背景墙。然而，地标只有在移动中形成身体的记忆，才具有完整的意象，才可确认为地区认同，而不是浮于表面的碎片。

无论是经水运、公路、火车或地铁，从厦门高崎朝向集美，是到达集美学村的主要动线，也是通过移动的身体，形塑"天马山—地标建筑—集美海"这一集美学村完整意象的内化过程（图7-1）。

我们须先简述集美学村的对外交通变迁，从中提炼地区到达的要素。

在闽南地区，水运是公路和海堤建成前，域内地区间的主要交通方式，但需候潮航行。旧时隶属于同安县的集美，有渡头角渡口和岑头海摆与厦门高崎对渡，使集美具有成为同安-厦门岛枢纽的潜力。1922

1　1921年12月延平楼奠基，陈嘉庚亲书《集美小学记》，铭刻石碑一方嵌于左边角楼一层内侧墙壁上（附录6）。

2　南薰楼，位于延平楼西侧，1959年落成。平面布局如飞机造型，依东高西低地势建筑，以大台阶为基座。南薰楼是集美学校最高的建筑，也是1980年代以前福建省最高的大楼。

年，通往同安、安溪的同美汽车路竣工后，建设了集美岑头码头和龙王宫码头，以水–陆接驳拥有了厦门—同安区域节点的区位条件。1930年由乡民组建的集厦电船公司，租用龙王宫码头和集美学校实习船三艘，后又自造一艘及自购香港船两艘，行驶厦集航道，提供客货运输，自厦门第一码头经集美龙王宫码头、岑头码头、孙厝渡口、英埭头渡口，止于后溪新店渡口。

　　1955年高集海堤[1]建成，1956年集杏海堤[2]竣工，两海堤相连，通火车、汽车、行人。1957年，鹰厦铁路通车，集美的闽南区域节点地位进一步加强。1958年，设集美站于龙王宫片区，主要承担集美、同安、翔安及晋江地区的客运业务；1978年，扩建新站房，有票房、行李房、候车室等设施。与此同时，1957年同集路南端填海西移，填没岑头海域，龙王宫港区也逐年变浅；至1960年代末，集杏海堤拓宽建引水渠，港区海域变为浅滩，龙王宫码头荒废。（图7-2）

　　开通于2017年的厦门地铁一号线，始于思明区镇海路站，穿越厦门岛中央至高集海堤，以高架和地面方式跨海出岛，过海后于集美火车站旧址建地铁集美学村站，重又入地绕杏林湾西侧后，跨后溪至厦门北站北侧的岩内站。

　　随着交通设施和出行方式不断更迭，高速公路、跨海桥隧、城际高铁、城市地铁，龙王宫片区至今仍是集美学村对外交通的门户，当然也

1　高集海堤，位于厦门高崎与集美半岛之间，海堤全长2212米，1953年6月17日动工，1955年10月建成。

2　杏集海堤，位于杏林至集美之间，全长2820米，1955年10月11日动工，1956年12月建成。

《移山填海造长堤》，1954年。远处是集美侨校和福南大会堂

来源：李开聪摄，李世雄供图

1950年代，海堤步行

来源：旧明信片，张云斌供图

是"地区到达"的首站：水运的龙王宫码头，铁路、公路运输的集美站，地铁的集美学村站，快速运输的沙厦高速和厦门大桥引道。这一历史连续性的特征表现为：使集美与传统中心城市同安和新兴中心城市厦门本岛相连，向内辐射，向外融入海洋经济。由于厦门本岛的中心性取代了同安，集美学村地区到达的朝向体现在集美学校校徽（参见天马山※5）、集美中学校徽和海堤茶叶商标中：从厦门看集美、集美学村。

　　然而，一个易被忽略的事实是：移动是形塑意象认知的充分条件。意象形成的过程是动态的，移动的速度影响意象认知的深刻度与精微程度。

　　如今，乘地铁从厦门向集美移动，以每小时80公里的速度看着南薰楼越来越近，却不易察觉"天马山—南薰楼—集美海（以集美解放纪念碑[1]为地标）"的相对位置发生的变化，甚至会忽略天马山的存在。过去，鹰厦铁路平均时速为30千米，而当移动速度降低、步行于海堤路

集美意象：原集美中学校徽（左）与海堤茶叶商标（右）

1　集美解放纪念碑，位于鳌园广场，从地面到顶端高28米。碑心石镌刻毛泽东题写的"集美解放纪念碑"鎏金大字。碑的背面下方，嵌入青石雕制的、陈嘉庚题写的碑记。

上时,将惊异地发现天马山竟是那么宁静而不可忽视的存在,也遗憾地发现厦门大桥造成的视觉阻隔(图7-3)。

因此:

强化海堤路的步行观景功能,以使"从厦门看集美学村"的"天马山—南薰楼—集美海"意象,在步行速度的身体移动中,因相对位置的动态变化而逐渐内化、完整。为解决厦门大桥的观景阻隔问题,采取陈嘉庚先生环中池和龙舟池建亭的做法,在海堤路上每隔300~500米建一座外凸抬高的观景亭,以静静地、完整地一览集美学村全景,并能觉察景与观者的主客动态关系。

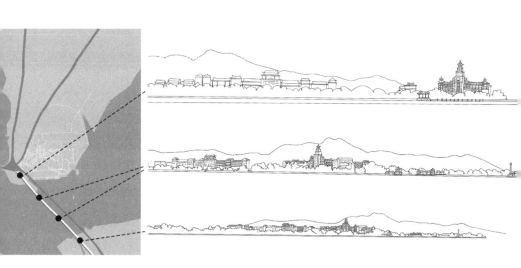

海堤路上建高亭,避开厦门大桥的遮挡,以驻足凝望集美学村
来源: 刘昭昑、陈曼如、徐铂云绘

❉　　❉　　❉

　　从到达集美学村到进入集美学村，**地区交通**[8]提供结构性物理条件，**入口门道**[9]提供身心体验……

✿8 地区交通
延展与缝合

石鼓路南段。最初的石鼓路南北向衔接集美学校群与龙舟池,即图中所摄路段,拍摄方向为北朝南。石鼓路向北打通后,成为集美旧城区通过性的城市主干道
来源:刘昭吟摄

……**学村完整性**[✿4]和**地区到达**[✿7]的意象,在很大程度上受到地区交通的支持或摧残。

❖　　❖　　❖

　　地区交通是地区意象整体性的结构性条件之一，可以支持形成地区辨识度，也可以轻易地使地区整体性支离破碎。

　　集美学村的地区交通结构有三个组成：厦门地铁一号线集美学村站，同集路原集美长途汽车站，以及石鼓路上的公交车路线。

铁路集美站−地铁集美学村站

　　厦门地铁一号线集美学村站的前身是鹰厦铁路[1]集美站(**图8-1**)。1957年1月，鹰厦铁路建成通车，厦门区段包括厦门站、高崎站、集美站、杏林站及前场站。其中，集美站(客运乘降所[2])建于1958年，是南昌铁路管理局管辖的四等车站。鹰厦铁路通车后，相继建成外(洋)福(州)线、漳(平)龙(岩)线，自集美站乘车，可达省内福州、漳州、三明、龙岩等22个市、县，经鹰潭可达上海、杭州、南昌、合肥、南京等城市。1959年，集美站占集美、杏林、前场三个站客运量55%。1990年代，客

1　鹰厦铁路是福建省第一条干线铁路与出省大通道，1955年2月动工，1956年铺轨到厦门本岛，1957年通车至厦门。鹰厦铁路从漳州进厦门本岛的路线原为：从角美往东北绕杏林湾东岸到集美经高集海堤入厦(即绕海线)。陈嘉庚知悉后指出应从角美经灌口向东，修建集杏海堤接高集海堤入厦(即海堤线)，可缩短约9公里里程，并借此围垦良田。

2　客运乘降所或旅客乘降所，是铁路车站的一种类别，只办理旅客乘降，不设客运工作人员，不办理行包装卸业务。

运人次下降，客运业务于1999年撤销。2010年，厦门海堤改造，火车改走杏林大桥，集美站停运。

集美火车站旧址如今是厦门地铁一号线集美学村站。厦门地铁一号线是厦门地铁第一条开通运营的线路，于2017年12月31日开始试运营。其路线始于思明区镇海路站，经高集海堤达集美学村，贯穿杏林湾商务区、集美软件园、厦门北站，止于集美区岩内站，是联系厦门本岛与区域枢纽高速铁路厦门北站的重要通道。

铁路集美站和地铁集美学村站的地区交通性质截然不同。2010年福厦铁路和翔安隧道通车前，泉州至厦门本岛需行公路，经集美走高集海堤或厦门大桥进岛；在1999年集美站客运业务停运前，还可转乘火车进岛。这使得集美站所在的龙王宫片区，在区域层级上，既是通过性的，也是枢纽性的。如今，区域交通枢纽转移到厦门北站，是一个集高铁、铁路、轨道交通、长途汽车于一体的大型交通枢纽。集美学村站仅是地铁线路的通过性站点，但仍是集美学村的交通门户。

集美长途汽车站

位于银江路（同集路）的原集美长途汽车站，于2000年10月建成投入使用，其全称为"厦门特运集团车站管理有限公司集美长途汽车站"，前身是成立于1951年的闽运厦门集美汽车站。其客运经营区域包括福建省各地市与省外各地区，涉及广东、浙江、江苏、上海、安徽、江西、湖南、湖北、广西、重庆等省、直辖市与香港。

2020年，集美长途汽车站曾一度暂停运营；待2023年，客流量被铁路动车与网约车取代，已无力复原，各线路逐条关闭，最终降级为停靠点，从属厦门公交集团鹭驰交通有限公司梧村汽车站，经营厦（门）漳（州）泉（州）三城短途、动车不便的路线。

与现今路、站、车产权分离不同，民国时期的道路交通运输采取"谁建设、谁运营、谁维修"，即"一条龙"的商业模式，且陈嘉庚是先行者。

自1913年春，陈嘉庚在集美创办学校后，同安、安溪等地的学生、商人常到集美求学、经商或旅游。当时同安与集美相距20公里，没有公路，居民往来只靠手携肩挑穿越古道，自同安城关经祥桥、乌涂、梧木吕、后宅、新桥、康厝、豪岭、东埔、英埭头、许井至集美，需步行三四个小时。于是陈嘉庚有意创办汽车交通以提供方便。1920年，由陈嘉庚、陈延谦发起，同安籍华侨投资建汽车路与创办汽车公司，成立"华侨商办同美汽车路股份有限公司"。汽车路自同安大西桥起至集美龙王宫前止，1923年建成通车。该公司经营集美至同安间客运业务，营业年限30年。期间经历了：1928年，由同安县驻军暂时接收为官办，5个月后集美学校以债权人身份接办；1929年，同美汽车公司增募股款后收回自办；1933年，与其他汽车公司及集厦电船公司实行联票运输；抗战期间业务停止；1946年复业，通车至同安县城；1947年，开通联运业务；1955年由国家接办，归入福厦公路（后改称同集路）。[**参见图6-3（1）**]

然而，无论产权束是分属的还是统一的，一个地区能否成为区域交通枢纽，是道路基础设施和公共运输的总和。历史上的同美汽车路即是如此，不仅作为道路和运输的统合实体，并且通过联运，从集美向安溪、厦门延伸，使得集美成为区域交通节点。

如今，龙王宫片区是地铁站点所在地，不再是公路交通枢纽。原集美长途汽车站虽降级为停靠点，但同集路仍是集美学村的边界性地区交通干线（图8-2）。然而随着"动车＋网约车"模式的普及，门到门的便利性使得其交通功能远大于大众运输的门户功能。

石鼓路公交车路线

除了向外联通的地区交通站外，石鼓路的公交车动线是穿过集美学村的南北向大众运输动脉。石鼓路的确切辟路时间说法不一，即使《厦门市集美区志》上的信息也不一致。一说1958年的石鼓路长420米，面积720平方米，路面结构平铺条石和红砖[43]102-103；另说石鼓路开辟于1963年，为土路。对照1955年的集美学校全图和1965年的航拍图可以确定：1965年，石鼓路全长仅自龙舟池到大操场（集岑路），约575米，宽度仅1.7米，远不如宽3米的大社路（长1000米，面积3000平方米）和宽5.5米的嘉庚路（长1000米，面积5500平方米）。

1978年，石鼓路改建为石砖路面；1990年代，石鼓路向北拓展；2004年，改铺水泥路面。2007年，石鼓路北止印斗路，南至龙船路，长1852米，即今之格局。当前石鼓路上的日常公交车有10条路线。

1. 双龙潭景区至嘉庚公交场站的903路与诚毅技术学院至西滨公交场站的922路，以集美学村为通过站点，它们经由集杏海堤连通集美区的东西部，必然通过集美学村；

2. 其余8条路线（694、901、905、923、928、929、935、961）以集美学村为起止点，平均行驶距离13.4公里，即：

（1）5条与交通枢纽站相连，分别连接厦门北站、后溪公交场站、嘉庚公交场站、西柯枢纽站；

（2）2条与高校相连，连接软件学院、厦门工学院、厦门理工学院、工商旅游学校、诚毅技术学校、兴才学院；

（3）1条通达文旅商业综合体，连接环东海域同安新城的阳光小镇。

公交车要道石鼓路，路面宽12~18米，双车道，双侧人行道，其对学村的影响如下：

1. 定性矛盾

（1）一方面，作为集美学村的穿过性交通干道，对学村整体性有一定程度的割裂影响；

（2）另一方面，石鼓路学生街是集美学村的重要风景线，是学生吃吃喝喝的步行街。

2. 汽车优先的不友善

（1）石鼓路尺度宜人，使双边街商业及其之字形动线得以成立。然而，为确保人车分流，以及避免非机动车穿行于人行道，人行道与车道间设置高及腰际的围栏，影响双侧街道的之字形流动，加强了石鼓路的割裂作用；

（2）我们检查围栏打开处供行人通行的逻辑，发现除了十字路口和公交车站外，开口仍是汽车优先逻辑，是为了汽车出入停车场、巷道、大楼而打开围栏；

（3）正因为汽车优先，行人通行处往往不在石鼓路对称的两侧，导致行人斜穿马路，延长了行人穿越马路的时间，反而加剧了行人与车行的相互干扰。

3.人行道围栏过高

（1）围栏原为避免电动车驶入人行道，但其高度使得行人无处可退，造成环境紧张；

（2）人行道上人多拥挤时，也因围栏高度使得行人受困。

4.公交车的压迫感

公交车车体大，宽2.5米，行驶在3~4.5米宽的车道上时，其体量对街道有一定程度的压迫感，也导致电动车侵占人行道。

集美学村地区交通设施中，地铁站和长途汽车站都位于学村的边缘，对学村的整体性不构成威胁。中央动脉石鼓路为学村提供了方便，但也具有割裂的破坏性。受惠于石鼓路的人性尺度，其割裂作用可以被行人的过街流动弥补，但其道路管理恰恰抑制了行人过街。我们认为，石鼓路的交通张力主要来自于公交车的尺度，大型公交车的车体宽度占据80%路宽，电动车窜行于人行道；又设置人行道围栏，强制人车分流，却失去缓冲和弹性。

2024年，石鼓路人行道围栏及打开处。围栏开口的功能是汽车出入、公交车停靠站以及人行横道线设置处

来源：刘昭吟绘

因此：

集美学村的地区交通中，石鼓路必须既是穿过性道路，也是步行友好的街道。为缓解此定性矛盾，可从公交车的尺度入手，将行经石鼓路的 10 条公交车路线中，以集美学村为目的地、平均路程 13 公里的 8 条路线，改为中巴或小巴，以缓解石鼓路的交通压迫感。同时，降低人行道围栏高度至小腿处，使围栏起到提醒但不压迫的作用。推行行人优先原则，允许行人较自由、较惬意地过街，使穿过学村中央区的通过性交通的割裂局面得到缝补。

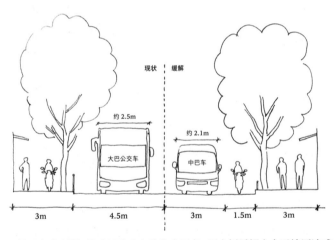

基于石鼓路宽度有限，将大巴公交车改为中巴车，可大幅缓解大众运输压迫感，并增添旅游城市意象

来源：刘昭吟、张云斌绘

❀   ❀   ❀

　　地区交通应维护学村的整体性，穿过学村的石鼓路大众运输应试图降低割裂作用，地铁站和长途汽车站位于学村边缘,则应处理从到达到进入的过渡经验——**学村门户**……[9]

✿ 9 学村门户

到达过渡

1984年7月,学生们跑步穿过学村门牌坊。　来源: 林火荣摄

　　……**地区到达**[7]从外部接近集美学村,**地区交通**[8]引导进入集美学村的门户。

❖　　❖　　❖

　　集美学村作为可辨识的、具有自明性的空间实体，仅拥有嘉庚建筑是不够的（即便是大量的），还需拥有完整的入口过渡经验，使人们经由身体移动所产生的空间转换，得到一种进入特定地区的确认。

　　门楼、门牌坊，是常用以标示进入某特定领域的建筑物，也使人们在穿越门楼时，完成内-外的空间过渡。学村打卡点——"集美学村门牌坊"，形式与选址皆富深远意义。其形式庄重，三开间牌坊大门，宽20米、高10米，琉璃瓦、翘脊歇山、上书"集美学村"金字，背面镌刻陈嘉庚、陈敬贤[1]校主亲定"诚毅"二字校训。其位置在集美始祖墓与海通楼之间的嘉庚路起点，既是慎终追远、继往开来的文化传承，也有挽回海权、富国强民的时代意义。

入口动线与门户

　　回溯历史，今学村门牌坊并不是建校即有，而是20世纪60年代以后新建和改建。梳理集美学村动线和入口门户的关系如下。

　　1.1923年《集美学校十周年纪念会路线图》(**图9-1**)显示：

　　(1) 龙王宫为同美汽车路和船运的大站，为区域性同安—集美—厦门的交通枢纽，由龙王宫循通津路进入学村，眼前呈现的是巍峨的集美学校建筑群；

―――――――――

1　陈敬贤(1889—1936)，陈嘉庚的胞弟，人称"二校主"。

（2）无论是经同美汽车路或船运，岑头皆有停靠，因其聚集了集美学校教工住宅、同美汽车路股份有限公司经理部、菜场、饮食店、杂货铺等。岑头为集美学村生活区，是使用更为频繁、更为日常的入口门户，但使用者概为学村内部人群，有学村侧门的意味。

2.1933年《福建私立集美学校全图》显示：

（1）学村联外系统仍以同美汽车路和龙王宫码头为主，龙王宫、岑头仍分饰区域正门和生活区后门；

（2）由龙王宫主要循大中路（今嘉庚路）进入学村；

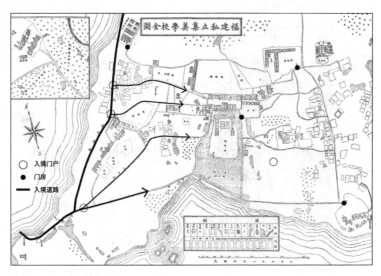

依据1933年福建私立集美学校全图，入口门户仍以龙王宫、岑头为主，由于即温楼[1]群的建设，学校与岑头社间形成边界道路，至同美汽车路上新增学村入口。

来源：刘昭吟、张云斌绘

---

[1] 即温楼，与岑头社相邻，1921年4月落成，一经告竣，4月6日厦门大学借此新校舍举行开学式。

（3）由于即温楼等的建设,学校与岑头社间形成边界道路,至同美汽车路新增一学村入口。

3.1955年《集美学校全图》显示:

（1）同美汽车路填海西移成为福厦公路, 高集海堤、集杏海堤建成,鹰厦铁路开通设集美站于龙王宫,使得龙王宫仍是集美学村最重要的入口门户;

（2）从龙王宫循嘉庚路(原大中路)进入学村;

（3）学村范围的原同美汽车路成为地区内部道路,岑头门户北移,但为居民区而无入口意象。

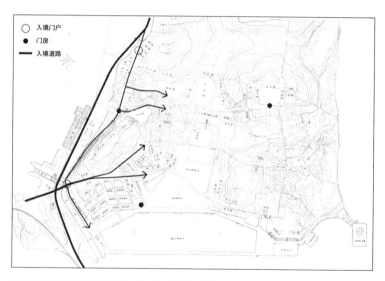

依据1955年集美学校全图,龙王宫仍是区域门户;即温楼与岑头社间建有集美学校西门;同美汽车路填海西移成为福厦公路, 使得福厦公路和旧同美汽车路相交处,成为新的区域门户,但缺乏区域入口意象。

来源: 刘昭吟、张云斌绘

界定边界的门牌坊

岑西路（同美汽车路）与嘉庚路口，是集美学村最重要的入口门户，因此1963年校庆在此建门牌坊，向校友、宾客表达开门迎接的信息。此前，1952年建的校门（俗称西门）并不在这个位置，而是建在岑头社与即温楼群之间的边界上，这使我们不禁反问：难道陈嘉庚不重视门户的象征性意义？

进一步梳理旧地图和老照片，1933年地图上与入口有关的标示是"门房"，4处门房分别位于：与集美大社[1]接壤的女子中学校尚忠楼群[2]东南侧、中学校东侧（今集美小学与山水宾馆交界处）、延平楼北侧，以及与岑头社交界的教职员住宅东南侧。1928—1931年间的《集美周刊》显示，学校屡遭盗窃，亦有乡人私自搬取学校的木器，因此我们推测，"门房"意味着保安。学校与体量较大、人群较为复杂的集美大社、岑头社的交界处设有门房。

1955年地图上不再有"门房"二字，结合老照片得知有3座门牌坊（楼）：前述之西门、尚忠楼群对着尚南路的围墙大门"和气致祥""集

1　集美半岛原主要有三个村社：集美社、岑头社、郭厝社。其中，集美社规模最大，常被用以概括集美半岛三社而生混淆。后约定俗成以大社指代原集美社，则大社、岑头社、郭厝社合称集美社。

2　尚忠楼，坐落于集美大社北隅二房山，坐北朝南，1921年2月落成。与尚忠楼同时落成的是诵诗楼，位于尚忠楼西侧，坐西朝东。紧挨着诵诗楼南同向而建的是文学楼，1925年8月落成。敦书楼接文学楼右侧同时竣工。1950年代改造诵诗、文学楼、敦书楼，三座楼连为一体，统称敦书楼。2006年国务院公布尚忠楼、敦书楼等为第六批全国重点文物保护单位。

（1）1955年，尚忠楼群围墙大门"和气致祥"

来源：庄景辉、贺春旎《集美学校嘉庚建筑》，2013:215

（2）1950年代，集美侨校天南门楼

来源：厦门美璋影相馆紫日

美侨校"天南门楼。西门为陈嘉庚于中华人民共和国成立后，为纪念集美学校重获新生而建于1952年[39]186（图9-2）。如今回顾西门建成后集美学校历经的拆分重组，不禁唏嘘西门可是陈嘉庚的一个惦念？

入口地标

　　20世纪50年代所建门牌坊是校门之意，用于界定集美学校领地范围，非以集美学村为地理单元。如今的学村门牌坊则代表整个集美学村，其入口地标的地位乃是逐渐演化而来（图9-3）。

　　当今学村门牌坊为1993年为八十周年校庆所重建。原址于1963年建的"集美学校五十周年校庆"门牌坊；1970年代门头改书"集美学村"；1980年代门头上方改立"集美学村"红色大字。1993年改造为三开间牌坊式大门，上嵌廖承志[1]书"集美学村"墨迹金字，并于1994年集美大学成立时，于牌坊右侧悬挂江泽民题写的"集美大学"校牌。

学村门牌坊作为入口地标，不只是其建筑形态使然。由于交通枢纽和地区入口的特殊区位，20世纪八九十年代，它是地区到达后转乘和接驳会面的节点，从老照片可见路边聚集小巴车、三轮车，可以想象司机拉客乘车、会面点接人寻人，那种步调极快地接洽、游说、接受、拒绝、茫然、等待的张力。（图9-4）

入口过渡

尽管区域和地区交通系统不断改变，龙王宫—学村门牌坊区域仍保有交通枢纽地位，但却益发被通过性交通割裂。厦门大桥[2]未建时，从集美站出站，经通津堤直达学村门牌坊而进入学村。1991年通车的厦门大桥集美立交桥，使得人们从集美站出站后，需穿过立交桥下，方达学村门牌坊。1999年，集美站客运业务停运，同集路成为进入学村的主要动线，学村门牌坊的地标意义直接而显著。2017年底，厦门地铁一号线通车，龙王宫片区再次成为集美学村的交通枢纽。地铁集美学村站较火车集美站南移，为此增建与鳌园路相连的过水桥，使得入口

1　廖承志（1908—1983），民主革命先驱廖仲恺和何香凝之子，曾任中国共产党中央委员、中央政治局委员、中央宣传部副部长、统战部副部长、对外联络部部长，国务院外事办公室副主任、侨务办公室主任、港澳事务办公室主任等重要职务。

2　厦门大桥，中国第一座跨海公路大桥，横跨高崎与集美使厦门本岛与大陆相连。始建于1987年10月1日，1991年4月主体工程完成，5月试行通车。

通道有了变化。

1. 以学村门牌坊为入口：

（1）从地铁集美学村站往北，需穿越海堤路，两次穿立交桥下（厦门大桥及其引道），上公路桥，再穿越鳌园路达学村门牌坊。尽管动线从立交桥到公路桥，得到视线从压抑到开阔的解放，但一路上皆是大流量、高强度的车辆交通，导致令人紧张的步行体验；

（2）学村门牌坊前的缓冲空间，是游客驻足拍照的打卡地。但门牌坊所在的鳌园路、岑西路、嘉庚路皆有车行，与步行，尤其是停留形成冲突，行人经常被迫贴墙而行。

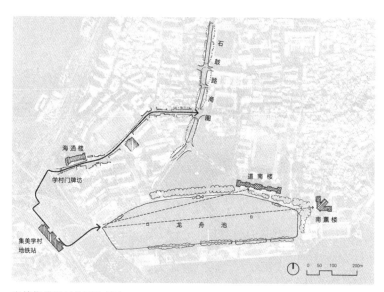

当前集美学村的两个门户
（1）地铁站—学村门牌坊—石鼓路商圈，犹如口部—食道—腹中
（2）地铁站—过水桥—鳌园路，最具代表性的学村门面尽收眼底
来源：张云斌绘

（3）入门牌坊后，行嘉庚路经两侧高墙的逼迫、航海学院大操场的舒缓到达石鼓路商圈，犹如从"口部"进入，通过"食道"，直接到腹中"胃肠"，对学村无法有完整、概括的直观认识；

（4）学村门牌坊虽是地标，其到达过程经历汽车优先的空间割裂感和威胁感，人们在一种仓皇的状态下突然进入学村门户，压缩了空间过渡，已然无心体会何为集美学村。（图9-5）

2. 以鳌园路过水桥为入口：

（1）地铁站向南经过水桥往鳌园路，是进入集美学村的另一通道。多数人循此道而行，尤其是游客。行经过水桥时，视线向前虽有厦门

2021年,厦门大桥改造施工期间的桥下安全设施,有门户之效

来源: 刘昭吟摄

大桥遮挡，但能看到桥后远方的南薰楼，暗示着桥后另有一番天地，许是桃花源；

（2）这条通道需穿厦门大桥下，桥身与桥墩正好对这条通道形成山门效果，经过一个单纯的深门道，豁然开朗见到龙舟池—道南楼—南薰楼全景——完整的、最具代表性的学村门面。（图9-6）

因此：

门户是一个由外部到内部的空间过渡过程，不只是地标，更要起到空间过渡体验。地铁集美学村站—鳌园路已是进入集美学村核心区的主要通道，有必要在某种程度上使之成为正式门户。鉴于建成环境有其既有肌理，且为避免过度设计，可直接利用厦门大桥桥身–桥柱已具有的门户形态，遵循嘉庚建筑的门匾模式，将之微改造为完整入口。

厦门大桥微改造示意。过水桥上厦门大桥桥身饰以集美学村门匾，以强化其门户作用。同时适当向外拓宽人行道，使步行到达更从容
来源：张云斌摄，刘昭吟、张云斌绘

✿　　✿　　✿

　　进入集美学村后，通过在真实环境中的身体感知经验，建构地区认知，包括**建成环境形貌**[10]、**高地建筑**[11]、**大台阶**[12]、**鳌园海滩**[13]、**泛舟**[14]、**操艇**[15]、**龙舟赛**[16]、**散步道**[17]……

❖ 10 建成环境形貌
地形、建设与动线

集美学村的典型地形地势：小山丘、高地建筑、"有校必有场"的垂直下沉、坡道
来源：集美航海专科学校宣传册，张云斌供图

······**地区到达[7]、地区交通[8]、学村门户[9]**乃从外部进入集美学村。进入后，在地区内部，则通过地形变化、建筑物布局，认识集美学村的环境肌理。

✿　　✿　　✿

从全景照片、卫星地图、立体模型中获得静态的地点整体性意象，
更像是实体空间的降维投射。通过身体在空间中移动所经历的空间碎
片，以盲人摸象的方式建构起来，才是拥有饱满内涵的、立体的地点整
体性。

置身集美学村，总会感到一种无以名状的品质，建筑学界将其归结
为嘉庚建筑[1]使然。固然，嘉庚建筑之美使得集美学村拥有非凡气质，
但若将嘉庚建筑全部迁移，集中于某一地块（像某些文物的异址重建），
很可能那种无以名状的品质立刻荡然无存。

是什么使得集美学村的嘉庚建筑如此闪耀？ 当我们以自己的身体
穿行于集美学村的街巷中，就会从直觉中得到答案：是地形，以及地形
上的建设。集美半岛多小山丘，有"七星坠地"的雅称。在我们研究的
集源路以南范围，便有岑头山、二房山、旗杆山、烟墩山、交巷山、后尾
山、集美寨[2]、鳌头岗、龙王宫等9个小地形，高不过20~24米。如今的

1　1984年7月，同济大学陈从周教授在《厦门日报》发表《卓越的建筑家——陈嘉
　　庚先生》一文，首次提出"嘉庚风格"概念，评价嘉庚风格建筑在近代建筑历史上
　　有其不可磨灭的地位。（陈呈《集美学校嘉庚建筑》序言）
2　集美寨，也称"国姓寨"，为郑成功部将刘国轩受命所建，以为抵御清军。因郑成功
　　受封延平王，此寨亦称"延平故垒"，为市级文物保护单位。寨门右侧巨石上有民
　　国年间镌刻的隶书"延平故垒"四字。

工程技术将小地形铲平已非难事，但以牺牲地形变化的人地关系乐趣为代价。很庆幸集美学村保有了小地形。

有机生长的集美学校建设，实事求是地尊重了地形。在以步行为主的年代，建筑物与建筑物之间自然留出步行路。后期的汽车道建设，形成今天看到的建筑物–街道关系。

为了同时达到校舍建于高处、有校必有场、不遮挡从海上观学村全景等三项要求，集美学校建设的基本模式是：操场置于基地南侧低处，环操场高地布置校舍，尚忠楼群、允恭楼群[3]、南侨楼群、延平楼、三立楼群[4]等，皆如此。

早期集美学村道路为自然形成的乡村土路，后期的道路建设有：

(1) 1950年代进行石板路建设，进入学村的各个路口立有矮石桩，以限制大中型车辆进入；

(2) 陈嘉庚逝世后的1960年代，各路口的石桩被挖，街心花坛消失，道路拓宽，车辆自由出入学村，各校因实行归口管理相继圈地筑墙；

从1950年代到1990年代，集美学村范围的同集路、岑西路、石鼓路、嘉庚路、岑头街、龙船路、集岑路、岑东路、尚南路、塘埔路、集源路、浔江路、盛光路经过新辟、改道、拓宽、延长、改造等工程。**(图10-1)**

3　允恭楼群指集美大学航海学院围着操场的5座嘉庚建筑：即温楼（1921年落成）、明良楼（1921年）、允恭楼（1923年）、崇俭楼（1926年）、克让楼（1952年）。2006年国务院公布即温楼、允恭楼、崇俭楼、克让楼为第六批全国重点文物保护单位。

4　三立楼为立功楼（1918年落成）、立德楼（1920年）、立言楼（1920年）的统称，三座楼横陈一列，坐北朝南。

如今一些校舍紧挨着道路，是后期道路新辟、拓宽、改道、改造，以及各校区分划用地时，倒逼建筑物坐落于基地边界所致。这个基本模式衍生出集美学村特殊的微地形地貌，在身体移动的动线中被深刻而微妙地体验着。我们将之分为夹道、高地、端景、禅景、开放空间五种类型(**图10-2**)：

1.夹道：当建筑物位于高地边界时，与其相邻的道路产生了高墙夹道的张力；而这张力因嘉庚建筑之美，呈现一种戏剧性魅力。夹道又分两种(**图10-3**)：

(1)双夹，因道路较窄，两侧皆有建筑物或围墙，如盛光路新诵诗楼[1]与集美幼儿园[2]段，集岑路尚忠楼群段，岑东路诚毅楼[3]段，嘉庚路海通楼[4]段，延平路黎明楼[5]段。

(2)单夹，道路较宽，一侧有房屋退后或开放空间。有岑西路航海学院段、岑西路八音楼[6]段、嘉庚路福南小区段、鳌园路的

---

1 新诵诗楼，为尚忠楼东侧的新建嘉庚风格建筑，与西侧诵诗楼对应而得名。

2 集美幼儿园，原名集美幼稚园，陈嘉庚创办于1919年，1926年校舍落成。抗日战争中被炸毁，1946年重修完工。

3 诚毅楼，又称校长住宅。位于郭厝社西北，1925年落成，西式小洋楼，专为学校校长办公、住眷而建。由于1927年集美学校改为校董制，校长住宅亦称校董楼。

4 海通楼，位于学村门牌坊内北侧，1962年落成。

5 黎明楼，位于尚南路东侧近龙舟池处，1957年建成，现为集美中学教学楼。2006年，国务院公布黎明楼为第六批全国重点文物保护单位。

6 八音楼，为集美学校教职员住宅。1925年建肃雍楼，取"夫妇相警戒之义"，租赁学校教职员住眷，制定《公约十三条》。随着学校扩张，教职员住宅不敷使用，1926年建三才楼、八音楼，前者以《易经》所指天、地、人为三才而命名，后者按古代乐器制作材料分八类金、石、丝、竹、匏、土、革、木为八音而命名。

道南楼[7]段和南薰楼段。

2.高地：位于各小山丘制高点的建筑物，各具意义（**图10-4**）。

（1）烟墩山的海通楼和允恭楼望向大海，体现陈嘉庚建航海学校的用意；

（2）交巷山的即温楼，厦门大学假此开幕；

（3）旗杆山的诚毅楼（校长住宅、校董住宅），过去能览集美学村全貌，今已不能；

（4）集美寨的延平楼，取"驱逐鞑虏，恢复中华"之意；

（5）集美寨的南薰楼，陈嘉庚意欲其为集美学村的"入境标志"；

高地互望：旧时从旗杆山的军乐亭看向二房山的诵诗楼、文学楼和敦书楼

来源：福建私立集美学校廿周年纪念刊编辑部《集美学校廿周年纪念刊》，1933:34

7　道南楼，位于龙舟池北侧面向龙舟池，是最充分体现细节之美的一座嘉庚建筑。1959年动工兴建，1963年告竣，是陈嘉庚亲自督建的最后一座集美学校校舍。2006年，国务院公布道南楼为第六批全国重点文物保护单位。

（6）二房山的尚忠楼，表达了女子中学校忠于国家的校旨；

（7）后尾山的陈嘉庚故居[1]，同时照看学与村；

（8）岑头山的八音楼，是高级别教员的租赁住宅，陈村牧[2]曾寓居于此。

3. 端景：制高点的嘉庚建筑或高地成为街巷端景（**图10-5**）。

（1）尚南路北段朝北上坡路段，仰望高墙和绿荫包裹的尚忠楼，深墙大院有修道院感；

（2）大社路南段朝南上坡路段，仰望南薰楼，敬畏感油然而生；

（3）延平路向上坡，仰望集美中学延平楼校区校门的历史感。

4. 禅景：地形的高低、蜿蜒变化，使得有些景物只在动线的特殊位置才能见到，呈现稍纵即逝的当下性（**图10-6**）。

（1）渡南路弯巷中闪闪发亮的大海；

（2）嘉庚路上坡路段，视线穿过集美中学操场，远眺南薰楼；

（3）岑西路阶梯上八音楼处，北眺天马山；

（4）岑西路西门南段弯形处，海沧大坪山跃入眼前；

（5）延平路集美中学后门栏杆外，视野穿过李林园和南薰楼的夹缝，见到仿佛高起的集美海和厦门岛内仙岳山。

5. 开放空间：位于学－村界面上共享的开放空间和公共设施。

（1）体育设施，包括操场、篮球场、游泳池，位于高程低缓处，以栏杆而非实墙与道路相隔相连；

1　陈嘉庚故居，亦称"校主住宅"，位于嘉庚路149号，1921年落成。

2　陈村牧（1907—1996），1937年1月受聘为集美学校校董时，年仅30岁。抗日战争期间带领集美学校内迁。任董事长一职近20年。

（2）开放空间，包括龙舟三池、沙滩、鳌园、嘉庚纪念公园、南堤公园，延续和实现《集美学村筹备委员会章程》"使成为极美丽、文明之模范村"之宗旨。

因此：

地区整体性意象，并非来自单调重复的统一性，而是来自多样性的梯度与协调产生的层次感。建成环境多样性的根本基础在于微地形，集美学村的有机生长过程，使之自然地（或不得不）保留微地形。如今城市开发追求一步到位并尽可能最大限度地平整地块，在未来集美学村更新改造时，需有刻意保留、保护微地形的政策。

❖　　❖　　❖

地形与建筑物的结合，在集美学村最突出的，非**高地建筑**[11]和**大台阶**[12]莫属……

✿11 高地建筑

家国情怀地标

1927年,女子师范师生在二房山的尚忠楼群前做操,居高望远可见高集海峡

来源: 百年集大嘉庚建筑编写组《百年集大 嘉庚建筑》,2018:53

……集美小半岛低丘起伏（**建成环境形貌**^{✿10}），陈嘉庚办学建校经验（**集美学校**^{✿2}）使之决定将校舍建在山岗上,既得用地取得困难较小的便利,也得校舍宏伟之势的回报。

❧   ❧   ❧

建在集美大社周边山岗的尚忠楼、延平楼、南薰楼，是教学作息的日常地点，也是大社从传统村落转向爱国主义学村的精神地标，直观地浸润人心。但随着自建房密度和高度的增加，在大社内部仅剩极有限的视角可以看到南薰楼和尚忠楼。没有物理联系，就没有精神联系。

作为传统村落，大祖祠和集美始祖墓[1]无疑是大社血脉传承的纪念性地点。但大社不仅是传统单姓村落，随着集美学校建设，大社成为集美学村的组成，大社的建成地景增添了新时代的地标，尤其是高地上的巍峨校舍——二房山的尚忠楼（图11-1）、集美寨的延平楼和南薰楼（图11-2）。

尚忠楼、延平楼、南薰楼在功能上首先是校舍；校舍承载的新式教育、集体生活、公民训育等活动，使之成为正式的教化地点。校舍命名意在宣扬教化意义，加上位于高地的宏大体量和塔楼，使之成为可独立存在的、被仰望、被膜拜的象征性建筑和精神地标。然而，随着场地物理条件的改变——围墙阻隔和周边住宅楼兴起的视觉遮挡，仅南薰楼以其独特的区位和形态，成为整个集美学村的区域性地标建筑；尚忠楼和延平楼的地标性已然弱化至无。身处大社，甚至也难觅南薰楼。

---

1 集美始祖墓，俗称"港口墓"，集美学村门牌坊南侧，为集美陈氏二世祖陈基夫妇合窆。

物理特征

物理特征方面,此三座楼皆为高地上的大体量建筑。

(1)尚忠楼: 是集美学校的第一座高地建筑,位于大社北侧的二房山,落成于1921年,1954年扩建,现建筑体量面宽111.5米、进深14.2米、高21.8米;

(2)延平楼: 位于集美寨山头,落成于1922年,重建工程于1953年竣工,现今的建筑体量为面宽65.7米、进深16.6米、高19.7米;

(3)南薰楼: 位于集美寨上延平楼西侧,于1959年落成,依东高西低地势而筑,以大台阶为基座,是集美学校最高的建筑,也是1980年代以前福建省最高的大楼。其主楼面宽19.24米、高54米、15层,两侧展开面宽达87.8米、进深45.5米。

使用简史

(1)尚忠楼: 1920年代为集美学校女子师范部而建,后迁入借用集美大社民房的女子小学,并改制为附属小学。尚忠楼的功能为教室、教员宿舍、学生宿舍、图书室。1950年代,尚忠楼是集美中学教室、单身教工宿舍和学生宿舍,有大量侨生的身影。1965年校舍调整中,财经学校入驻尚忠楼群,集办公、教室、宿舍于其中。现为集美大学财经学院学生宿舍。

(2)延平楼: 1920年代为集美小学所建,将之从与中学、师范居于一处的拥挤中疏解开来,并脱离师范附属,独立为小学部,教室、宿舍、礼堂[1]、饭厅、浴室、厕所皆备，楼前设有足球场。1965年的校舍调整中，为集美中学入驻。现为集美中学教学楼。

（3）南薰楼： 1950年代陈嘉庚定居集美后建造，初为财经学校所用。1965年校舍调整中，为集美中学入驻。1977年恢复高考，厦门复办集美师专，曾借用南薰楼为集美师专单身教工宿舍。1978年国务院复办集美华侨学生补习学校，暂借南薰楼一部分为校舍。现为集美中学教学楼。

事件及其意义

1.尚忠楼

（1）尚忠楼的建设目的是女子师范和女子小学，乃为划时代创举。鉴于民国初年集美社男尊女卑观念很强，女子没有上学机会且劳动负担很重，为了让女子也有受教育权，1917年增办女子小学校。又鉴于"以国际间的小学教师多数以妇女担任，我国旧式妇女多数株守于家庭田务方面，无从发展其才能的机会，欲各方面尽其所有能力来做教育救国，实不可能"[16]72，于1921年创设女子师范部；1927年遵福建省教育改造委员会令，改为福建私立集美女子初级中学校；1930年获准附设师范科。集美女子小学校和集美女子初级中学校暨附设师范科，反映陈嘉庚对重男轻女的中国、文化落后的福建现代化的殷切期待和壮举。

1　延平楼礼堂于2003年的改造中拆除。

（2）"尚忠"楼名的用意在《集美学校廿周年纪念刊》中，女子中学自述教育方针为使学生作忠实健全有为之青年；女子小学自述是要养成为家庭、社会忠勇服务的女青年（**附录5**）。后世学者解读"忠"，认为陈嘉庚提倡的忠，是忠于祖国、忠于人民、忠于事业。

（3）1949年后校友的回忆中，尚忠楼是一个时代的印记：集美中

尚忠楼、新诵诗楼及前场，1955年

来源：庄景辉、贺春旎《集美学校嘉庚建筑》，2013：56

尚忠楼、新诵诗楼及前场现状

来源：张云斌摄

学叶振汉[1]校长、侨生的摇篮、李季[2]诗人填词的歌曲[3]、楼前广场的集体舞、财经学校熟练的算盘声，等等。

2.延平楼

（1）延平楼因选址于延平故垒而得名（**图11-3**），表"汉族独立之精神"。集美寨（亦称国姓寨、延平故垒），是17世纪中叶郑成功部将操练水兵以抗清兵的遗址，隆武政权晋封郑成功为延平郡王，陈嘉庚先生在这里建校舍，取名"延平楼"，于奠基时亲撰《集美小学记》，书曰："相地于寨内社，明季郑成功筑垒以抗清师者也。今城圮而南门完好如故，颇足表示我汉族独立之精神，敬保存之，以示后生纪念。"**（附录6）**

（2）1938年5月10日厦门沦陷，日军飞集美投弹6枚，集美小学师生避入后溪乡，后迁入石兜。与高崎一水之隔的延平楼目标突出，敌机、舰合袭集美下，损失最重者为延平楼。1950年代陈嘉庚亲自重建延平楼，具有重申民族自信的意涵。

（3）延平楼的校友记忆是（**图11-4**）：嬉玩于延平楼前游泳池，独坐延平故垒榕荫下眺望那神秘、深沉、蓝宝石般的大海，以及延平楼断垣残壁的战争记忆。延平楼的整体意象可以概括为："延平楼前雄风凛凛，荣荫郁郁，巨石威卧。"[54]

---

1 叶振汉（1920—1984），1936年毕业于集美高级师范学校。1953年秋调任集美中学校长，时集美中学五分之二学生为侨生，叶振汉使集美中学获得"侨生摇篮"美誉，驰名国内外。

2 李季（1922—1980），原名李振鹏，笔名里计、于一帆等，现代著名诗人。

3 该曲歌词：亲爱的校长/亲爱的老师/感谢你们辛勤地培养/母校的荣誉/我们一定保持/你们的话语/我们永远记在心上/我们像一群白色的鸽子/我们有一双坚强的翅膀/只要祖国需要我们去到哪里/我们——就展开翅膀往那里飞翔！[53]

3.南薰楼

（1）南薰楼是大社周边三座高地建筑中，物理呈现和精神意义皆最显著者。由于高度是其形体特征，校友常以"高耸碧空""矗立云霄""威仪更壮""冲天欲起""挺拔峭立""壮丽""雄伟""雄峙""拔地而起""直指苍穹""直雄上层云"等形容。唯傅子玖[1]的描绘最是形意俱足："高耸百米的十五层南薰楼，屹立海滨，踞地百亩，一色花岗白石垒成。楼至第五层，舒展东西两翼，翼端各建八角亭一座；上升的主楼，从第七层起逐渐缩小，至十五层顶，建一迎风亭。亭上画梁飞檐，剔透玲珑。三亭于楼顶高下特角相峙。远观楼亭通体，仿如伏憩的巨鹰，正欲展翅凌空，栩栩生动。"[55]

（2）命名揭示意义。傅子玖汲取白居易"薰风自南至，吹我池上林"，谓该诗句"称颂南来的熏风，抚拂着家乡池畔的林木。'抚拂'原可引申为'薰陶'，寄意于培育、培养"。[55]亦有学者追溯其意出自舜帝在蒲坂弹琴作歌"南风之薰兮，可以解吾民之愠兮；南风之时兮，可以埠吾民之财兮"[2]，以及清同治年间有"南薰解愠"短语，陈嘉庚"慨祖国之陵夷，悯故乡之哄斗"的悲悯哀痛，"以为改进国家社会，舍教育莫为功"的发大誓愿，用书香暖风陶冶国民、教化族人，使社会祥和，用知识富民强国。

（3）南薰楼顶端风亭未实现的设计功能，体现陈嘉庚的博爱。鉴

---

1 傅子玖（1934—），厦门市文联副主席、市作家协会副主席，福建省作家协会理事，厦门市政协常委，曾任陈嘉庚研究会副会长、《陈嘉庚研究》副主编，著有传记小说《陈嘉庚》《陈嘉庚传》。

2 出处一说《乐记》，一说《南风诗》。

于集美—高崎海峡向来风急浪高，一些来往船只和夜里下海的渔民，常在恶劣天气中迷失方向，甚至丧生，陈嘉庚计划在南薰楼风亭装设千瓦强灯并安置大时钟，为海上讨生活的人们指方向、报时辰。大灯和大钟后来没有按计划安装，然嘉庚先生的博爱胸怀为人们广为传颂。

（4）南薰楼是陈嘉庚亲自督建落成的最后一座校舍，极具象征性。它作为邮票、奖章、油画等官方纪念品的主题，显示其代表嘉庚精神、集美学校和集美区。它与鼓浪屿并列作为"2017金砖国家工商论坛"的主会场幕墙，代表厦门。

三座楼的比较

在1981—2020年《集美校友》[3]的文章中，提及尚忠楼、延平楼、南薰楼共296篇，其中尚忠楼、延平楼、南薰楼分别占比20.6%、24.7%、54.7%。将三座楼按提及语境分为A、B、C三类：A作为位置信息被提及；B作为事件发生的场景；C作为抒情、意义建构的对象。比较三座楼的语境偏向。

1.尚忠楼

（1）以尚忠楼为基数，其在A、B、C三种语境中的份额分别是：19.7%、62.3%、18.0%，显示其在校友心中的主要价值是生活与学习的具体地点；

（2）以各语境中三座楼的总和为基数，尚忠楼在三个语境中占的

3　《集美校友》是由集美校友总会主办的会刊，1942年2月创刊，1947年停刊，1981年复刊，为双月刊。

三座高地建筑在《集美校友》文章中出现的语境

楼 名	尚忠楼			延平楼			南薰楼		
语 境	A	B	C	A	B	C	A	B	C
篇 数	12	38	11	13	47	13	39	63	60
占该楼份额	19.7%	62.3%	18.0%	17.8%	64.4%	17.8%	24.1%	38.9%	37.0%
占该语境份额	18.8%	25.7%	13.1%	20.3%	31.8%	15.5%	60.9%	42.6%	71.4%
区位商[2]	0.9	0.5	0.6	0.8	1.3	0.6	1.1	0.8	1.3
合计篇数	61			73			162		
份 额	20.6%			24.7%			54.7%		

份额分别是:18.8%、25.7%、13.1%,在三座楼中的重要性较低;

（3）尚忠楼在三个语境中的区位商都不及1.0,分别是:0.9、0.5、0.6,显示其各方面的集中度都较低。

2.延平楼

（1）以延平楼为基数,其分配给A、B、C语境的份额分别是:17.8%、64.4%、17.8%,具体地点的集体记忆是其主要价值;

（2）以各语境中三座楼的总和为基数,延平楼在三个语境中所占的份额分别是:20.3%、31.8%、15.5%,反映其在各语境的相对重要性皆居中;

（3）延平楼的三个语境的区位商分别是:0.8、1.3、0.6,显示其在三座楼中最具地点记忆。

1　区位商（Location Quotient）,区域经济学名词,是用于衡量一个地区特定产业的集中程度或专业化水平的指标。

各语境的三座高地建筑占比

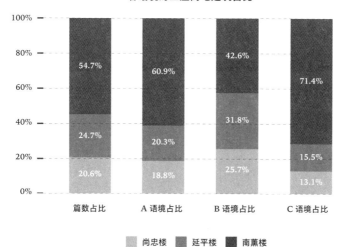

A 语境：位置信息　　B 语境：事件场景　　C 语境：意义建构

各高地建筑的三种语境占比

A 语境：位置信息　　B 语境：事件场景　　C 语境：意义建构

3.南薰楼

(1) 以南薰楼为基数，其分配给A、B、C语境的份额分别是：24.1%、38.9%、37.0%，与尚忠楼和延平楼集中在B语境不同的是，南薰楼三个语境的份额较为均等；

(2) 以各语境中三座楼的总和为基数，南薰楼在三个语境中所占的份额分别是：60.9%、42.6%、71.4%。无论哪个语境，南薰楼都占据最重要地位；

(3) 南薰楼在三个语境中的区位商分别是：1.1、0.8、1.3，显示南薰楼最具集中度的是精神意义，其次是经常被作为坐标提到；相形之下，不具作为日常地点的集中度。

总体来说，尚忠楼、延平楼、南薰楼三座高地建筑，在时间、地理和事件的共同作用下，其所形成的精神地标的意义和持存性皆有不同：

(1) 1921年为女中、女师、女小所建的尚忠楼，具有培养女子忠于国家以扩及家庭和教育的意义，随着政局变迁、尚忠楼用途改为宿舍、高墙阻隔,尚忠楼的高地地标很少被意识到,除非有心寻觅。

(2) 1922年为男子小学所建的延平楼，其选址和命名意在彰显民族气节,与延平故垒遗址共同被记住,虽不若南薰楼耀眼,却自有其隽永。

(3) 1959年陈嘉庚生前落成的南薰楼，其结合地势的建筑之美，无疑是集美学村最重要、最显著、最具代表性的精神地标,最具持存性,其风亭形态不仅被复制于集美大学集诚楼，也为大社自建房所模仿**(图11-5)**。

以大社为地理中心来看，三座高地建筑选址山顶外缘，向内（大社）为腹地。在过去自建房密度和高度尚未拔地而起时，大社人不经意间即能望见高地建筑（**图11-6，图11-7**），唤起自家孩子受教育的期许，也联系着家国之情和对学村的共同体认同。但如今，高地建筑仅存向外展示的作用：在后尾山嘉庚故居旁略高的尚南路远眺尚忠楼，在鳌园路仰望掩映在古榕后的延平楼，在龙舟池畔瞻仰南薰楼；向内的展示则勉为其难地仅存于夹缝中：在集美中学与渡头角的边界上贴着延平楼背影，在大社路南段的握手楼间找到被南薰楼引领的感觉（**图11-8**）。大社与高地建筑的联系，已成传说。

因此：

因地制宜地尽可能使高地建筑从集美大社内部可见。梳理大社路南段自建房立面，只需将占领空权的防盗铁窗内退，即可使南薰楼舒适地显露出来，更易被察觉、被景仰。内退和矮化尚忠楼沿集岑路的围墙，使人们在主要交通动线——尚南路中更易眺望尚忠楼。同时，围墙内退能创造集岑路的"鼓胀"路形，使之较易停留，呈现邀请性。延平楼背面与大社关系最为凌乱，宜梳理学校的低效用地向社区打开，使人们可以近距离感受延平楼的悠长。

模拟防盗铁窗拆除或内退对提高南薰楼可见度的影响，一个很小的动作对公共景观产生较大贡献，使得视野中的南薰楼不再被禁锢于牢笼中，而能与居民楼互嵌
来源：张云斌摄、绘

尚忠楼与集岑路之间的高差挡墙　　来源：张云斌摄

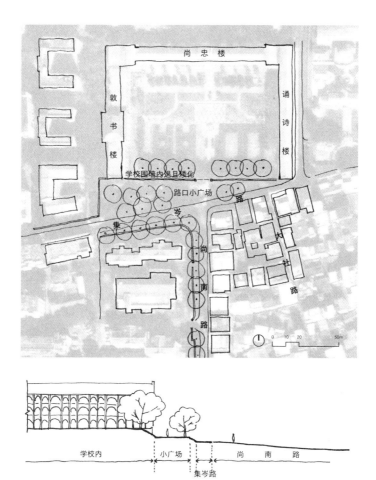

依据地形,尚忠楼沿集岑路围墙内退至现状高差挡墙(**左页图**),可为集岑路与尚南路口形成"鼓胀"路形,既缓解该路口交通拥堵,也创造朝向社区的小广场,起到强调尚忠楼的作用　来源：张云斌绘

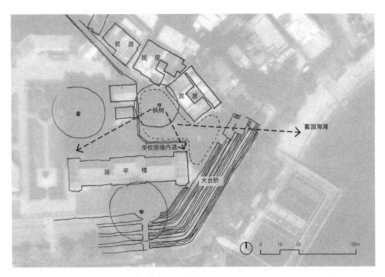

向社区打开延平楼后院低度使用的校地，以古木枫树为中心，形成安静的树地。人们既可在树下感受延平楼悠长的北立面，又可安心地遥望鳌园海滩

来源：张云斌绘

❧　　❧　　❧

与大社相邻的三座高地建筑——尚忠楼、延平楼、南薰楼中，延平楼与南薰楼同在集美寨上，为**地区到达**[*7] 的标志物，尤以南薰楼为要。但南薰楼并非独立存在，它的耀眼是由集美寨的**大台阶**[*12]、大台阶下的**鳌园海滩**[*13]、集美寨背后与大社接壤的**引玉园**[*30] 共同烘托所致……

✡ 12 大台阶

回望侨乡

1959年,南薰楼与大台阶

来源:庄景辉、贺春旎《集美学校嘉庚建筑》,2013:278

　　……在面海高地集美寨上建设南薰楼与延平楼(**高地建筑**[✡11]),是
侨乡[✡1]外向反身性的具体体现,它不是竖立旗杆或大型雕塑物等简单地
标,而是建筑物与环境相融所创造的场域。

✿　　✿　　✿

延平楼—南薰楼前的大台阶，是在侨乡的外向反身性视角下把集美与厦门联系起来的城市高地。

延平楼—南薰楼前的大台阶，是集美学村东南隅的别致风景：人们走在高出路面的大台阶上，与汽车的威胁感拉开距离，融入地平面世界；拾级而上，人与地平面世界的距离加大，视野更为广阔，边走边看海；独坐最上层，遗世独立，遥想天涯海角。

大台阶使人联想到亚历山大《一种模式语言》中的"高地"（High Places）模式，其要点为：伟大的城市皆有高地作为城市地标，或为塔楼，或为摩天楼，或为地势。其具备两个独立而互补的功能，一为登高眺望脚下世界，二为人们从地面遥望的地标。前者甚至是人的一项本能，当人们居高临下时，会重新审视自己所处的世界，触碰到自身。但若借助汽车或电梯登高，便无可能达到这样一种境界，唯有通过体力劳动的攀登，才可能涤滤身心，即便只是几级。

通过自身运动登上大台阶，随着高度的变化，不断改变我们与脚下世界的关系，高地的这一功能让我们深有所感。高地的另一项功能——被地面世界仰望，引发我们深思：延平楼—南薰楼—大台阶于集美东南隅面朝大海，并非位于城市中心，那么它们是被谁遥望？

陈嘉庚为延平楼亲撰的《集美小学记》已见端倪："……临海小岗特起，与鹭屿高崎相犄角……爱购为校址，筑新式校舍，永为集美小学之业。并建百尺钟楼，以为入境标志……"即集美寨高地作为朝向集美、接近集美的地标；高集海峡以及厦门岛的高崎地区，是延平楼—南薰楼前大台阶所在的集美寨高地的脚下世界。这不是陆地上向心的、静态的中心性，而是离乡往厦门登轮下南洋、又从南洋经厦门归乡的海洋周期性往返的地标；也是有意彰显给厦门高崎遥望瞻仰的地标**（图12-1）**。

　　大台阶是整齐划一的、依地势修建的49级白石阶梯看台，观看海水游泳池[1] 竞赛，或远眺大海,蔚为壮观,是1951—1953年延平楼重建时,将楼前原荆棘丛生的坟地改建而成 [117-118]。大台阶却不只是看台,

1937年的延平楼,其时没有大台阶

来源: 庄景辉、贺春旎《集美学校嘉庚建筑》,2013:99

1　海水游泳池,也称大游泳池,位于大台阶前,1950年代陈嘉庚所建,以香蕉厅(更衣室)与延平楼前、建于1930年代的小游泳池相连。大游泳池建成后,大、小游泳池分别为男、女游泳池。后以小游泳池作为大游泳池的海水过滤设施。2024年大游泳池改造为儿童游戏场。

（1）1951年，重建中的延平楼，其时修建大台阶

来源：庄景辉、贺春旎《集美学校嘉庚建筑》，2013：101

（2）1950年代，建成后的延平楼与大台阶

来源：厦门美璋影相馆紫日

其在延平故垒处修建向外凸出的平台，使人遥想当年郑成功指挥海上征战的万丈雄心；如今，延平故垒平台为学校围墙紧逼，仿佛把文物放进笼子里，失去了停留的缓冲空间，自然也失去了思古之幽情。另一方面，大台阶是集美学校的集体记忆地点：1950年代，集美中学作为侨生摇篮时期，学生坐在大台阶上听领导作报告[119]；1961年，陈嘉庚在

1953年，福建省首届游泳比赛在大泳池举办，陈嘉庚面对座无虚席的大台阶上的
人们发表讲话
来源：陈嘉庚纪念馆

（1）1950年代，全国侨联一届二次全体委员会议在厦门召开，陈嘉庚陪同委员们参
观集美学校，在延平故垒上以手杖遥指金门岛，说："台澎金马是一定要解放的。"
来源：陈嘉庚先生纪念册编辑委员会《陈嘉庚先生纪念册》，1962；陈志贤提供
（2）无可伫足的、仿佛把文物放进笼子里的延平故垒保护方式
来源：刘昭吟摄

1961年8月20日，陈嘉庚在集美出殡，灵柩行经大台阶往鳌园安葬

来源：陈嘉庚先生创办集美学校七十周年纪念刊编委会《陈嘉庚先生创办集美学校七十周年纪念刊》，1983

北京去世，灵柩回到故乡集美运往鳌园时，集美学校师生站在大台阶上送校主最后一程[120]26；校友陈季玉[1]在大台阶上，将四个月大的儿子高举过头并取名"南薰"，寓意传承诚毅精神。[62]

　　2020—2022年公共卫生事件发生时，城市聚集性场所关闭，大台阶是人们舒缓紧张情绪的开放空间。位于大台阶低层的人群，三三两两倚靠大台阶，吃盒饭、吃烧烤、喝茶、打牌、聊天；大台阶中层的人群，盘坐着刷手机、听音乐、轻声讲电话；大台阶高层的人群，躺在情人怀

1　陈季玉，集美区作协副主席。

里低语，或超越肉身局限地冥想；在大台阶宽阔部分，大社的阿姨妈妈们跳着广场舞（图12-2）。如此多种多样的使用，在大台阶上各自找到最佳区位互不干扰地发生着，虽然大台阶形态笔直，却前所未有地体现了城市开放空间的多样性和包容性。大台阶，把人们"隔"开来也"联系"起来。

大台阶有着高地的使用，但大台阶的高地性质不应止于大台阶。大台阶是集美寨高地的组成，它与延平楼、南薰楼相连才是一个整体，形成完整的场域（图12-3）。人们能拾级步上大台阶，并进一步登上延平楼、南薰楼，驻足远眺，遥想古今，才是完整经历城市地标的仪式。但如今大台阶的场域完整性被学校围墙切断，且围墙最大范围地沿大台阶边缘划过，使得大台阶只不过是集美寨高地斜坡的一层表皮，而高地上的南薰楼和延平楼，如在牢中。

因此：

要还原集美寨高地的场域完整性。降低和后退大台阶上的集美中学围墙，并开设南薰楼和延平楼的开放日，使市民经由攀登大台阶的劳动接近和走进南薰楼、延平楼，产生对嘉庚精神的时空敬畏感。后退的围墙使大台阶回归集美寨，市民能在大台阶的最高阶拥有安全的落脚处，稳定地站立，安心地徘徊于延平楼、南薰楼前，从容无虞地感受集美寨高地的完整性。矮墙化的围墙使人可以在大台阶最上一层舒适地背靠而坐，延长浸润式体验；同时，也使从校园内部眺望高集海峡时，不致有强烈的囹圄感。

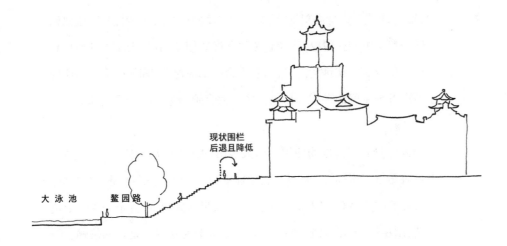

现状围栏
后退且降低

大 泳 池　　　鳌 园 路

在保留校园围墙的条件下,围墙后退,以使大台阶回归集美寨高地

来源:张云斌绘

　　大台阶是集美寨竖向空间的枢纽，上承南薰楼和延平楼等
高地建筑,下启鳌园海滩和散步道……
✿11　　　✿13　　　✿17

✪ 13 鳌园海滩

从生产性到娱乐性

昔时鳌园海滩,船只点点,以生产为主

来源: 李鸾汉摄, 引自: 陈呈编著《集天下之大美: 中国·集美全国摄影大展作品集》, 2011

　　……从厦门本岛朝向集美学村的**地区到达**[✿7], 在移动中望着**集美海岸**[✿6]和集美寨的**高地建筑**[✿11]、**大台阶**[✿12], 半退潮的海滩在夕阳余晖中反射如镜,向东望,海滩尽头的集美解放纪念碑闪闪发光。

✿　　✿　　✿

从未停止脚步的海岸建设，不仅改变沿海陆地，也改变海滩的范围、使用、形态、与陆地的关系。鳌园海滩从传统村社的功能性渡口、生产性滩涂，改造为休闲沙滩浴场。

2023年秋，甫经改造的鳌园海滩，宽厚的沙滩连绵到南堤公园，与厦门本岛白城沙滩、同安浪漫滨海线无异，人们或踏浪，或坐卧沙滩上，或下海游泳。改造前，沙滩长度仅鳌园至小泳池间，宽仅十数米，涨潮海水离岸边不足两米，退潮裸露出大片滩涂，滩涂上的人们弯腰拾物如在寻宝，谓"讨小海"。

鳌园海滩实为集美东南角的组成，海滩背山面海，旧时的空间结构为寨仔内—木城前—鳌头岗，今者为延平楼—海滩—鳌园。今之沙滩改造有就海滩建设海滩之局限。

寨仔内—木城前—鳌头岗，龟蛇把水口

鳌园海滩背靠的低山为集美寨，过去有寨仔内一社，建延平楼时迁移。寨仔内的海滨名为"木城前"。据云，郑经部将刘国轩在浔尾筑内为石城门夯土墙、外为木城的城垒，故寨仔内社称寨前海滨为"木城前"。传说彼时刘氏筑集美寨及半即倒塌，当地耆老谓寨仔内系活龟，堪舆者出谋划策，称应断龟爪，刘氏于是在寨仔内四周挖壕，城方筑成。[123]69-71

　　木城前海滩向前延伸至鳌头岗礁群，鳌头岗礁群平时可踏沙前往,涨潮则成小岛。鳌头岗因形似鳌而得名,其上建有鳌头宫,谢诗白[1]于1929年记有建宫原由："相传该地因潮汐甚大，波涛汹涌，有倾舟覆楫之危，乡人以为蛟龙作怪，海神为祸，故建鳌头宫以祭之，可免危厄。"[125]54-62地方文献概谓鳌头宫又称天妃宫,谐音天里宫,奉祀妈祖,始建年代无可考。[123]69-71但陈进步[2]口述辩曰,鳌头宫与天妃宫实为先后两座庙。集美皆谓东鳌头宫与西龙王宫建筑年代相当,龙王宫建于唐五代时期,妈祖被加封天妃神号是在元代,相隔3个世纪,故鳌头宫不可能是天妃宫。但在闽南泛神信仰传统下,鳌头宫奉祀各路神仙王爷,包括妈祖极为正常。如郑子瑜[3]于1936年记有"鳌头宫的里头有许多菩萨。"[125]162-163

　　陈进步进一步指出,清嘉庆、道光年间福建水师将厦门地区划分为前、中、后、左、右营,鳌头岗属后营(图13-1),陈化成[4]任福建水师提督驻守厦门期间,在海事相关的海神妈祖信仰习俗下,另建天妃宫,将妈

1　谢诗白,王秀南的妻子。曾在集美学校任地理教员,先后执教于暨南大学、中山大学等校。后与王秀南一起到南洋任教。

2　陈进步,集美本地文史专家,是本研究的主要受访者之一。

3　郑子瑜(1916—?),曾在集美学校就读。有"传奇学者"之誉称,也是卓有成就的现代文学家。

4　陈化成(1776—1842),生于福建同安丙洲,入行伍,镇压同为同安人的海盗蔡牵后一路擢升,于道光十年(1830)任福建水师提督,驻守厦门,多次击退来犯的英国舰队。道光二十年(1840)调任江南提督,完善位于长江和黄浦江江口吴淞炮台的防御措施。道光二十二年(1842)6月16日,英军攻打吴淞炮台,陈化成率军坚守,中弹阵亡。陈化成被以抗英名将、民族英雄纪念,上海人奉其像于当地著名之上海城隍庙。

祖从鳌头宫迎祀到天妃宫。鳌头宫于抗战期间被炸毁,天妃宫则更早,于1920年代失火烧毁。郑子瑜记有:"鳌头宫的旁边有一座新建不久的新宫,可惜现在已经烧毁了!听说烧毁这新宫的是一个青年的学生,他同时也自烧死在这新宫的下边。"[125]162-163

旧时鳌头岗设"浔尾渡口",铺石桥到海面深处以利摆渡。鳌园未建前,鳌头岗有大片平坦礁石,周围有怪石巉岩(图13-2)。此地传为蛇穴,高集未建海堤前,从木城前到鳌头岗至山塘尾(今塘美新村)一带,一片皑白沙滩,每逢大潮,遥看鳌头宫似一条大白蟒,昂首于水面。结合寨仔内的活龟传说,从寨仔内到鳌头岗,即所谓"龟蛇把水口"景观。

1910年代集美寨前海滩礁石嶙峋。左后高地为集美寨,右后岛屿为鳌头岗。如今这片海滩不见礁石。居民告知,礁石庇护了小海鲜,但退潮后海滩有小海鲜异味,政府认为有碍旅游,便移除礁石

来源:高振碧《爱上厦门迷摄影》,2012:256;据紫日指认,该帧为厦门美璋影相馆于1910年代拍摄印发

延平楼—鳌头岗，浪潮击礁

1922年，陈嘉庚建集美小学于集美寨，命名延平楼以表爱国心。鉴于集美小学学童在海滩游泳戏水的安全性堪忧，1931年，在楼前海滩建游泳池。

许钦文[1]、孙福熙[125]73-89、高学海[2]记下了20世纪二三十年代的地貌：集美寨因集美小学建设而被拆除，但保留了花岗岩石条所筑的南门，彼时已为苔藓附生。南门两旁和南门下的海滩上有许多石炮，其中最近岸的石炮上缠生一株高大的榕树。集美学校利用滩上固有的石炮，改造为水标跳台。正因这段海滩礁石和石炮林立，使得从厦门到集美的电船必须停在海中，乘客由舢板船接驳到海滩上岸。

海滩展向礁石嶙峋的鳌头岗，其上鳌头宫旁有大榕树数棵，因北风吹打枝条全俯向南面。谢诗白在1929年描述鳌头岗：

> 宫之后为一小丘，登其上可远眺思勉；宫之西边树木荫之，一片沙坡；宫之东及南，有礁焉，纵横错落，星罗棋布，江水浩荡，帆樯若织，横渡即为厦门所属之高崎。每当朔望大潮，波涛汹涌，浪花飞溅，霜戈银甲，腾空翻转，虽不若浙江之钱塘，然亦浩然绝观也。又逢三五之夜，皎月中天倒映海面，烟波浩淼，水天一色，信步其间，恍若琼楼玉宇，疑非人间世矣。[125]54-62

1　许钦文（1897—1984），原名许绳尧，为鲁迅所列"乡土作家"之一。1934—1936年间任集美中学国文教师。[125]120-121,124-126

2　高学海（1903—？），作家，著有《学海文录》。[125]41

　　从集美幼儿园东海岸沙滩到鳌头宫，是学生最爱的散步道。在沙滩上,学生坐卧在石炮上;在鳌头岗,郑子瑜在1936年的描述是:"三三两两的男女学生,攀的攀树枝,唱的唱歌儿,打的打滚子,拾的拾贝壳,捉的捉蟹儿……闲谈的在草地上围坐着,或偃或坐,在嶙顶看书的是几个用功的学生。"[125]162-163孙福熙在1931年写道:"大家爱在这岩石上坐着看书,晚间看月,此外没有什么了。可是我们特别爱好,因为这是一个重要的古迹。"[125]73-89文中那句"此外没有什么了"格外耐人寻味。

1932年集美女中学生留影于集美东海岸沙滩,这里常是集美学校学生散步、休闲活动的场地

来源: 厦门美璋影相馆紫日

鳌园北滩，生产性的讨小海

鳌头宫于抗日战争中损毁，陈嘉庚将鳌头岗改造为鳌园，于是集美东南角原连续性海滩一分为二，即鳌园北滩与鳌园西滩。

鳌园是一个纪念性空间，于1955年12月基本竣工，由门厅、长廊、集美解放纪念碑、石屏、陈嘉庚墓、鳌亭等组成。其中，"集美解放纪念碑"七个字为毛泽东主席应陈嘉庚之邀题字，陈嘉庚亲书的碑文（**附录7**）追念历次革命战争与集美学校废兴经过，体现了地方命运与国家命运的紧密关联。园区遍布青石雕刻，题材涉及中外古今、天文地理、科技文教、书法绘画、动物植物、工农业生产等，实为博物大观，体现陈嘉庚通过寓教于游、寓教于乐以提升国人文明意识的用意。

一直以来，集美东南角海滩的使用主要有：讨小海，泊小渔船、海泳、踏浪。大约2020年起，小渔船益发少见直至消失，鳌园北滩的使用只余讨小海。

讨小海在集美沿海各村皆有。据陈少斌[1]书，集美滩涂广阔，是居民世代养殖牡蛎、捕捞、采拾，以维持生活的地方。滩涂分深滩和浅滩，深滩宜成年人捕捞、养殖牡蛎；浅滩是老少妇幼讨小海之地，海水退潮时，捕捞滞留在滩涂的小杂鱼、青蟹、螺和贝，视节气、潮汐、风浪的差异，选择不同的方法，在海水中、滩泥上、涂地里，捕捉不同的水产品，售卖收入辅助生活。旧时讨小海为生产性活动。

---

[1] 陈少斌，1927年生于集美。从1980年起学习、研究、宣传陈嘉庚生平史、集美学校校史和集美学校师生革命史。曾任集美学校党史办副主任、集美陈嘉庚研究会副会长兼《陈嘉庚研究》编委。

现如今，讨小海仍见于集美滩涂，但鳌园两侧性质有所不同。鳌园北滩，讨小海者带着1米长的鱼篓，身着雨靴、防水裤，满载而归（图13-3），具有专业性，显见该讨小海活动是生产性的，大社路边的小海鲜摊可能就来自他们的采集。同时，从退潮时裸露的滩涂肌理，可看出堆叠石块围出海埭田，有计划地围困小海鲜，使之滞留。（图13-4）

大台阶——鳌园西滩，休闲娱乐的标准化

鳌园西滩，除了鳌园建设引发的改变外，还有大游泳池和大台阶的建设。1950年代，在延平楼前游泳池西侧增建大泳池，于是以大游泳池为男泳池，小泳池为女泳池。同时，战后延平楼重建时，将集美寨山岗依地势修建整齐划一的白石阶梯看台。如此一来，在物理空间上，延平楼前海滩成为被围合的、较短的鳌园西滩，并在空间意义上，成为一个瞻仰集美解放纪念碑、延平楼、南薰楼的开放地点。

以鳌园北滩为参照，鳌园西滩虽亦见讨小海活动，但显然是娱乐性的、非生产性的，是大社孩子、学村学生、没见过海的游客的休闲玩耍。他们的样貌是：凉拖、卷裤脚、小水桶、小铲子、弯腰以手机作为光源探照脚边的滩涂。（图13-5）

2023年，鳌园西滩的潮间带被改造为大面积的人工沙滩。原先布满粗细、质地、大小不一的泥沙、涂地、石块无法赤脚行走，但能形成小海鲜滞留的水滩、孔隙、洞穴的滩涂，如今被埋没在白沙下，百米白沙外的滩涂则需待潮水退尽方裸露少许，导致讨小海活动被压缩。滩涂被沙滩取代，讨小海被踏浪和戏沙取代。（图13-6至图13-7）

（1）1950年代，鳌园西滩的戏水人群和停泊渔船。

来源：厦门美璋影相馆紫日

（2）2024年，同一视角，改造后的鳌园西滩为标准化沙滩。

来源：刘昭吟摄

重塑空间连续性

就在这100年间，鳌园海滩从有棱有角、惊涛骇浪改变为平静无波的平坦沙滩。钱穆[1]回忆1922年秋在集美任教，"余在集美又好作海滩游。预计每日海潮上下之时刻，先潮涨而去，坐大石上迎潮，潮迫

1　钱穆（1895—1990），字宾四。香港新亚书院、新亚研究所及新亚中学的共同创办人。他被许多中国史学领域研究者认为是大中华学术圈20世纪最重要的历史学家及哲学家之一，与吕思勉、陈垣、陈寅恪一同被称作中国"（现代）四大史学家"。

身而退。"[125]287-294 我们丧失了这种由于崎岖地形造成的有张力、戏剧性、极具吸引力的海潮。然而，即便我们不再抵触事已至此的平坦沙滩，仍然无法欣然接受。

地方文献确有以"皑白沙滩"形容过去的集美海滩，又根据大社老居民告知，在2006年滩涂禁养以前，养蚵造成沙滩泥化为滩涂（**图13-8**）。如今又人为添加大量白沙，可以说，鳌园西滩经历"白沙＋礁石—养殖牡蛎—泥化—滩涂—人工加沙"的过程。白沙比起滩涂对赤脚更为友善，使得原本因石块和杂物较多而较少人迹的鳌园围墙下方，如今因沙滩连绵而显著提高了鳌园西滩的游客承载力。但由于海流冲刷，不到半年时间已见鳌园围墙下细沙流失，裸露砾石颗粒。大社老居民推估，不用两三年，这些白沙自会冲刷殆尽。

人为作用于鳌园海滩，从来没有停止过。最新的改造，即使是为了恢复皑白沙滩，仍是孤立地就海滩改造海滩，缺乏海滩与周边环境的连续性。

过去100年，集美东南角历经防御性、生产性到纪念性、休闲娱乐性的转型，无论属何种性质，鳌园海滩皆曾与其背后的集美寨与延平楼、面前的鳌头岗与鳌园，形成完整的空间整体。但如今穿梭在鳌园路上的车行，对鳌园西滩的空间整体性造成切割作用。

鳌园西滩的鳌园路，宽6.3～7.5米，双向通车。人行道单侧设置，大泳池段在大台阶侧，小泳池段在小泳池侧。行人无论是为了走单侧人行道而穿越汽车路，或是紧贴路边走在车行道上，皆与鳌园路车行流量产生紧张关系（**图13-9**）。人们本应在延平楼—集美寨—大台阶—鳌园西滩上下穿梭，眺望鳌园—高集海峡—高崎；或散步于鳌园路，仰望延平楼，遥视集美解放纪念碑，倾听海水拍岸的声音，思古幽情油然而生。但时不时地车来车往，使得人们总是处于紧绷状态，无法放松，无法随意，自然无法领略时间与空间。

我们主张尚南路—浔江路间的鳌园路段采取车行下穿，使鳌园路起到大台阶与海滩的连接作用，同时借由下穿工程在嘉庚纪念馆周边绿地及归来园外南侧绿地选择适当区域建地下停车场，改善大社居民与外来车辆的停车问题。一旦鳌园路成为步行道，则有两处应加以改造，使有益于整体性的完善：小泳池和鳌园门前。

前凸的小泳池，虽然对鳌园西滩有围合的功能，但阻碍了鳌园西滩与大台阶的连续性。小泳池与前侧绿地间有铁栏杆阻隔，使得面积本就很小的绿地成为孤立的"鸡肋"，也在鳌园路与小泳池间起到阻断作用。即每一空间实体皆各自为政、孤立存在。

我们主张将绿地和小泳池打开，通向海滩。小泳池当前的用途是为大泳池过滤海水，如海水过滤有其他可行的替代方案，基于小泳池既有的物理基础，可改造为多功能下沉广场，并有动线与海滩相通。下沉广场日常作为社区广场舞池，为大台阶上的广场舞群提供安全场地；周末和旅游旺季时，作为儿童戏水池；特殊节庆时，可以是海边办桌（乡宴）[1]、演唱会、派对、办展的场地。明月高悬时，涨潮时，可以坐在池边，感受海浪拍击泳池石壁的无始无终。

1　在闽南地区，办桌是一种与宗族活动有关的饮食文化，白事、祭祀、婚庆、做寿，聘请厨师上门做桌。做桌厨师是一个供应链，除菜肴外，举凡搭建棚子、舞台、音响设备、临时厨房、宴客桌椅、碗筷、酒水皆一应俱全，并于宴会结束及时将餐具和场地收拾干净后才撤离。

若鳌园路成为步行道，鳌园南门前的鳌园路将呈现广场潜力。因此我们主张，鳌园南门应常开，以使鳌亭表现邀请性、欢迎性；鳌园南门广场会是鳌园游客拍照打卡点、沙滩游客休整集合点，宜结合沿街商店设置街道家具，使人们能够放松坐下，而非争先恐后、吵嚷烦躁。同时，进入鳌园后的鳌亭，应直接向海面打开——而不是以植被、树池、道路、栏杆形成生硬的入口甬道，既让人难以逗留，也阻隔了鳌亭与海滩的关系（图13-10至图13-12），使鳌亭、纪念碑、小泳池共同携手环抱，形成鳌园西滩的围合。

因此：

以集美东南角完整性的视角来完善鳌园西滩。集美寨—鳌园西滩经历从防御性、生产性到纪念性、休闲娱乐性的转型，完善其整体性的空间策略有：①通过鳌园路改造为步行道，打开小泳池、鳌园南门、鳌亭围栏，促进大台阶至鳌园西滩的连续性，使纪念性地标——延平楼和鳌园，不只相互凝望，更要连续相连；②在标准化沙滩之余，利用地形高差，设置大小各异、高低错落的活动地点，提供丰富的空间体验和动线选择，以支持人们自由地逗留、穿梭或进入海滩；③不忘创造能够放松身心的散步、静坐、眺望、踏浪、听海、观潮的场所，使人们静静地领略一个时代、一个民族、一个伟人。

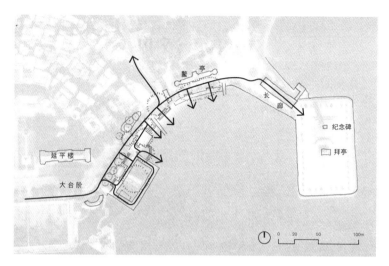

打开小泳池及其相邻绿地、鳌园南门、鳌亭，以使大台阶到鳌园拥有连续的空间体验

来源：张云斌绘

鳌园海滩是集美学村的景点，更是大社居民的日常**散步道**……^{❖17}

✿ 14 泛舟

三池的灵气

1933年,泛舟于泗水池(今内池);右后方建筑即为浴沂室,左后塔楼即为钟楼
来源: 庄景辉、贺春旎《集美学校嘉庚建筑》,2013:2

　　……在**集美学校**[✿2]体育报国、发展水产、挽回海权的目标中,**集美海岸**[✿6]的改造衍生出内池、中池、龙舟池,池上泛舟原是集美学村自明性的一道风景。

❀　　　❀　　　❀

没有内池和中池，龙舟池将寡淡无味。内池、中池和龙舟池的泛舟，原是集美学村的日常休闲。如今除了龙舟池的端阳龙舟赛，日常的三池皆仅作为视觉的风景。没有泛舟的三池，仿佛失了灵气，水几乎等于危险。

泛舟是老校友、老集美人的集体记忆。在调研访谈中，校友记忆中的内池游泳、中池泛舟，令人吃惊地那么稀松平常，是课间的随意活动，完全不似今日只能看不能碰的水"景"。《集美校友》中亦不乏泛舟记忆：

张富强题为《集美漫步》的汉俳描述龙舟池："池水映青松，亭台楼阁绿朦胧，泛舟月明中。"[126]

1951年，陈梧桐[1]于安溪中学读完初中，入学集美中学高中组，他的班主任30多岁，"常在晚饭后带着全班同学到海边散步谈心，在龙舟池泛舟赏月"。[127]

1955年，18岁的侨生周添成[2]从马来西亚回到祖国，被安排进集美

1　陈梧桐（1935—2023），笔名纪程、纪实，曾任中央民族大学历史系主任及教授、北京师范大学特聘教授、中国明史学会顾问以及人民教育出版社高中历史教科书（2004版）主编，是朱元璋研究领域的权威专家。

2　周添成（1934—），原籍福建，生于马来西亚，定居杭州。1984年起任浙江省人民政府侨务办公室副主任，至1998年退休。

中学，他回忆对集美的第一印象："'集美'确实'集'了世界之'美'。一踏上集美的土地，我就被眼前的美景所陶醉：绿树掩映下的校舍美观大方，雕龙画凤的楼台亭阁别具一格，同学们在清澈的湖水上划舟；校园外，海浪在柔软的沙滩上轻拍……我沉浸在美的享受里，止步不前……""那时，我们的感情是那样融洽：化学不懂我去问同学，英语不懂同学来问我。我们手挽着手儿一起唱歌，一起活动，一起前进！春游时，我们一起爬山钻洞；星期天，我们一道湖上泛舟，海滩上嬉戏，多美好的青年时代生活！"[128]

也是1955年，13岁的黄鸿仪[1]怀着兴奋、新奇与童稚跳跃的心情，带着录取通知书入学集美中学初中部。到校办好入学手续后，他好奇地在校园游逛，见到："环绕着敬贤堂的内湖，波光潋滟，微风吹过轻浮的柳丝漾开水中涟漪，一排排小船停靠在绿荫下石岸边迎候着下课后学生们泛舟。此景使我隐约听到'让我们荡起双桨'的欢乐歌声……"[129]

适应校园生活后，他的初中校园生活的课后时间是这样消磨的："下午，课程上完了，我和同学们蹦蹦跳跳去寻找自己快乐的天地：有时，我们登上小船，木桨划开敬贤堂前那回字形的水面，划呀！唱呀！'让我们荡起双桨，小船儿推开波浪……'歌声迎来了美好的黄昏；有时我又和小伙伴们快活地跳进延平楼前游泳池清波里，游着闹着，大半日的疲劳都消融在这嬉笑声里、消融在澄碧如镜的池水中；有时我独

1　黄鸿仪（1942— ），擅长中国画和美术理论研究，为国家一级美术师，曾任江苏省国画院理论研究室主任、江苏省美术馆特聘研究员、江苏（文德）山水画研究会副会长，华侨大学艺术系副主任。

坐在延平故垒的榕荫下，眺望着那神秘、深沉、蓝宝石般的大海，凝思静想，从郑成功想到关天培……有时我乘退潮时，跑到那长满蚝壳的礁石上，听着海水退潮的音韵，这沉闷的声响与远处工棚石匠师傅的敲石声交汇成一曲奇特的歌，西望那人流晃动，帆影如梭的高集海堤工地，更是感奋万端。海，那博大之美，填海工程，那雄壮之美，令人激动！令人亢奋！"[79]

老苏，1960年毕业于集美轻工业学校，于1988年重返道南楼时，见到昔日悬挂在青石拱门的校牌上、红色仿宋体的"集美轻工业学校"已被"厦门市集美中学"取而代之，不禁思潮澎湃："那在中亭歇脚的人民（们），你们可知道，廿八年前的那一天，是我们在这里留下毕业照片？那在龙舟池泛舟的人们，你们可知道？廿八年前那毕业分配的前夜，是我们通宵划着小船，弹唱南音，憧憬着人生的新旅程?!"[130]

显然，直到1980年代末，泛舟都是平常可见的风景。泛舟或在内池，或在中池，或在龙舟池（**图14-1**），与该三池建设时序有关。今天称为"内池"者，原址为海滩围堤之大鱼塘。1913年，陈嘉庚为建设集美小学校，买下这口鱼塘，改筑闸门障止海水，四周开挖深沟，将挖沟的泥土用于填池，形成较高的岛状平地，用以建设木制平屋校舍和操场。[16]10 其后，1920年，水产科开办，因涉水专业的需要，于1922年将木制平屋南侧水域改建为游泳训练的泅水池，又"为加入国际竞技之准备"，同年追加经费，提升为可参加国际游泳比赛的标准训练场地。由于该游泳池原为鱼塘，四周浅、中间深，因此该改造以池中心为基点，向东50米处与向西50米处各建一座南北向起步入水之跳水台，长15米、宽3米、高9米（出水面约0.5米)，如此界定长100米的泳道。又于

依据文献描述所定位的1950年代之前的泗水池（今内池）之跳水台位置

来源：1933年集美学校全图，刘昭吟标注

1925年建"浴沂室"，作为更衣室。[131]

　　泗水池成为"内池"乃因建设龙舟池之故。1950年，陈嘉庚提出龙舟池建设意见，将大鱼塘（泗水池）土岸废弃移出，向西、向东扩，新建石砌堤岸，形成内、中、外三池，池水相通，于1954年开工，1955年5月建成[16]197-198。因此泗水池成为"龙舟内池"，作为停泊龙舟的库区，并与中池共同作为人们荡小舟的休闲场所。

（1）1930年代的泗水池（今内池）及其跳水台

来源：林青编《集美商业学校第十组毕业纪念刊》，1932：48；厦门图书馆供图

（2）1926年，泛舟于泗水池（今内池）

来源：庄景辉、贺春旎《集美学校嘉庚建筑》，2013：23-24

（3）1957年，中池泛舟，背景是福东楼和福南堂

来源：百年集大嘉庚建筑编写组《百年集大 嘉庚建筑》，2018：13

"水不在深,有龙则灵"。没有日常泛舟的三池,就像缺了龙的水。看到老照片,听到过去学生的课外活动是池上泛舟时,人们总是本能地流露惊叹艳羡之情。但吊诡的是,提到活化三池亲水活动时,却又露出担忧意外与公共危险的反应。在这个被水围绕的城市,人们对水的观念、与水的关系,已经十分不"自然"(图14-2)。

因此:

政策性地推广三池的日常泛舟。集美学校委员会授权非政府非营利组织经营三池泛舟活动,可与赛艇俱乐部、皮划艇俱乐部、龙舟协会合作,通过泛舟、休闲皮艇、划艇、桨板的体验、培训、比赛,重现生机盎然的三池。

❈　　❈　　❈

集美与水的关系如此密切, 内湖静水有泛舟活动以及端午节**龙舟赛**[16],海上有**操艇**训练[15]……

✿ 15 操艇

人与海的切身关系

1980年或以前,操艇训练场

来源:《集美航海专科学校校庆活动特刊》,1980:彩图页

……水产和航海是闽海之滨**集美学校**[*2]的两个招牌专业，都有出海需要，学科建设离不开水，游泳、划船（**泛舟**[*14]）和操艇是学生的基本训练。

✿　✿　✿

直接依赖身体运动的操艇，曾是集美海岸重要的风景线，是水产和航海学生不可磨灭的集体记忆。如今人与海的切身关系，让位于科学仪器。

无论是翻阅集美学校老照片，阅读《集美周刊》《集美校友》，或游览鳌园石刻，"操艇""划艇"总会重复出现，重复意味着日常性与重要性。

海童子军的必修课——操艇

来源：福建私立集美学校廿周年纪念刊编辑部《集美学校廿周年纪念刊》，1933:45

通讯性质的《集美周刊》刊载有操艇练习、操艇旅行、操艇比赛的消息。譬如，1929年10月26日，女童子军在今之杏林湾举行操艇练习："女童子军各组队员，对于童子军操习，极富兴趣。十月廿六日有女队员廿三人举行操艇练习，指导及带队者为顾总教练。下午一时由龙王宫码头鼓桨出发，时适退潮，因得驶达与岑头隔海相对之温泉喷水口处。维时沸热之水，喷涌而出，各队员好奇心切，皆跣足舍舟而登，海潮触退泥泞没胫，行路之难，莫逾于此。嗣达泉口，隆隆之声，有如雷鸣，令闻者心悸，但因泥土奇热，不耐久立，即折回原处。复荡桨北驶，至英埭头，停桨休息少时，始转舵回驶，六时到校。此行鼓桨历四小时，为程约卅余里，各队员均能勤其职守，洵可嘉也。"[134]

操艇技术熟练后，则安排三天两夜的长途操艇至鼓浪屿、厦门岛，结合海上实操、旅行、团建等多种目的："（水校）本届五组操艇实习，每周一次，习练渐见纯熟，特于四月二十日举行长程操艇。由王喻甫船长、冷雪樵、吴子熙先生率领，于是日下午十二时三十分在龙王宫驾郑和号出发。全组学生共十三人，分为甲乙两组，每组六人，于一人操舵。每次扳桨十五分钟，甲乙组轮番更调。时潮平风静，六桨齐飞，向鼓岛前进，历二小时，已抵鼓浪屿北岸。舣舟登陆，游瞰青别墅[1]，上郑延平水操台[2]，于宛在亭[3]中留恋片刻，更登日光

1　瞰青别墅，位于鼓浪屿，由越南华侨黄仲训建于1918年。2006年5月被列入全国重点文物保护单位鼓浪屿近代建筑群的子项目之一。

2　水操台遗址，位于鼓浪屿日光岩上。日光岩最高处海拔93米，明末清初郑成功在此指挥操练水师，后人相沿称之水操台。

3　宛在亭，位于鼓浪屿日光岩寺后方龙头山寨遗址寨门内右侧。宛在亭下的巨石上

岩[1]最高峰而下，折至菽庄花园[2]，游览一周，列队于四十四桥[3]头，饱赏海景而返。下碇于旧路头[4]。夜宿集美寄庐。明晨天雨，乃裹粮作山中游，各人肇雨盖，蹑芒鞋，先至虎溪岩[5]白鹿洞[6]游玩，更登醉仙岩[7]、万石岩[8]直达太平岩[9]而止。山僧以清茗进，乃出□饵，借以果腹。是天色转晴，山石经雨新沐，幽洁可爱。老松益翠，绿梧尤嫩，杂以好鸟啁啾声、溪水琤瑽声，诚足以极视听之娱，洵可乐也。憩坐一时许，时将近未，乃越太平岩而过，顺道参观厦大自来水发源地，下山达南普陀禅寺[10]，至寺中略进茗点，循新辟马路回寄庐，时已红日衔山矣。二十二

刻有"闽海雄风"四字。

1　日光岩，俗称岩仔山，又称晃岩，是一块高40多米的巨石，位于鼓浪屿中部偏南的龙头山的顶端，海拔92.68米，为鼓浪屿最高峰。

2　菽庄花园，位于鼓浪屿日光岩东侧、港仔后海滨，为林尔嘉（字菽庄）仿造在台湾板桥的林家花园而建于1913年，工期达十余年。是全国重点文物保护单位鼓浪屿近代建筑群的子项目之一。

3　四十四桥，为菽庄花园的组成。林尔嘉建园时正好44岁，取此名纪念之。

4　路头，是闽南语对码头的称呼。

5　虎溪岩，位于厦门本岛万石岩西南侧，"虎溪夜月"为厦门八大景之一。

6　白鹿洞，位于虎溪岩山后、玉屏山南面，"白鹿含烟"是清朝评定的厦门八小景之一。

7　醉仙岩征倭摩崖石刻，位于厦门市万石植物园内，为省级文物保护单位。

8　万石岩，位于厦门市万石植物园内，山上奇峰怪石遍布，林木繁茂，古迹众多。

9　太平岩寺在厦门市万石植物公园西南麓，初为道教宫观，称"太平观"。清乾隆初年（1736—1745），南普陀寺住持如渊和尚辟为莲花道场，改太平观为"太平岩"。

10　南普陀寺，始建于唐末的佛教寺庙，位于厦门市五老峰下。1925年开办闽南佛学院，弘一法师曾在1928—1942年间多次驻南普陀寺协助闽南佛学院整顿僧才教育，并于1934年与和今法师一同创办佛教养正院。

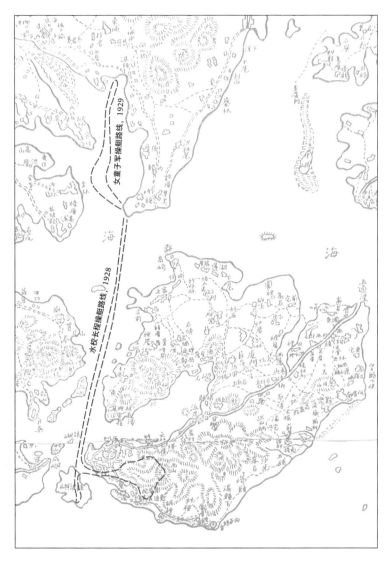

1920年代，操艇路线示意图。女童子军操艇路线为短程，在今之杏林湾南北向往
返；水校操艇路线为长程，从集美龙王宫出发到鼓浪屿和厦门本岛后返回
来源：1920年代厦门地图《图说厦门》，刘昭吟重绘

日晨起,天色冥晦,海上发飓风,浪涛颇恶,操艇返校,恐有危险,故改乘集美第一[1]回校云。"[135]

　　长程操艇易遭遇无法预测的海上飓风。如1928年的鼓浪屿—厦门行返程因遇飓风而不得不改乘电船"集美一号",但操艇演习遇险,往往是校友最难忘的回忆。譬如,1948年秋季的一节端艇课,水校学生荡起长桨,喊着"一、二,一、二",轻松愉快地向着高崎方向划去。在高崎玩了大约一个小时准备回校时,一瞬间,天空乌云密布,江上浪涛翻滚,海天一片昏暗,同学们握紧木桨使劲地划,但小艇在风浪中颠簸,时而被顶上浪峰,时而掉落浪谷,同学们衣服全被海水打湿,有的同学呕吐了,处境非常危急。经过两个多小时的奋力拼搏,终于精疲力竭地安全回到学校。[136]龙王宫码头与高崎间,平时操艇仅需20分钟[2],可知这2小时是多么不易。

　　依旧是浔江海域,1953年端午节的操艇实习本是天气晴朗、风平浪静,却倏忽乌云密布、狂风大作,强劲的西北风将舢板艇刮向金门岛,越来越接近彼时尚未解放的大小嶝岛。尽管拼尽全力向学校方向猛划,但因逆风顶浪,无法前进,且桅杆被狂风刮断,风帆被刮飞,舢板艇在浪峰浪谷中起伏颠簸,海水打进艇内,同学连惊带累躺倒在舱里,晕船呕吐、狼狈不堪、险象环生……最终化险为夷,搁浅在翔安某渔村获救。[137]

　　在以"开拓海洋,挽回海权"为使命感的时代中,具有风险的海

1　指学校的"集美一号"电船。

2　按前述1928年操艇到鼓浪屿北端要2小时[135],推算得龙王宫码头到高崎应约20分钟。

上操艇实习，是培养未来海员适应大海的基本训练。1922至1923两年间，集美学校在厦门荣发造船厂建造端艇3条，分别命名为"祖逖号""郑和号"和"海鸥号"，作为学生操艇练习和采集海上标本用船，并建端艇室。1980年代的新舢板艇没有帆具设备，校工自己动手，利用旧料制作帆具。学校安排学生进行多种活动：学游泳、练端艇、下工厂、上渔船，掌握专业基本功，其中尤为重要的就是深习水性，因此除了着重游泳外，还要学生经常上端艇、舢板，进行船上锻炼，严格要求，毫不放松。[138-143]这一时期集美学校创作了《操艇歌》，曲调为摇船歌性质，带点"嗨哟！嗨哟！"的船工号子味，词义则是爱国主义内容：

浔江浔江,滔滔白浪,万里乘长风,击楫气何壮;
冒险精神,冒险精神,丈夫当仁不让,丈夫当仁不让;
东越古民魂,劲悍良堪尚,挽我海权,挽我海权;
矢志前往,矢志前往,同学们,大家们,努力,努力,桨,桨,桨!

经过百年奋进，我国已从海权危机过渡到海洋强国，实打实的航海仍是航海学院的人才培养目标，但学科发展益发朝向全面覆盖水上交通运输的交通信息工程及控制、交通安全与环境、交通运输（物流）规划与管理，且随着船舶大型化、科技化，特别重视人工智能、物联网、大数据、云计算、区块链等新科技的应用与结合。在新格局中，实习轮仍是航海学院的办学特色，也仍然重视体育训练对学生体魄的促进作用，但操艇在迎新、毕业、致敬海员等各种主题中有所缺席。

即使在航海学科的发展中只是很小的局部，操艇依旧是船员必备

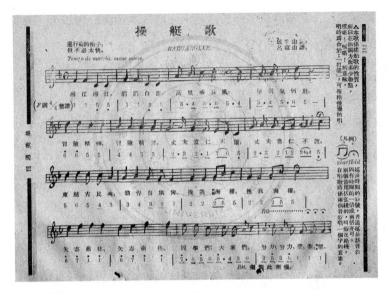

《操艇歌》

来源：《集美周刊》，1933年，总331/332期，第13卷13/14期

的基本技能，也是海员技能大比武——海员铁人三项接力、航线设计、船舶应急避碰、动力管系故障排除、主机故障排除、理论测试、海上操艇、金工工艺、撇缆操作[144-146] 9个比赛项目之一。即使航海技术越来越高端——天文导航仪、船舶操作信息自动记录仪、GMDSS（全球海上遇险与安全系统）模拟器、卫星定位系统、船舶智能避碰、航迹自适应保持等——配备有操艇池、海上训练水域、海上求生实操专用游泳池、自由抛落式救生艇、全封闭中立式救生艇、荡桨训练艇等的水上训练中心，仍是航海类学生专业技能和海员素质全面提升的重要实验基地。

　　当今位于龙王宫片区的操艇池（集美大学航海学院航海训练池），

日常有6艘端艇（荡桨训练艇）停泊，周边是开放绿地，操艇池堤岸常有市民垂钓（**图15-1**）。无论是过去的操艇室或今天的航海训练池，百年来操艇训练都在龙王宫片区。1948年的《集美周刊》记录了在这里举行的操艇比赛，以码头为起点绕行海中标识物折返，观众集于沙滩观赛："水校于卅七年一月二日在集美码头举行组际端艇比赛，事先于码头竖立标杆作为起点及终点标识。另于数百米外之江心，泊船两艘，与赛之艇，须各绕一舟，再返原处，以定成绩。是日碧海无波，春气融和，十时左右，各组选手，衣鲜洁划一之服装，齐集端艇室候令出发，观众则群集沙滩之畔，迨十一时许，潮水平流，竞赛遂开始，每次两艘，每艇十一人，一人司舵，十人鼓桨，一声令下，十桨齐举，舟行如飞，至十二时四十分始全部结束。闻结果十九组以九分三十五点四秒，获得冠军，十八组以九分五十八点六秒得亚军云。"[147]

因此：

尽管航海专业越来越依赖科技而高不可攀，越来越脱离日常生活，**人体尺度的操艇，仍是普通老百姓与航海专业之间单纯、本能的联系。可以节庆方式恢复位于龙王宫片区的操艇比赛，并加上时兴的海岸赛艇，以增加竞赛项目的多样性，开放市民观赛和体验，使操艇在集美学村的集体记忆中再次鲜活。**

✿ ✿ ✿

集美的水域使用，与海上操艇并列的有滩涂讨小海（**鳌园海滩**[✿13]）、内湖静水的游泳与**泛舟**[✿14]和龙舟池的**龙舟赛**[✿16]……

✿ 16 龙舟赛

从自组织到专业赛事

2024年,集美龙舟赛　来源:刘昭吟摄

……集美的水域使用中,与休闲性的**泛舟**[14]和海员储备目的之**操艇**[15]有所不同的是龙舟赛,它不是根源于集美学校的活动,而是起源于村,涉及学村共同治理(**学村治理**[3]),以促进村落文明的**侨乡**[1]行动。

❖   ★   ❖

集美学村的认同性中，龙舟赛可谓与嘉庚建筑齐名。70 年来，龙舟赛的组织方式，是一个从自组织到专业体育竞技的进程，赛事益发宏大，资源益发集中，但面对面、个性化、在地风土等特质，被代理人机制所取代。

集美龙舟赛的知名度不亚于嘉庚建筑，它是一年一度的盛事与国家级赛事，以海峡两岸竞渡为特征，配套文化活动丰富。这并非历来如此，而是龙舟赛演进近 70 年的量变和质变。

端阳龙舟赛是集美社的固有习俗。集美社的部分民俗曾一度因涉及宗教迷信而被禁止，例如一年至少十余次的神诞庙会，唯端阳节龙舟竞赛例外。因其为陈嘉庚提倡恢复，定性为"水上体育运动会"，取其具有增强体质、锻炼意志，培养奋勇拼搏精神、激发集体主义和爱国主义热情等作用。依据相关记载，将集美龙舟赛分为以下七个阶段：

阶段一：传统民俗（1949 年前）

端阳龙舟竞赛是我国传统民俗，集美亦然。依据陈少斌 2012 年所记：（旧时集美）"每年端阳节就在东海域滩涂上，划出数百米距离的场地，以沙滩为起点，终点插上长竹竿扎上青树叶为标志，竿上缚着一只水鸭，设置两道航线、两条船竞赛。是日午后涨潮时，由青壮年组成队伍，每队 10 名划手，设舵手、锣手各一，利用生产用的小渔船，两队同时出发,轮流比赛,以先划至终点绕过标杆,解起水鸭者为优胜。奖品为每人一件背心,全队一串肉粽等。"[153]243-244古集美简单热闹的龙舟赛事,在抗日战争期间中止,集美成为抗敌前线,居民逃散,生活无着,遑论过节。战后的首要任务是重建,每年端阳节的龙舟赛事,仍在东海域量力而行。

阶段二:恢复探索期(1951—1955年)

陈嘉庚回乡定居后倡议和组织的龙舟赛始于1951年,直到1961年去世前,他亲自主持了1951、1952、1954、1955、1957和1959年的龙舟赛事。1951—1955年的特征是:

1.参赛队伍:为集美乡和集美学校,有二房、塘清西、上厅、渡头、后尾、岑头、郭厝、妇女、集美学校学生及土木石工匠。参赛队伍限于本乡的原因在于中池容量有限。1955年龙舟池建成后,即向厦门、同安沿海各乡发出竞赛通知,扩大参赛队伍范围;然该年遇抗旱救灾,为不妨碍救灾,通知发出后又致函各乡,决定将龙舟赛范围缩小,以集美本乡为限。

2.竞赛地点:1951年,自备渔船在东海滨竞赛。1952年,移入内池举行,设置赛道,规范竞渡行为,防止"斗伤溺死"事故发生。但内池长150米、宽60米,比赛受到制约,遂加紧建造中池。1953—1954年,龙舟赛在中池举行,但又因中池长仅300米,且周边不够规范、容量也小,又加紧建造外池。外池长800余米,宽100余米,1955年起,龙舟赛就在外池举行,故外池亦称龙舟池。

3.赛制:1953年起,采用陈嘉庚新造的、承载桨手16人的统一规格龙船，以保证公平竞渡。并把西方田径百米比赛的运作办法应用于龙舟赛，10条龙舟在同一条直线上有各自的起点和终点，起讫点挂着各自标志色的彩旗，赛船只管冲向自己的色标，避免了绕竹竿带来的混乱和不公。

4. 配套活动： 1953年，龙舟赛伴有配套活动，比赛结束后在集美财经学校礼堂举行文娱晚会，由集美码头工余剧社演出《婚姻自由》，并举行龙舟优胜授奖。

阶段三：建制推广期（1956—1965年）

1. 参赛队伍： 1956年起，以陈嘉庚的名义在《厦门日报》等媒体上提前发出启事，邀请各县（郊）、乡、公社发动当地船民、渔民，组织团体参赛。所征求的厦门、同安、龙溪、海澄等县沿海龙舟队包括：厦门舢板社、后田、杏林、高浦、官任、西亭、董任、琼头、丙州、天马、潘涂、马銮、西滨、欧厝、石美、新安、锦里、霞阳、鼎尾、东屿、渐美、龙溪水上乡、

不同年代的龙舟造型

（1）1957年 （2）1963年

来源：吴吉堂主编《时间，在集美增值：老照片》，2017：175,189

（3）2024年 来源：刘昭吟摄

孙厝、兑山、龙海榜山、禾山等农业社团队。集美龙舟赛成为地区性赛事。

2.分组: 1957年,分为工农渔、工农女子、建工、男生、员生女子、教职员组。1960年,分为集美工农男子组、集美工农女子组、集美学生男子组、学生女子组、教职员男子组、工农群众男子组。

3.赛制: 1956年出台的《一九五六年端阳节龙舟比赛办法》,堪称华夏龙舟文化的第一部龙舟竞赛章程。每年宣传龙舟赛事时,寄去当年的《端阳节龙舟比赛办法》,详列报名手续、比赛规定、程序、奖励办法等。

4.配套活动:

(1) 1956年,龙舟池盛大启用,为丰富活动内容,陈嘉庚安排芗剧

1950年代末,龙舟赛的围观群众

来源:厦门美璋影相馆紫日

团和他所创办的社区业余南音社，在比赛间隙为观众表演歌仔戏和南音。同时，增设在民间流传甚广，具有趣味性、惊险性、形式活泼的"水上捕鸭"活动，就此成为集美龙舟赛的一个传统。

（2）1957年，吸引了成群的新闻记者报道，并拍成纪录片。

（3）1959年，刚从上海学习回厦的福建省航海队赛艇队，在龙舟赛的间隙，进行了单人、双人、四人、八人赛艇等表演。

（4）1960年，龙舟竞赛间歇的表演团体有：厦门南音社、同安芗剧团、集美各学校文艺队、前线公社防保院宣传队、市人民银行文艺队，以及福建省航海俱乐部的快艇、摩托艇。

（5）1961年，有福建省航海俱乐部摩托快艇的技巧表演、全国运动会水球第三名福建水球队的水球表演赛。

阶段四：真空停滞期（1966—1979年）

陈嘉庚去世后，集美校委会继承主持其遗业，包括龙舟赛。"文革"期间，集美校委会被迫停止活动。在"抓革命，促生产"的口号下，龙舟池被分隔成一丘丘水田，筑渠引水、播种水稻，已无龙舟池，自然亦无龙舟赛。

阶段五：重整旗鼓期（1980—1990年）

1980年代，搭乘厦门特区建设这部快车，在厦门市委市政府的重视和鼓励下，结合集美学校校庆、陈嘉庚诞辰庆典等活动，开始恢复集美龙舟赛，重塑海内外校友和华侨对祖国的向心力。期间，1981、1982、1989、1990年四度停赛。

不同年代的龙舟池：（1）1965年　（2）1974年　（3）1980年
其中可见1974年的龙舟池辟为水稻田

1.1980年，集美航专60周年校庆举办龙舟赛，是暌违15年的首次龙舟赛，规模虽小，集美镇居民几乎倾城而出，观众达三四万人。

2.1983年，省、市人民政府在集美隆重举行纪念陈嘉庚创办集美学校70周年校庆，龙舟赛作为一项主要活动参与庆典。

3.1984年，为纪念陈嘉庚诞辰110周年，集美校委会于端阳节组织集美各校师生举办龙舟赛。

4.1985年，时值陈嘉庚创办集美职业技术学校65周年，国内外校友为缅怀校主，设立流动"嘉庚杯"，集美学村龙舟赛亦称"嘉庚杯龙舟赛"，奖杯由香港集美校友会赠送。该年参赛队伍有集岑郭各角、集美各校、郊区、杏林、同安、龙海等地农民。

5.1987年，国际赛与地区赛同时举行：

（1）特设首届"嘉庚杯"国际龙舟邀请赛，由中国龙舟协会、福建龙舟协会、中华全国体育总会厦门分会、集美学校委员会联合举办，参赛队伍7支，即澳大利亚队、日本队、香港队、澳门队、中国队（广东顺德队代表）、福建队、东道主厦门集美队（图16-1）。中国广东顺德队以绝

1987年集美学村龙舟赛分组赛获胜队伍

分　组	男子组	女子组
集美镇	集美塘清西队	
厦门县郊	同安后田队	
集美学村教工	师专教工队	体院女生队
集美学村中学	集美中学队	集美中学女生一队
集美学村大专	师专学生队	航专教工女队

对优势捧走"嘉庚杯"。

（2）同日举行地方性的集美学村龙舟赛，有46支龙舟队参赛，同安后田队获得集美及厦门县郊男子组总决赛第一名。

6.1988年，为纪念陈嘉庚创办集美中学70周年，集美校委会主持端午节集美学村"嘉庚杯"龙舟赛，参赛队伍来自集美各大中专院校的男女师生和集美郊区、同安县、杏林区的渔民、工人，共30支龙舟队。

7.1989—1990年，受厦门大桥建设影响，龙舟赛停办。

阶段六：升级调整期（1991—2005年）

1991年，厦门大桥建成，复办"嘉庚杯"龙舟赛，并在这个时期发展为城市赛事。其中，1992年和1999年，应市政局要求，改在岛内筼筜湖举行；1993、1994、1996、1997、2001、2002年停赛。

（1）1991年，值陈嘉庚逝世30周年，该年端阳节龙舟赛的参赛队伍来自集美学村各校、集美各角头，以及市郊、同安、龙海等乡村，范围从地方到部队，获集美工委支持，观众达五六万人。

（2）1995年，增设女子组"敬贤杯"流动奖杯，原来的"嘉庚杯"

1995年"嘉庚杯""敬贤杯"龙舟赛获胜队伍

分　组	"嘉庚杯"男子组	"敬贤杯"女子组
总决赛	厦门警备区队	水产学校女生队
社　会	厦门警备区队	集美队
教　工	体育学院队	体育学院队
中学中专	水产学校队	水产学校队
高　校	水产学校队	体育学院队

调整为男子组总决赛的奖杯，"嘉庚杯"龙舟赛改称为"嘉庚杯""敬贤杯"龙舟赛。比赛进一步获厦门市人民政府和驻厦部队的重视和支持，合办单位包括：城市级别的市体委、市公安部门、集美区、省水上运动中心，在地级别的集美镇、集美宗亲理事会、集美各院校、学村体协。

（3）2003年，逢集美学校90周年校庆，"嘉庚杯""敬贤杯"龙舟赛既是城市赛事，也是校庆十大活动之一。

阶段七：大放异彩期（2006年至今）

1.赛事级别

（1）2006年，升格为"嘉庚杯""敬贤杯"海峡两岸龙舟赛，成为区域赛事。2008年，赛事规格进一步提高，经国家体育总局批准，正式升格为国家赛事。2009年，纳入国家年度赛事计划。2014年，首创"男子23人龙舟拔河赛"，次年成为"中国龙舟拔河公开赛（集美站）"。

（2）随着赛事级别升格，主办方转由政府领衔，且政府级别也随之提高：2006、2007年分别为厦门市体育局和集美区政府，2008年以后皆为国家体育总局社会体育指导中心领衔。成为国家赛事后，主办、承办、协办的格局变化，地方的角色成为"自上而下"的"承办者"，不再是自发者。

2. 活动范畴

（1）2011年起，横向拓展为"海峡两岸（集美）龙舟文化节""嘉庚杯""敬贤杯"海峡两岸龙舟赛为其最重要的活动。2017年，纳入海峡论坛[1]的一项重要活动。

（2）随着级别提高和范畴扩大，配套活动除传统的水上抓鸭、南音、歌仔戏外，2007年起增设海峡两岸端午文化论坛、龙舟诗歌文化节、海峡两岸美食节、包粽子大赛、集美青年文化创意节、诗与画、诗与歌、文艺晚会、海峡两岸民俗文化表演。2014年，将配套活动打包为风雅、古礼、民俗、游乐、童趣等五个主题；2019年调整为"风雅端午""古礼端午""民俗端午"和"创意龙舟"主题。

3. 媒体参与

与此同时，媒体成为重要的承办者和参与者。

（1）2007年，有厦门广播电视报社、福建电视台体育频道作为共同主办方；

（2）2008年起，厦门广电集团是承办方的必要组成部分；

（3）2009年起，除本土平面媒体外，中央电视台、厦门卫视、海峡之声广播电台、搜狐网等媒体，皆对赛况做充分报道。

---

1 海峡论坛是国台办和福建省政府会同两岸数十家单位共同主办的民间交流活动，每年六月在福建举办，主会场设在厦门，在福建省有关设区市和平潭综合实验区举办活动。

2008年后"嘉庚杯""敬贤杯"海峡两岸龙舟赛的组织阵容

主　办	承　办	协　办
国家体育总局社会体育指导中心 中国龙舟协会 厦门市政协 福建省体育局	集美区人民政府 厦门市体育总会 集美学校委员会 厦门广电集团	民革中央联络部 民革厦门市委协办 福建省金门同胞联谊会

2006—2019年"嘉庚杯""敬贤杯"海峡两岸龙舟赛获胜队伍

年份	嘉庚杯	敬贤杯	龙舟拔河
2006	集美街道队	集美大学体育学院队	
2007	广东顺德代表队	广东南海代表队	
2008	广东顺德康宝队	广东佛山南海队	
2009	广东肇庆男子龙舟队	广东肇庆女子龙舟队	
2010	广东名门世家九江龙舟队	广东名门世家九江龙舟队	
2011	广东佛山顺德乐从镇队	广东星河湾名门世家队	
2012	广东顺德龙舟俱乐部 乐从家具龙舟队	集美大学女队	
2013	广东东莞麻涌龙舟队	广东星河湾名门世家 南海九江女子龙舟队	
2014	广东顺德龙舟俱乐部 乐从家具龙舟队	集美龙舟协会 集美街道龙舟女队	集美大学诚毅学院龙舟队
2015	广东顺德龙舟俱乐部 乐从家具龙舟男队	集美街道龙舟女队	集美街道龙舟队
2016	广州白云人和龙舟队	集美街道龙舟女队	集美大学男子龙舟队
2017	台湾Mr.CaNoe队	集美大学女子龙舟队	台湾Mr.CaNoe队
2018	台湾Mr.CaNoe队	集美街道龙舟女队	台湾Mr.CaNoe队
2019	集美街道男队	集美街道女队	台湾Mr.CaNoe队

4. 参赛队伍

（1）以两岸为主调，间或增加国际特色。除了中国台湾地区或涉台队伍成为关注热点外，2007年有马来西亚槟城队，2008年有荷兰祖特梅尔市"荷兰之龙队"，2010年有11国驻华使馆工作人士组"国际友人龙舟队"。

（2）随着赛事级别提高，集美学村龙舟赛成为兵家必争之地，省外队伍莫不热烈参赛。2007—2016年的10年，"嘉庚杯"都被来自广东的队伍捧走；"敬贤杯"则在广东队伍和地主队伍之间争夺。

5. 活动布局

龙舟池是当然的主场地，配套活动布局于集美学村范围。

（1）动态活动布局于龙舟池周边：水上捉鸭遵循传统位于南薰楼前大游泳池；端午祭祀大典、舞龙舞狮、闽南曲艺、诗词大会、闽南童谣、包粽子大赛、童趣龙舟、旱地龙舟赛等位于龙舟池南岸南堤公园的舞台或停车场。

（2）静态活动分布于集美学村的室内场地或半室内、半户外空间：端午文化论坛在山水宾馆，"我们的节日·端午"在福南堂，诗人诗集品读会在集美图书馆，集美文艺讲堂在全季酒店（集美大学财经学院），经典诵读在归来堂和鳌园等。

（3）传统的、本土特色鲜明的活动则置于大社，例如大祖祠广场的大社美食庙会、浔江书院的大社诗歌诵读会。

集美学村龙舟赛发展为正式与宏大的、央视报道的、具有全国影响力的赛事，无疑是集美人和集美校友的骄傲，但总有些什么东西也随之丢失了——即那些自发的、面对面的、烟火气的元素。

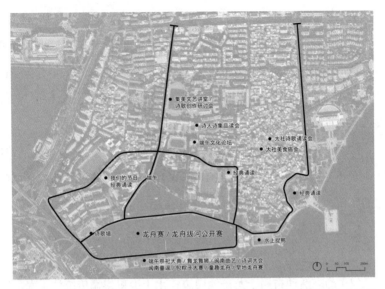

依据历年媒体报道信息，海峡两岸（集美）龙舟文化节交通管制路线及配套活动位置　来源：刘昭吟、张云斌绘

　　一是面对面的、个性化的、非代理人的直接接触。1950年代，陈嘉庚是龙舟赛的灵魂人物，曾多次亲临赛场观看比赛盛况，林启仁描述当时的情景："校主观看比赛，看到高兴时会站起来，走上台前，给学子们鼓劲加油。他给龙舟比赛的奖励很特别。因为参赛的学生多，预赛、复赛和决赛都有奖……这样一路赛来，得奖的队和人很多，强队可以连续受奖三次。这充分体现了龙舟赛是实实在在的、真真正正的群众性大运动，太鼓舞人了……校主问我们抓了几只鸭子，我们大声回答八只。校主听了，高兴地颔首微笑。接着，他提醒我们说：'赶快拿回学校去，叫厨师给你们加餐。'还说：'你们年轻人正处发育期，要多运动锻炼，也要补补身子！'"[149]

1957年端午节，集美学校第七届龙舟竞赛大会，陈嘉庚在开幕式上讲话并观看
竞赛　　来源：庄景辉、贺春旎《集美学校嘉庚建筑》，2013：201

　　二是自发的、自下而上的组织方式。1966年停办以前，龙舟赛的执行者是集美学校，不具备行政权力，故1951年端午节的首次集美龙舟赛，由集美乡人民政府发通知；1955年曾以集美学校名义发通知给各乡长，后又以集美学校校董会名义致函各乡，为抢救抗旱，将龙舟比赛范围限于集美本乡。从1956年开始，以陈嘉庚的名义在《厦门日

1957年，集美龙舟赛传统外围项目抓鸭子。水鸭缚在长竿端头，长竿抹上油以增加竞赛难度

来源：李开聪摄，李世雄供图

1985年集美龙舟赛首设流动的"嘉庚杯"，集美镇上厅队首获此杯，正在领奖

来源：林火荣摄

报》等媒体上发布启事。1980年代复办，由集美学校委员会主办，香港集美校友会支持，提供奖杯与奖品。1987年的国际邀请赛，因其升级为国际性质赛事由国家级的机构领衔主办，但并非以政府部门代表国家，而是以民间组织，即以国家级民间组织（中国龙舟协会）领衔地方民间组织（福建龙舟协会、中华全国体育总会厦门分会）和集美学校委员会，联合主办。至2000年代，当集美龙舟赛成为海峡两岸赛事后，政府主导和参与益发显著。

三是随着赛事的行政升级，参赛不再是"群众性大运动"，参赛队伍的胜负益发关系着地域代表性，因此各队运动员不再仅来自本村本乡，而是超越本村本乡范围招募专业运动员或经验丰富的划手，胜负的结果比参与的过程重要。过去那种未婚男子队与已婚男子队对决，男队让女队40英尺（12.19米）却被女队夺冠，村乡街镇对抗赛等，具有知根知底共同体意味、充满故事性乃至爱恨情仇的龙舟赛，已成如烟往事。

在正式赛事之外，仍有非正式的龙舟体验活动，由集美龙舟协会举办，向市民开放报名，或作为企业、机构、组织的团建活动。考虑水上安全，龙舟体验活动限于船只稳定性较高的20名划手的大型龙舟，活动要求每只龙舟至少14名划手，并需凑足两艘龙舟竞赛以增加体验趣味。大型龙舟的人数门槛在一定程度上使得龙舟体验难以成为日常化、随机化的休闲体育活动，但也如实反映了当下龙舟队伍组织和维系的不易。

因此：

　　有龙舟活动的龙舟池总能掀起活跃的情绪，但大型龙舟毕竟是自发组队的门槛。为降低组织门槛，尝试10位桨手的小型龙舟体验，使业余者易于组队和日常练习，并可在正式赛事中增设小型龙舟赛道以推广之。使业余龙舟活动多样化，使集体记忆中面对面、个性化、在地风土、非代理人的龙舟赛，得到重现和体验。

✪　　✪　　✪

　　龙舟池既是集美学村著名景点，也是集美学村的**散步道**的最重要组成……^{✪17}

✿ 17 散步道

人在景中

1980年代节日期间的散步道风情   来源：陈嘉庚先生创办集美学校七十周年
纪念刊编委会《陈嘉庚先生创办集美学校七十周年纪念刊（续编）》,1984:25

……集美海岸[*6]、建成环境形貌[*10]、大台阶[*12]、鳌园海滩[*13]，形成人们在地表行走的体验，其中有几处是人们喜爱的散步道。

✿　　✿　　✿

晚饭后出门走走是闽南的生活习惯。集美学村范围有两类散步道，即滨海散步道和龙舟池散步道，其中龙舟池散步道无疑更具社会性，人与环境的关系也更微妙。

为了消暑，或为享受凉风拂面，或为与亲朋好友走走逛逛，或只是单纯地走走消食，晚饭后散步是闽南地区的生活习惯。集美学村的散步道有三条线：十里长堤、南堤公园—嘉庚公园为滨海散步道，龙舟池北岸散步道位于城市中。

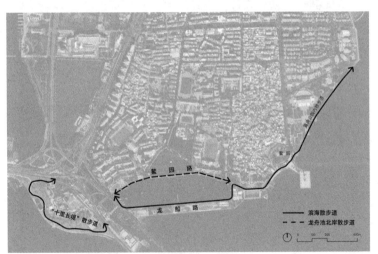

集美学村散步道范围，包括十里长堤滨海线、南堤公园—嘉庚公园的滨海线、龙舟池北岸　来源：张云斌绘

十里长堤：滨海草坪

"十里长堤"为地铁集美学村站后方的开放空间，为年轻人的网红打卡地。该开放空间的东侧草坪上有野餐、露营、唱歌等活动；中央道路边小汽车后备箱翻开便是咖啡、饮料的制作机具，露营椅一放，帐篷一拉，就是咖啡饮料贩卖摊；西侧海堤坐着情侣，观落日，观杏林大桥和集杏海堤上行驶的地铁。**（图17-1）**

2020—2022年间，因公共卫生之忧关闭公共设施包括公园，彼时尚未命名的这块开放空间由于没有门禁，成为不能堂食、不能K歌、不能喝酒、不能去公园的一个例外——没有阻挡和驱赶的户外活动场所——人们约定俗成或称落日公园，或沿用高集海堤—集杏海堤的旧称"十里长堤"。随着公共卫生事件结束，十里长堤益发成为网红打卡地，地铁站人头攒动，人们专程去散步，赶个热闹。随着人流量暴增，饮料、花、饰品、烤肠等摊贩、车辆、帐篷等拥堵而混乱。集美区政府立即启动应急机制，设立管理点，规划活动分区，增设摊点经营区，提供移动公厕、自动售卖机、公共无线网络、围挡等配套设施，成为一个人气旺、知名度高、设施成熟的公园，自然也是大型活动的首选场地。

这块基地曾是集美码头（因有龙王宫，也称龙王宫码头），见证了集美学校的"筚路蓝缕，以启山林"。1920年代，同美汽车路、延平路—通津堤[1]、集美码头的建设把集美学村东片区和西片区的陆上流动

---

[1] 延平路—通津堤从延平楼操场大门（今集美中学延平楼校区校门）起，经内池南岸，穿过郭厝社到集美码头。

需求汇聚到集美码头，并与同安城建立起远较水运更为高效的联系。1929年，集美学校在龙王宫海岸建设码头供电船靠泊，更促进后来厦集航线和集美航运站的发展，提升了集美的区位。

集美码头的功能因同集路填海西移、十里长堤（高集海堤—集杏海堤）的建设终至荒废。十里长堤因鹰厦铁路而建，堤顶通铁道、公路和人行道，堤身附建引水渡槽，于2010年代改造为建设厦门地铁一号线，集美（火车）站旧址改造为（地铁）集美学村站。

现在的十里长堤公园是龙王宫地区填海扩地的结果。扩地前的海域是福建省帆船、帆板的训练基地（**图17-2**），后转移到厦门本岛五缘湾。不妨眯着眼睛想象现在露营、野餐、唱歌的草坪，曾经是布满御风而行的帆船、帆板的近海；陆地处曾是停车场、货仓、集厦电船公司集美站、同美汽车公司集美站、铁轨、火车站月台，以及为方便旅客的面食店、小吃店、杂货店。物换星移，人事全非，码头、火车站、水上运动皆已为过去式，唯基地两侧十里长堤犹存，以十里长堤命名这一开放空间，具有连续地区文脉的企图。但仅继承命名，缺乏历史遗存实体的提示，在语境上是去历史的。

南堤公园—嘉庚公园：滨海散步道

不同于十里长堤位于大众运输节点而成为人看人、人挤人、凑热闹的散步道，南堤公园至嘉庚公园是以放松和健身为主的滨海散步道。随着海潮拍岸声、厦门大桥和集美大桥的车影、地铁一号线的缓缓加速或减速，散步者因融入环境而忘我。

龙舟池南岸的南堤公园建于1995年，面积2.20公顷，造园以灌木、乔木、草地和亭阁、休闲小广场为主，并有大巴和小汽车停车场。该基地的东半部地块在1996—2017年间，原有泰国华侨投资建设的南顺鳄鱼园，展示来自世界各地的大小鳄鱼、鳄鱼制品和鳄鱼美食。该园于2017年结束营业。

鳌园北侧散步道为嘉庚公园，及连接房地产项目"碧海蓝天"的滨水步道（**图17-3**）。这一片区为填海造地的成果，原为广阔的东海滩涂，从鳌头宫延伸到凤林与东安社，是居民世代养殖牡蛎、捕捞、讨小海维持生活的地方。改革开放后围海造地，原鳌园北侧讨小海、泊船和游泳的浅滩，建成嘉庚公园和陈嘉庚纪念馆。嘉庚公园以北的碎石群滩带至红树林，在2000年代开发为商住地产和星级酒店。从现场的双层围墙遗迹看，应是建成后围墙后退重建，让出与嘉庚公园相连宽仅2米的滨海步道。

"厦门大桥—集美大桥段集美侧海岸带保护修复一期工程"（**图17-4**）通过填补沙滩将南堤公园与嘉庚公园连起来，建海上步栈道将滨海栈道延伸到集美大桥下，获得3.1公里长的滨海自行车跑道。该项目新增占用海域面积22.58公顷，其中，南堤公园到鳌园段建设宽30~70米的沙滩，场地意象是露营沙滩、音乐沙滩，市民游客在沙滩上散步、玩水、露营、演唱，并远观集美学村、嘉庚建筑。

可预期的是，空间形态变化将引发质的变化。原形态是南堤公园—鳌园路—嘉庚公园，滨海散步道不连续，但散步道在海堤边，涨潮时海就在脚边。新形态是南堤公园—鳌园—嘉庚公园，其中南堤公园—鳌园段改造为连续的800米长、数十米宽的广阔沙滩（原沙滩限于渡南路头，仅百米长、十来米宽），使得原具社区属性的滨海散步道，

转型为旅游者、年轻人的休闲沙滩,使用性质类似十里长堤,尽管物理条件是沙滩不是草坪。(图17-5)

龙舟池北岸:人在景中

龙舟池北岸无疑是集美学村历史最悠久、受众最广的散步道(**图17-6**)。相对于十里长堤的使用者是专程前来的年轻人,南堤公园和嘉庚公园的散步者多是周边居民,龙舟池北岸的受众更加多元,跨年龄层、跨工作种类、跨地域,既有本地居民、集美各校学生,也有外地游客和外来打工人群。它的活动多种多样,情绪也多种多样:散步的,疾步去学村地铁站的,推着婴儿车的,骑自行车的儿童,吹泡泡的,乘凉的,情侣相拥并坐背向路人望向龙舟池的,翘腿闲坐在池边栏杆看人与被看的,在凉亭内泡茶小食的,献唱的年轻街头艺人,K歌的中老年人等。

龙舟池北岸具有使用的多样性,首要原因在于区位:十里长堤、南堤公园、嘉庚公园皆是位于集美半岛地理外缘的线形开放空间,龙舟池北岸则位于开放空间与学、村发展区的交界处,与之垂直的石鼓路和尚南路使其与学校、村社之间具有高度可达性,且此段鳌园路又是大社居民和集美中学师生去集美学村地铁站的必经之路。即龙舟池北岸的区位具有动线节点特征,自然而然地支持多种人群的使用,从而具有社会意义。

其次,龙舟池北岸拥有歇脚设施,使得人们可以停留和聚集。视觉焦点的歇脚设施是凉亭,普惠性设施则是池边石栏杆。散步道范围有两座位于龙舟池内侧的凉亭,即南辉亭和逢亭。二者皆为混凝土仿木

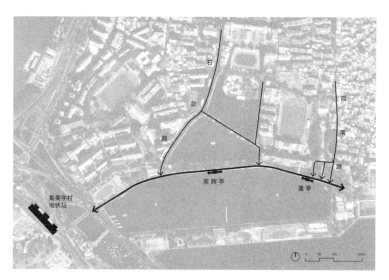

龙舟池北岸散步道的空间结构特征：多种动线节点与停留设施
来源：张云斌绘

结构，以连廊组合。其中，逢亭为单层，位于东侧；南辉亭为双层，体量
更大，位于中心，陈嘉庚当年即在南辉亭二层观看龙舟赛。如今南辉亭
的螺旋扶梯附加了带锁铁门不得上楼，人们只能在一层活动。凉亭的
功能是户外公共房间，有顶无墙的形态使其既能遮蔽日晒雨淋，又能保
有开放性。两亭常见唱歌、小型聚会、孩子游戏等活动。

　　池边栏杆是更为普遍的歇脚设施。1954年，内、中、外三池的石砌
堤岸工程同时开工建设，陈嘉庚指示："内池全部用粗石筑成高数尺
（即有水者），粗石上用白石砌成三级；中池、外池各四级，每级高一尺
余可以坐人。"[16]197此外，龙舟池亭基座皆有绿釉瓶为围栏，亦可坐人。
"可以坐人"看似简单，实则是实现了何等细腻的人与环境、环境与社

会的空间感。坐在石砌堤岸可以直接碰触到水，坐在亭下绿釉瓶围栏上仿佛坐在水上，都是面朝水的亲水关系。现如今，龙舟池外围建有可坐的石栏杆，使得人们的朝向多了面向道路和道南楼的选项，使得龙舟池北岸散步道更有向心性，散步的人群、坐在池畔的人群、亭内的人群处在道南楼、石桥、亭、池之间。这与前述南堤公园—鳌园沙滩建设工程的景观有所不同：沙滩建设工程的观景朝向是远观嘉庚建筑，景物是人的视觉对象物；龙舟池北岸散步道则是人在景中，与景相融，无疑维度更高、更细致。

美国福克斯有线电视网（FX Networks, LLC）2024年出品的《幕府将军》（*Shogun*），剧情中有这么段对话：

布莱克索恩：你们这里（指日本）有戏剧表演吗？

鞠子：有，非常受欢迎，只是大部分的剧情都相当悲伤和悲惨。

布莱克索恩：对，我们也有悲剧，注定不幸的恋人、被诅咒的国王……我们会沿着泰晤士河散步，那是一条很长的河，贯穿整座城市。夜晚的泰晤士河相当特别，让你几乎忘却自己，忘却你所有的烦恼和过去，以及让你浑身是伤的种种人生遭遇，全都消失了……

鞠子：你就自由了……

散步既有社会交往作用，也是一种环境疗愈。它是人在环境中的体感，不是简单的一条路，更不能使散步道等同于跑道。

因此：

珍惜龙舟池北岸“人在景中”的特质，优化其散步道的空间构成。
包括：

（1）强化龙舟池北岸散步道向心性，拆除榕树公园和道南楼的绿
化带铁栏杆，降低绿化带的隔离性，将其由背向龙舟池改造为朝向龙舟
池。梳理榕树公园绿化带，使之与中池相通。道南楼绿化带出于集美
中学的需要，保留其隔离性，但使该隔离性不是突然的、尖锐的，而是从

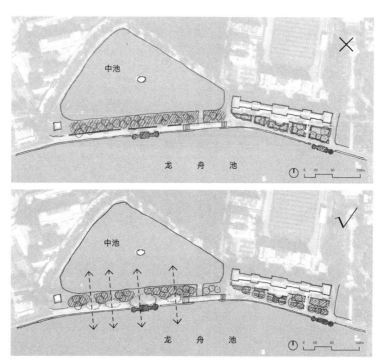

龙舟池北岸散步道改善示意：加强龙舟池与中池间的互联互通，使榕树公园和中
池成为散步道的拓展腹地　　来源：张云斌绘

道路向内逐步加强，使之与散步道相接处具有欢迎性，可歇脚观人观景，并享受树木带来的凉意。

（2）珍视人在景中的整体性，鳌园路的尚南路—浔江路段宜改为车行下穿，以使散步道舒服地延伸至南薰楼大台阶，至鳌园海滩，入鳌园。该段为社区人们喜爱的散步道，但常为汽车威胁所扫兴。现沙滩建设工程使散步道外移至沙滩，避开鳌园路的车行影响，但也使得嘉庚

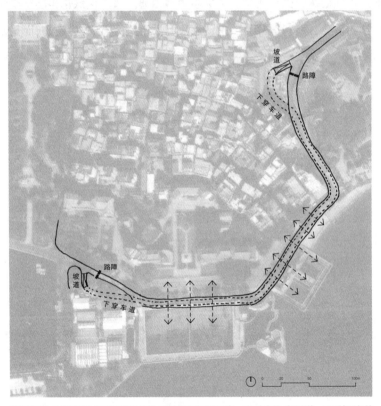

鳌园路大台阶段散步道改善示意：鳌园路车行下穿，地面成为步行道，以更好地联系海岸线的陆地与海　来源：张云斌绘

188

建筑成为汽车所环绕的视觉孤岛。最好的欣赏,是使人融入其中,在移动中体味人－物的变化。(图17-7)

❖　　　❖　　　❖

　　与龙舟池北岸散步道相辅相成的模式有**鳌园海滩**、**大台阶**、❖13 ❖12 **龙舟赛**,与十里长堤散步道相关的模式有**操艇**……❖16 ❖15

下　篇

共同体之集美大社

✿18　集美大社

侨乡高地的韧性

充满烟火气的集美大社主街——大社路,摩托车、电瓶车、快递车、本地人、游客,熙熙攘攘、摩肩接踵、闪躲腾挪地穿梭于摊位间的小鱼贩、经久不衰的老店、转手改造的新店面,体现以个体为主体的更新和经营　来源:刘昭吟摄

……**集美学校**[2]建设用地取自集美社，精英云集的学校带领落后村
社共荣发展（**学-村治理**[3]）是**侨乡**[1]的现实，也是价值观。陈嘉庚出生地、
集美社的最大自然村——集美大社，自然是校-村-政关系和地区发展
的核心地带。

❀　　❀　　❀

**嘉庚故里的身份，使得集美大社一直以来都是集美半岛的核心。
但随着周边的城市开发，大社逐渐呈现物理条件不如其意义的窘境。**

2020—2022年公共卫生事件期间，自建房街区的开放性使得1.1
万人的浔江社区，比一般的门禁小区设置了更多的检查点。8个检查
点确保无论从哪条路进入，都不至遗漏。自建房、统建房、无门禁，体现
着社区的旧城属性，与其年份相称的地名不应是浔江社区，而是集美
大社。

本书中所称"集美大社"为浔江路、集岑路、尚南路、鳌园路范围内
的自建房居民区，但集美社、大社用词所指易相互混淆，辨明如下：

1933年和1955年的集美学校全图并无"大社"地名，集美半岛
尽端有三个村社，即集美社、郭厝社、岑头社。1963年陈厥祥编著《集
美志》已有大社之谓，集美社为集美半岛三社总称，述及：集美社建筑
面积包括大社61200平方米、岑头社25900平方米、郭厝社3660平方
米，集美社9角头为大社7角头加上岑头、郭厝；全社居民4000余人，
另寄寓者约千人。[3]151 林翠茹辨谓：大社原非正式地名，只因集美学
校将集美半岛末端连成一片后，人们泛称该三村为"集美"，原集美社

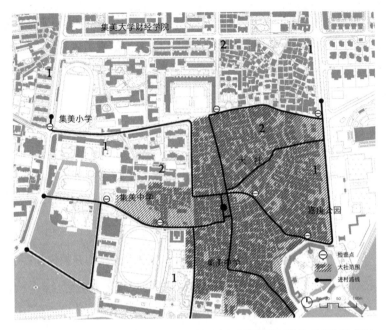

2020—2022年公共卫生事件期间，浔江社区为加强管理设置的检查点位置，图中数字为进大社路线遇检查的次数

来源：刘昭昀绘

的规模最大，便以"集美大社"称之，简称"大社"[4]16。大社之名本为约定俗成，在《集美志》中正名。

　　大社在集美半岛的重要性，不只因为村社规模，更在于影响力，包括族亲血脉、社会贡献、政治管理、城镇化等方面。

　　（1）大社是陈素轩[1]后裔聚族而居之地。近代以来，集美作为陈氏单姓聚落形成10个角头，其中内头、郭厝、岑头同属由厦门殿前移居集

1　集美陈氏开基祖讳煜，谥素轩。

美港口的"港口派"；后尾、塘垱、向西、清宅尾、二房、上厅、渡头皆为陈素轩后裔,该7个角头范围统称"集美大社"。陈素轩移居集美苎溪,为开集始祖。素轩之子朴庵,后世称"二世祖"[2],移居今之集美大社,为如今集美大社陈氏繁衍之源头。

（2）出身于大社、对社会和后世影响深远的贤人,有陈文瑞、陈嘉庚、陈敬贤、陈文确、陈六使、陈永和等。陈文瑞（1574—1658）,生于大社二房角,明代进士,吴县知事,告老荣归时御赐"菁亲"匾额,每年农历八月廿八日集美社举行庆祝祭典。陈嘉庚（1874—1961）,生于大社后尾角,以"服务社会是吾人应尽之天职"的自我要求,造福祖国乡梓毋庸赘言,身后荣哀以国葬。陈敬贤（1889—1936）,陈嘉庚胞弟,人称"二校主"。陈文确（1886—1966）、陈六使（1897—1972）兄弟,生于清宅尾角,为新加坡侨领,创办南洋大学。陈永和,生于1914年,为陈文确长侄,其家族先后设立集美李厚公益基金、集美社陈永和基金。

大社曾是集美的政治中心。1920—1930年代的学村办事处、1950—1960年代的集美镇人民政府与人民委员会,都设在大社内。1980年代以后的集美镇政府位于大社与集美小学之间、今之山水宾馆位置。1953—1991年,集美镇历届常委或政府领导中必有一名集美社人也是惯例。

（1）学村办事处:1923年集美学村获各方承认后,成立联合集美学校校友及集美社家长共同自治的"集美学村筹备委员会",1924年于大社设立"集美学村办事处"。

2　二世祖讳基,谥朴庵。

（2）联保办公室[1]：1935年地方改为联保制。当时集美学村有829户、4662人，划分为8个保[4]132；学村办事处取消，改设联保办公室（又称集美保公所），设于学村办事处原址。

（3）集美镇人民政府：解放后改集美保为集美乡。1953年，集美乡划入厦门市，更名集美镇，不包括另外四村[123]68；1956年集美镇人民政府改称集美镇人民委员会；1959年，集美镇人民委员会和集美学校委员会合并办公，撤集美镇，成立集美人民公社；1961年，公社撤销，复名集美镇；1968年，成立集美镇革命委员会；1980年，改为集美镇人民政府；2001年3月，改集美镇为集美街道。

集美三社自1955年起便享有城镇户口政策。全国实行粮食统购统销的政策，城市居民由国家粮食部供应"统销粮"，凡是农民都划为农村人口，按国家规定的指标由粮食部门统购余粮或供应"回销粮"。鉴于陈嘉庚办学需地，集美三社生产用地益发不足，实行产销分离的特殊政策：粮食生产按农村管理制度交售粮食部门，粮食消费则按城镇户口配给统销粮，即"吃米簿"。[4]134-135城镇户口带给集美三社优越感，尤以居于领导地位的大社为甚。

---

1 联保，为县以下行政区划。宋、元、明三代为乡、里、都，集美属同安县明盛乡仁德里十一都，岑头属十二都。清康熙五十二年（1713）改为乡、里、图，光绪年间改图为保。清末民初，改为乡、里、都、保、甲，集美保、岑头保属十一都所辖。1935年，改为区署制，区以下设联保、保、甲，10户1甲，10甲1保，10保1联保。集美学村划分为8个保，设联保办公室于大社，属同安县第三区集美乡（包括兑山村、板桥村、英村、孙厝、集美社），区署驻灌口，乡公所驻今后溪镇英埭头村。1940年，撤联保，改为乡镇、保。1943年，撤区建乡设保，集美乡有9保，即大社7角头加上岑头、郭厝。[43]34

然而，城镇户口不等于城市开发，当物理空间的城市开发在周边陆续拔地而起时，大社的优越感逐渐渗入焦虑感。1990年代到2000年代中期，集美学村范围尽是城市开发。一是旧城改造，同集路集美段道路景观改造合并旧城改造是集美区首个大面积旧城改造工程，拆迁房

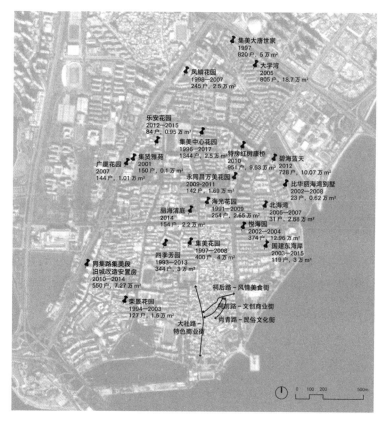

城市开发中的"大社文创旅游街区"及1990年代至2007年房地产开发项目
来源：厦门市集美区地方志编纂委员会《厦门市集美区志》，2013:98，120-122；
《集美校友》，2016（1）:44；刘昭吟绘

屋建筑面积4.6万平方米，还迁以占地21343平方米、建筑面积72741平方米的住商一体生活小区。[43]98 二是公共建设，1990年代，龙舟池南岸造地建设南堤旅游商城；1995年，集美5所大专院校合并而成的集美大学校园工程动工；2002年，福南堂按原貌重建；2005年，陈嘉庚纪念馆开工建设，并于2008年建成开馆；[43]44,101-102 2006年，集美区启动石板路改造计划，集美学村范围的岑东路、尚南路、集岑路、盛光路、集源路、嘉庚路、鳌园路相继改造[187]。三是城区拓展、新区建设，1994年开始，在东海滩涂围海造地，拓展新城区2平方公里，建成集源路和浔江路2条主干道；四是房地产开发，1990年代初期兴起统建房和商品房的开发建设，如集美花园、集美中心花园、海光花园、乐安花园等，至2000年代中期，集美学村范围的商品房开发项目累计总户数超过7200户，总建筑面积超过60万平方米。[43]44,120-122

2000年代大社，在政府加快旧城改造[188]和房地产开发的环伺中，大社如预期顺势走上旧城改造之路，怀旧情绪遂相伴而生。这一时期的《集美校友》，有抒发和美化大社的滨海生活、民俗活动、院子里喝茶的慢生活的，有慨叹大社有钱人弃大社住进新城豪宅的，有惋惜大社落寞飘摇的，有伤感大社必将消逝的，有为大社作记录的，有倡议大社进行保护性有机更新的，等等[189]。然而，大社的旧城改造一直没有发生，反而在2010年代，以想象的功能区——文创旅游街区编入城市发展中。

2014年，集美街道召开"大社文创旅游街区"动员说明会，强调"三不变"原则：原居民的利益不变、原住房的结构不变、原街巷的风貌不变。[190]这反映了大社没有发生旧城改造的基本原因：利益张力，尤其是自建房建设权及其租赁利益。2000年代，大社出租房[1]总量约2万平方米，很长一段时间依托附近宝姿服装厂[2]的工人出租房需求和集美中学的学生午休房[3]、学区房租赁需求，一度供不应求，成为抵制旧城改造的一股力量。但2011年左右，宝姿工厂和集美中学高中部外迁，导致租房市场出现空窗期，这意味着：错过旧城改造的大社必须自寻出路。在这个背景下，"大社艺术部落"项目应运而生，由集美区文化和旅游局与集美街道办牵头，大社人成立的运营商[4]具体执行：运营商承租大社中集体或个人的房屋，再转租给艺术家，由政府给予艺术家一定比例的租房补贴，以此发展艺术旅游、老建筑观光。[191]

大社艺术部落在2014年转化为官方确认的"大社文创旅游街区"，集美街道办召开动员说明会，并拨款投入"一中心四街区"建设。即以大祖祠为中心，辐射四条线路：大社路打造特色商业街，祠后路打造风情美食街，祠前路打造文创商业街，尚青路打造民俗文化街；预期

---

1 2022年，浔江社区（大社）第七次人口普查数据，本地人口5500人、1554户，外来人口数5668人（浔江居委会提供）。从2000年代到2020年代，大社经历自建房抢建潮，建筑面积大为增加。假设2000年代大社出租房人均20平方米，则当时外来人口约2000人。

2 宝姿（PORTS）为1961年创建于多伦多的时装品牌，1993年进入中国市场。从事生产加工的宝姿服装厂于2000年代初即以港澳台法人独资企业进驻厦门。2001年，厦门宝姿服饰有限公司成立（现已注销）。2006年，世纪宝姿（厦门）实业有限公司成立，同一法人于2018年成立宝姿（中国）有限公司，落户于厦门市集美区侨英路。2021年中国区总部落户上海，并将厦门作为品牌运营中心和生产中心。

3 厦门地区午休时间较长，约2小时，常见家长为学生在学校附近租房以午休。

4 厦门柒美文创产业投资管理有限公司。

内容是复合型博物馆、闽南工艺工坊、闽南饮食文化、南洋风情街、水岸青年聚落、两岸文创交流展示平台等。[192] 2017年，联发集团收购集美大社文创旅游街区项目，次年以大祖祠广场—祠前路—大社路北段为示范街段正式开放。[193]然而，盛大开幕的大社文创旅游街区并没有运营成功，到2020年，人们耳语确认联发早已悄然离场；而大社恢复了自建房自行出租的传统商业模式。

随着联发的撤出，社会上流传着一句话：大社排外。然而，我们的居住和调研，处处受到新老大社人的主动帮助。排外与否，与进入方式有关。那么，一个根本性问题是：这是谁的大社？答案是多层次的。作为嘉庚故里，大社是国家的，代表爱国主义，地方政府在此力推红色旅游。大社是两岸团结的象征，基于祖国统一是陈嘉庚的遗愿[1][194]，海峡论坛分会场活动之一是在大社举行两岸创意涂鸦大赛。大社是全社会的共同资产，每年10月陈嘉庚诞辰，大社必有遵循嘉庚遗训推广公序良俗的纪念活动。大社是集美陈氏宗亲的中心与原住居民的日常生活所在。大社是长期在此开店的外地人的第二故乡，他们提供闽南小吃之外的别样选择，是新外地人入驻大社的情感过渡桥梁。有点凌乱、有点旧、有点拥挤的大社，是集美半岛租房市场的价格洼地，它成为

1　1956年2月，陈嘉庚在全国政协会议上说，周恩来总理提出的和平解放台湾的号召很快会深入到台湾同胞的心坎。同年10月，他在中华全国归国华侨联合会成立大会的开幕词中呼吁，我们希望全球的国民党人能回到爱国的行列来，共同推动和平解放台湾事业。1958年9月8日，他在《人民日报》发表书面谈话，表示"台湾、澎湖列岛自古是中国的领土……我们华侨将和全国人民一样，在毛泽东主席旗帜下，在解放我们的领土的事业上，贡献一切力量"。晚年的陈嘉庚请人在鳌园刻录《台湾省全图》，留下遗嘱"我们应尽早解放台湾，台湾必须归中国"。

工作—生活—娱乐不分、商业—文创—公益混合的新世代年轻人的创业基地。

因此：

作为侨乡高地，大社以其固有的外向反身性回应、接纳、融入社会经济发展的变化，这种适应韧性来自其多层次交织的社会网络，而不是一块凝固封闭的功能性单元。相应地，权力集中、按规划实施、资本密集的综合体运营开发模式，已证明在大社水土不服。遵循既有路径，重构基于个体产权的"和"（而非"合"）的有机更新机制，鼓励"服务社会是吾人应尽之天职"的嘉庚精神，是大社空间发展的应走路线。

❖　　❖　　❖

大社的共同体建构机制，既有血脉连续性的**角头**[20]、信仰连续性的**正月十五割香**[23]，也有昙花一现的**学村办事处**[19]……

✦ 19 学村办事处

共治博弈的残迹

▲▲▲承認集美學村公約

窃維敬教勸學，治本所閼；思忠預防，古訓尤著。陳君嘉庚敬賢兄弟捐辦集美學校，規模宏遠，成績斐然！邇因軍事之蔓延，深恐校務之停滯，歷請軍政長官，核准集美為學村，通籌保護，得法律之保障，期教育之女全承認。同人等共仰尚風，難暌大義，理富承認，樂于贊成。謹訂約章，藉資信守。

一，公認集美學校設立地為學村。

二，集美學村之四至：北以大馬山為界；南盡海；東暨鄭延平故壘及鰲頭宮；西抵岑頭社及龍王宮。

三，學村範圍內不許軍隊通過屯駐毀

四，有破壞前次之規定者，即為吾人聚及作戰之公敵，當與衆共棄之。

1923 年 11 月的《集美周刊》(第 55 期)报道,叶渊校长联合各界倡议划集美为永久和平学村,获孙中山大元帅大本营批准在案,且由大本营内政部电告闽粤省长及军事将领特别保护集美学村,电文并附《承认集美学村公约》

来源:陈呈主编《世纪辉煌——集美学校百年历史图集:1913—2013》,2017:36

……大社的共同体建构向来并非静态的、封闭的,身为**侨乡**[1],宗亲关系既是村社内部力量,也是联系外部资源、重构内部的枢纽,近者如**集美大社**[18]的大社艺术部落项目,远者如集美学校与村社的共治(**学-村治理**[3])。

202

❖   ❖   ❖

集美学村获各方承认及（北洋政府）国务院批准立案后，成为校村联合的自治实体，设立集美学村办事处于大社，作为治理事务的实施机构。在剧烈转型的年代，该机构既肩负时代使命，也是各方力量博弈的前沿阵地，如今已难寻历史痕迹。

1924年，"集美学村筹备委员会"办事处（简称"学村办事处"）设于向西书房（今大社路113号），专司协调村、校关系和社区文明建设工作。[201]

设于村内以行教化

学村办事处设于集美社而非学校，透露了玄机。陈嘉庚返乡办学，既为兴教救国，也为教化家乡。集美社向来是"天高皇帝远"的偏僻落后村社，文盲普遍、盗匪盛行、瘟疫时发、嗜好烟赌等民风，与其所辖属的文化底蕴深厚的同安形成强烈对比："同安为朱晦庵¹过化之区，其风俗之淳厚尚矣。然在昔之集美，因聚族而居，睚眦之怨，常有率族持械，虽触法不畏。其附近孤村小姓，更受其毒，无敢告发者。"[202]3 内在的不受教体现在外部环境上："集美社会之公共卫生，向无注意之者，

---

1 朱熹（1130—1200），字元晦，一字仲晦，号晦庵，又号紫阳，世称晦庵先生、朱文公。

故常有疟疾天花之发生。就其房屋之建筑而言,墙壁高者仅盈丈,厅廊之陈设,均堆积废物:如鸡埘,豚圈,及家具等……窗牖缝孔甚细小,是以住房之光线,皆充满黝黑,偶逢天气温度稍高,则全屋臭气熏天。人居其中,危险至极!门外池沟通路,均堆积垃圾;厕所则露天晒日,且多就大路而筑是以道上来往者,殆皆退避三舍。" [202]2

1925年,陈敬贤致信陈嘉庚:"窃思本乡族人之不能安业无事者,由于从前既失教化,逢有发生事端,又未有适当之人可为设法排解,常因小事而生大事。又因一部分习染恶嗜,欲流为窃盗或作不正当之举动,为弥补以上缺陷,数月以来再续办夜学校,教失学青年。近又新办女夜学……" [203]171 因此,借由集美学校的教育、医院、建筑、校友等资源,通过普及教育、政策宣传、公共卫生、公共建设四个方面,将村民素质向现代民主和国家认同推进,学村办事处自然要设在村内。

学村办事处是虚是实?

村社教化的抓手是民众教育。但1920年代陈敬贤书信所述的民众夜学并不如人意,邓仲平评价其:"不过局部的、短期的,敷衍了事" [204]。随着1928年军政结束向训政1过渡,目标在于公民训练,规训、教导国民具备自治素质,中央和省府命令各校开办民众教育,集美学村在原乡民夜学、校工夜学、演讲、卫生运动的基础上,掀起新一轮民众教育。[205] 1928年,集美学校联合集美社家长设立"集美学村民众教育委员会"[206],举行识字运动,开办民众学校,设立民众阅报处,并

---

1 依据孙中山《中华民国建国大纲》,建国分三个阶段:军政、训政、宪政。

以演讲、演剧进行流动教学。但由于经费问题，民众学校仍如过去一般时办时辍，并于1932年改为民众妇女夜校[207]，1933年扩大办理识字运动[208]（**附录8**）。即使如此，民众教育仍是集美学校的使命之一。1935年，新任校董林德曜[2]《改进集美学校之计划大纲》中，民众教育上升到社会教育的高度："教育推广部主任不惟负推广教育而已，且须负改造集美学村及一切有关于教育意味事业之泽。简言之，则凡学村内一切社会教育之设施，应负责计划推行。"[209]

然而，民众学校面临各种困难。包括：通用教材不适合集美民众生活；乡人忙于与时令、潮汐有关的农作和捕鱼，以致学生数太少或缺席；学生不愿学习语体文，要求教文言文。关于乡民的参与率问题，咸认应由学村办事处承担起扩大宣传之责。[210]

民众学校的困难是村社教化和学村办事处的冰山一角。1930年，王秀南[3]在《改进集美学村发凡》中反思，学村办事处成立之初意在改造社会，虽曾风靡一时，但改革的误区有：限于少数人的行动，没有得到各方支持、集思广益；实施项目乃一时兴起，缺乏持久力，也没能引起共鸣，遇到困难便一筹莫展，停滞不前；村民认为办事处人员是为校主服务，村庄改造是为校主"装门面"，与他们无关，不但不参与、不赞助，甚且故意阻挠；学村建设过于依赖校主经济之供给，缺乏独立意识

2　林德曜，集美学校1934年11月至1937年初任校董。

3　王秀南（1903—2000），生于福建同安，就读同安小学、私立集美师范、中央大学，获教育学士学位。历任河南大学、中山大学、暨南大学、厦门大学等教授，福建集美师范、福建省立龙溪中学（今漳州一中）、福建省立师范学校校长，以及印尼印华高级商业学校、马来西亚麻坡中华中学、马来西亚巴生光华高级中学校长。

与能力。他进一步指出："村治之推行，已为必然之事实；而吾校向为福建文化之中心，尤应积极学村之建设，以树训政之楷模。"基于此，提出应跳出办事处窠臼，扩大组织，主抓本村革命青年、各房贤明家长、小学男女教师、小学男女学生、中等各校学生、中等各校教师、集美各级党部等具有主动性的人员，邀集村政、经济、实业、乡村教育、民众教育等方面的专家，应是结合教育、政治、环境、经济等手段的综合治理，而非个别孤立的临时项目。[211]

学村办事处的空架子问题似乎是积重难返。1934年，学村办事处已然运作10年，木子在《隳废的集美》[125]112-114一文中，指责集美社不进则退："现在集美虽然在外表披上了一件'文化之区'的美丽绣衣，但在内层的腐化、堕落、淫靡、奸诈、贪污、残暴依然是紧紧地包裹着整个集美学村重心。虽然，培植了二十余年的文化，施行了二十余年的教育，结果还不是和二十余年前渔村时代一样的黑暗愚昧，也许是有过之而无不及。"侨乡受世界经济危机影响的破产恐慌，对学村办事处雪上加霜："现在，在五百余户口的集美学村，遍地都充满着烟馆、赌场、私娼不消说，其中主持者都是一般村中有势有权的土劣。所以，烟馆、赌场代替了学村办事处，而它的势力也操纵在这烟馆、赌场的掌握里了。它们不但支配着集美的一切经济，甚且加紧摧毁着集美的文化……最近赌场又开设了别开新面的'十二支'，可怜无知村民勿论是男女老幼，没有一个不中了它的遗毒。他们或她们每天以汗血的钱，疯狂地倾其所有作孤注一掷。结果，没有一个不演出破家、荡产、自杀、逃亡、卖淫的惨剧……"

精英与草根的碰撞

木子批判村社"不受教"，王秀南主张在体制上赋权和赋能学村办事处，但教化的底层是精英与草根的日常碰撞，可谓"一地鸡毛"。

集美学校的成立和扩大，注定使村社成为"城中村"。依据谢诗白《集美学村风土志》[212]，1920年代末集美社本地人口约4000人[1]，集美学校师生数2000余人。依据孙福熙，1931年集美学校师生逾3000人；[16]又依据1933年《集美学校廿周年纪念刊》，不计集美社范围外的农林学校和试验乡村师范学校，该年教职员数149人、在校学生数1933人，其中包含部分本村的教职员和学生，故外来人口不足2000

1933年集美社范围内集美各校人数

学校名称	教职员数(人)	在校学生数(人)	师生比
中学校	56	643	11.5
高级水产航海学校	11	106	9.6
商业学校	12	151	12.6
女子中学	18	151	8.4
幼稚师范学校	15	185	12.3
男小学校	20	405	20.3
女小学校	17	292	17.2
合计	149	1933	13.0

资料来源：福建私立集美学校廿周年纪念刊编辑部《集美学校廿周年纪念刊》，1933

1　谢诗白依据各方家长迎神祭祀捐收缘款报告得：大社人口3000余人、500多户，岑头社600余人、100余户，郭厝社五六十人、十余户。

人。以上数据显示集美学村办事处运作期间，集美社范围本村人口与外来人口比例为1.3~2:1。

即每3人就有1个外地人，外地人增量高达本村人口规模的一多半，这无疑对村社发展产生相当大的冲击，从而衍生学-村间的一地鸡毛：

(1)小贩与公共秩序

首先是商机。经商占集美社村民就业结构近一半[1]，这意味着村民普遍具有灵敏的商业嗅觉，其攫取商机的方式包括房屋租赁、开店或摆摊，其中以小贩最简单直接、成本最低，小贩也成为学与村的主要矛盾。由于乡人在校中贩卖什物，使学校脏、乱、差，且有碍观瞻，学校禁止小贩但屡禁无效。1926年，学村设立校警后，宣布势将雷厉风行驱逐小贩[213]。至1928年，鉴于"小贩来校摆摊，所贩食品，均不洁净，不合卫生，且果壳纸屑，狼籍满路"，学校于是开办集美饭店，既利师生购买食品，也可抵制摆摊小贩。[214]

(2)窃盗与治安

学村设立校警乃因经常发生窃盗，故于1926年发文呈请福建省派警驻扎。[215]然窃盗仍屡屡发生，1929年，由于大礼堂播放电影时经常发生宿舍失窃，为此学校甚至禁止电影和话剧活动。[216] 1931年，集美中学屡生窃盗案，学校研判与外来小贩不无关系，是故采取3个行动：制定地图，划定禁止小贩范围；告诫学生不得向小贩购物，违者从

---

1 谢诗白依据集美小学"集美村儿童家庭职业表"得：出洋经营者40%、经商者10%、务农者20%、帆渔者10%、佣工及其他杂业10%。

严惩处；校警进驻中学，加强巡逻和查禁小贩。该校小贩绝迹后，失窃之事亦未再发生。[217]

（3）学校资产流失

除了个人用品失窃，大件如椅、桌、床、架、铺、板、柜、橱等木器和其他杂器等学校资产，也有被乡人私自搬取的情况。1928年，集美学校决定厉行清查木器，会同校警到集岑郭三社按户搜查，约有木器数百件。[218] 1935年，学校整理校费时，查出岑头铺户电灯费有所短收，乃偷电所致。为加强取缔以增收入，学校会同校警所办理之。[219]

（4）精英与草根的矛盾

以上案例可见，学校精英教化村社的方式是"胡萝卜＋大棒"，一方面施以教育，另一方面倾向于采用公权力，诉诸法律。

1925年，陈敬贤发电文给陈嘉庚，报告一起因小学主任执行严禁小贩引发的冲突："族亲小贩打小学主任，校长徇各主任要求，请官办。族长集怨校长，领族中子女皆罢学，两方尚相持。"[203]163 "小贩打主任"事件平息后，陈敬贤在书信中分析小事化大的内在原因：一是叶渊校长本就很少与乡人接触，而在有限的接触里，其精英的高傲姿态又使乡人产生反感。其次，事件中的小学主任为外省人，言语不通，乡土情况不熟悉；学校教员虽是集美学校的毕业生，但为外乡人，与学生的父兄没有直接联系，误会甚多。

搜查木器一案中，叶渊给总务处及各校事务处的密函如此措辞："查校中木器，历年损失，为数至巨。集岑郭各住宅铺户，到处可见。此种盗窃公物，本应依法严办，姑念多属校主乡里之人，从宽令其自行交还校中，免予追究。惟各住户恐不知理义者，不肯自动交出，则须严行搜查。"[220] 该措辞某种程度上反映学校的精英主义,充斥着上对下、长对幼、公对私的不对等语境暴力,而有失教化的乡人则回敬以身体暴力。

学校精英:村社与政府间的桥梁

学校与村社的隔膜,在学村办事处聘任彭友圃[1]为主任后得到缓解。彭友圃为同安马巷人,负责在社中整顿卫生,办夜学演讲,与乡人特别是各房家长联系、沟通,以落实学村办事处的计划。乡人有所误会时,多能排解得宜。[203]

但即使学校精英与草根村社间存在着芥蒂与敌意,当村社与政府产生矛盾时,无论村社或政府,都寻求学校协助解决问题。例如,1930年10月20日,军队侦探拘捕要犯塘墘角知名地痞陈以相,与乡民发生误会和冲突,陈以相逃脱,一名侦探和一支手枪被乡民扣留于学村办事处。军队发函集美学校(而非学村办事处),希将该侦探和手枪提交军队带回。[221-222] 至11月14日,荷枪实弹的军车开进塘墘角搜捕陈以相,但陈以相早已逃逸南洋,乡民九人被拘,诸家长在学村办事处开会讨论解决办法,并请学校为之调停。[223]

又例,1926年,农林学校被盗和抢去牲口,校员追获嫌犯送交同安县公署究办。马巷县佐奉同安县令办理时,竟派警备队搜查该校员住宅,大肆骚扰。学校派彭友圃赴马巷县佐公署信访,竟被警备队打成重伤。为此校长叶渊致函福州周督办、福建萨省长、漳州张镇史、

1　彭友圃(1893—1931),1926年秋在集美加入中国共产党。

泉州孔镇史陈情，最终马巷黄县佐被撤职查办，并判四名差警一年监禁。[224-225]

由此可见，在国家转型期阶段，能够起到草根村社与政府之间的桥梁作用的，是有能力理解、适应和活用国家政策和律法的精英，而不是学村办事处。而在乱世中遇贪官污吏欺压百姓时，拥有精英人脉的学校精英，也较有渠道和能力保护自己并讨回公道。因此，在功能上，学村办事处并没有像王秀南所期待的成为村治机构，而更像是集美学校的驻村办和集美社的"信访站"。

学村办事处退出历史舞台

1935年，地方制度实行保甲（联保）制，同安县政府撤销学村办事处，改设联保办公室，行使地方治理权力。[226]制度变迁伴随权力正当性来源的改变，不同于过去学村办事处主任由集美学校聘任，联保办事处主任由同安县政府委任后尾角保长陈科拔，办公地点仍设原学村办事处内。[227]

中华人民共和国成立初期，陈嘉庚为学村建立了两个机构。1955年1月，他委任五位陈氏宗亲，组成"集美社公业基金管理理事会"，负责集美乡亲的公益福利事业，以接替他本人。他亲自拟定理事会的管理简则，意在从个人承担转由制度运营，以利长期延续。[9]127与此同时，陈嘉庚改组集美学校校董会为集美学校委员会，于1956年元月1日正式成立，要求学校委员会要发挥集体智慧，共商学校大事，并规定常务委员会和全体委员会会议制度。[9]179由此可见，陈嘉庚试图为校和村所做的安排是从个人治理过渡到制度化的集体治理。校与村之间虽有集美镇与集美学校委员会合署办公，但真正起到协调作用的，没有人能替代陈嘉庚。"文革"期间，集美学校委员会和集美社公业基金管理理事会都被撤销，1980年代恢复办公，但学村再也没有恢复共治，而是发展为服从体制的"领地集合体"（**学－村治理**）。

学村办事处的物质空间载体也在时代中变化着。1923年设立学村办事处时，借用向西书房（今大社路113号）。尔后陈嘉庚发动捐款购建集美学村办公场所，并将产权属性界定为"集美学村公业"。新办公场所择址集美大社中央的大路边、二房角与向西角毗邻处（今大社路104与106号），建造一座坐东北向西南的砖石结构平房，钢筋水泥屋面，共两间，面积100余平方米。1934年12月竣工时，在两间屋的中墙，嵌一块"集美学村公业"石刻，弘扬捐款人。乡人遂称向西书房为"旧学村"，称集美学村公业为"新学村"（**图19-1**）。[9]79 向西书房作为旧学村办事处，从1923年至1934年，达11年之久。

"新学村"建成后不久，便面临保甲新制，该房屋成为集美保公所的办公空间，直到1949年9月23日集美解放。1949年11月11日，国民党军机滥炸集美学村，集美学村公业成为废墟。[1] 1950年，陈嘉庚回归祖国定居故里，他清理遭受抗战和内战破坏的房宅，建造民房22幢，作为战后无房户或少房户的解困房。其中集美学村公业遗址建成的两处民房，列为第11号民房，即今大社路104号与106号。[9]79

如今的大社路104号与106号作餐饮营业，其所在的两处单层的

1　1949年11月11日下午2时许，国民党军队飞机8架次轮番轰炸集美学村，投掷炸弹32枚，村民和师生29人遇难，居仁楼、即温楼和大批民宅被毁，史称"双十一惨案"。

解困房,没有像自建房那样改建为多层,反映其产权的公业性质和解困房历史(详见**共有地**）。大社路113号向西书房,原为向西角祖祠,因向西角、清宅尾角和塘塌角合并为清宅尾角头,向西角祖祠改作向西书房,也因产权的公业性质而保有原貌。然而,无论是113号还是104和106号,无论是旧学村、新学村还是集美保公所,历史踪迹都已湮灭。

因此:

学村办事处这块记忆片段的缺失,使大社之于集美学村的认识变得不完整、抽象和空洞,因此无法从具体事件中学习有价值的经验。基层管理部门在大社的建设,不应使大社流于文本教条或肤浅文创;应在历史事件的原址中彰显铭记。

✿　　✿　　✿

集美学村办事处曾短暂地影响集美大社共同体的治理,从侧面反映现代国家对村社共同体的介入。在时代的不连续中,**角头**、**祠堂**、**正月十五割香**、**共有地**,则或连续、或重续共同体的物理支撑和认同……

✡ 20 角头

血脉地点

依据调研及陈少斌《陈嘉庚研究文集》(331页),集美大社各角头的大约范围

来源：刘昭吟、张云斌绘

……**学村办事处**执行**学－村治理**时，需与**集美大社**这一单姓聚落的各房家长建立共治机制，即大社并不是共同体的基本单元，角头才是。

❀　　❀　　❀

角头是血脉的线索，也是宗族生存策略的空间布局演化。

作为自然村落，大社的次空间单元——角头，是宗族繁衍的结果，包括生存策略的空间布局。基于长子世袭原则，长房祖所在地即为宗族核心，次房等向外辐射，辐射的顺序代表区位价值由优到次，或交易成本由易到难。

依据《集美志》(1963)，集美陈姓"自黄帝八代孙妫舜以后，已历四千余年，氏分姚、胡、陈，源远流长"。[3]10但厦门集美总族谱却无可稽考，按《集美志》所载："闻诸里之耆老云：有清一代，我集美陈姓族谱，曾因事为政府调阅，迄未发还，时移世易，竟至湮没。各房角虽有私谱，以迭遭兵燹，多无遗存，仅存者又鲜详尽之记载。"[3]10陈厥祥就各房角不详尽记载重修的族头祖先信息，可作为依据推论角头的空间演化秩序。

首先是大社陈氏的起点。依据《集美志》，陈氏原籍河南光州固始县，传入集美有两个版本，一说颍川开集陈氏，一说漳州南院陈氏。依据颍川开集陈氏说，开基祖为陈煜（谥素轩），于宋末兵变迁到泉州府同安县，择地定居于苎溪上卢；陈素轩生子陈朴庵，移居今集美大社。但依据漳州南院陈氏说，陈氏祖先陈严因政乱避居江西饶州府，后六世祖

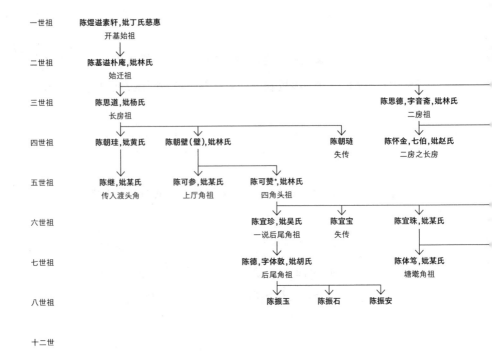

一世祖	陈煜谥素轩,妣丁氏慈惠 开基始祖			
二世祖	陈基谥朴庵,妣林氏 始迁祖			
三世祖	陈思道,妣杨氏 长房祖			陈思德,字音斋,妣林氏 二房祖
四世祖	陈朝珪,妣黄氏	陈朝璧(璧),妣林氏	陈朝琏 失传	陈怀金,七伯,妣赵氏 二房之长房
五世祖	陈继,妣某氏 传入渡头角	陈可参,妣某氏 上厅角祖	陈可赞*,妣林氏 四角头祖	
六世祖		陈宜珍,妣吴氏 一说后尾角祖	陈宜宝 失传	陈宜珠,妣某氏
七世祖		陈德,字体敦,妣胡氏 后尾角祖		陈体笃,妣某氏 塘墘角祖
八世祖		陈振玉　陈振石　陈振安		

十二世

陈邑在唐代被谪入闽,初居兴化,后分泉州惠安,再后定居漳州;在漳
州开基以后传至二十五世陈熠,分住灌口;陈熠生子陈素轩,移居芎溪
内上卢。则,陈素轩定居芎溪内上卢,无论是自河南避祸迁入,还是从
灌口移居而来,集美陈氏认陈素轩为开集始祖,认二世祖陈朴庵奠定大
社基业。

按陈水萍[1]:"二世祖陈朴庵,性聪敏,熟谙地理,因娶嘉禾里人氏,
过江渡水诸多不便,乃由芎溪内移至集美社,卜居渡头居住后,商之于

1　陈水萍,二房角人。1936年,陈嘉庚指派族亲陈水萍回集美负责集美学校的财务
工作。集岑路7号的永存楼为陈水萍之子陈永存所建。

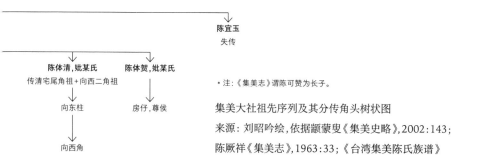

| | | 陈思仁 三房祖,徙霞浦三沙 | 陈思艺 早殇 |

| 陈怀珠,八伯,字甫仁,姚惠氏 开基城内一世祖 | 陈怀玉,九伯(行九),字甫美,姚林氏 二房之三房 其裔陈世元分支安溪龙门石盘头一世祖 |

陈宜玉
失传

| 陈体清,姚某氏 传清宅尾角祖+向西二角祖 | 陈体贺,姚某氏 |

向东柱   房仔,尊侯

向西角

• 注:《集美志》谓陈可赞为长子。

集美大社祖先序列及其分传角头树状图
来源:刘昭吟绘,依据颜蒙叟《集美史略》,2002:143;
陈厥祥《集美志》,1963:33;《台湾集美陈氏族谱》

东坛陈姓及曾家,求地起盖目下之大祠堂也。"[3]118 至于"嘉禾里"为何
处? 若依据颜蒙叟2002年记述, 嘉禾里为厦门旧称, 陈朴庵之妻为塔
头林氏[44]133, 应为现今厦门岛南端曾厝垵与黄厝社之间的塔头社。又
按陈少斌, 嘉禾里即厦门禾山。查阅1960年代《禾山公社地名图》,彼
时禾山范围远大于今之禾山街道, 厦门岛除思明核心区外皆属禾山公
社, 塔头即黄厝。我们可以想象芒溪内到塔头的路程, 单程便要45公
里, 文中曰"过江渡水"有两条可能路线: 一是乘小舟顺芒溪到后溪,
改乘船渡海到厦门, 登岸行至塔头; 二是小舟到后溪后, 转陆路穿过集
美半岛到浔尾, 对渡到高崎, 再陆路行至塔头。考虑彼时陆路主要靠步
行, 水路较步行快, 且难得一次回娘家不免带有人员和物资, 陆路和水

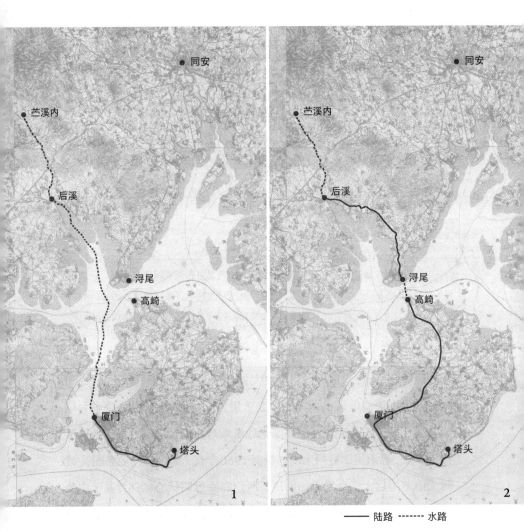

芒溪内至塔头路线推测

(1)路线一,从芒溪内乘小舟到后溪,转乘大船至厦门,登岸行至塔头

(2)路线二,芒溪内乘小舟到后续,登岸越集美半岛至浔尾,对渡至高崎,登岸行至塔头

来源：Chmap,张云斌绘

路的交换必然平添麻烦,我们认为较不复杂的路线一的可能性较高,但也已足够艰辛。

返程更为艰难,从后溪到芎溪内无法逆流而上,不仅涉水还需跋山。此外,乘船渡海亦有变数,如遇风浪便过不了海峡,要返回却又路途遥远,遂进退两难。[229]因此,陈朴庵迁至浔尾,不仅路程大幅缩短,减轻往返娘家的路程之苦,渡海亦较有保障。

从这里开始,我们尝试复原的空间演化,有两个截然相反的方向:剧本A,假设陈朴庵拥有较高的主动选择权,占有战略高地,为未来家族繁衍做空间布局,即先取得强区位再辐射到弱区位。剧本B,陈朴庵入浔尾时,其上已有陈、曾、蔡、庄诸姓家族,宜居的区位已被占据,大社祖先只能从较次、较无人竞争、或较易交易的地理位置开始,空间演化从弱区位到强区位。

我们认为,现实是主体能动性与客观条件的动态博弈,角头的空间演化是大社祖先在剧本B的主线下为自身创造条件的结果。由于缺乏直接史料,仅能从间接资料推论,选择剧本B为主线的理由是:①常识,浔尾本非无人之地,先到先得,倚山面水的宜居区位多已有住民,陈朴庵初来乍到,只能从他处或土地转让开始;②传说,陈朴庵迁来集美,于今大宗祠地牧鸭,鸭日产两蛋。与此传说相呼应的是,大宗祠前之浩驿旁,解放前留有一土堀称"鸭母堀",相其地形早年为滨海地,与牧鸭传说相符。[44]133 由此来看,陈朴庵所求得之居宅用地(大宗祠前身),并非彼时最宜居之地。综上,初时陈朴庵未能占有最佳区位,大社最终成为单一陈姓,是土地置换、他姓迁出的演化结果。其间也包括明、清两代因海禁、迁界造成大规模迁移的影响。

循此思路,我们推测角头演化如下(**图20-1至图20-2**):

1.陈朴庵移居浔尾初入渡头,可能是租地居住,推测其原因是:

(1)渡头是鳌头宫渡口进村的通道,其渡口与厦门高崎对渡,这个位置对陈朴庵有方便之利;

(2)渡头不若二房山脚,后尾山脚有背山面海之势,但有集美寨掩护,为性价比较高区位。

2.入浔后的陈朴庵取得今大祖祠土地, 起建一座二落[1]式居宅[228]249:

(1)《集美志》记,陈朴庵天性聪敏,且擅风水地理之术或若有神通,在渡头住没多久,便"天启其机,神诱之灵",用计向东坛陈家、曾家求地,建两落大厝居住。

(2)大祖厝位于浔尾的地理中心,具有向四方扩张的潜力。

3.接着, 陈朴庵使次子陈思德(三世祖, 二房祖)分传至大祖祠后方土地,即二房角:

(1)该用地可能是获取大祖祠用地的一部分, 因此顺理成章分给次子;

(2)或再次与曾姓[2]交易取得土地,分给次子。

4. 陈朴庵的长子陈思道(三世祖), 后世称为长房祖。陈思道生三子,陈朝珪、陈朝壁(璧)、陈朝琏(失传),即四世祖。

---

1 闽南传统民居的正屋与次屋为落,左右厢房为榉头。"两落大厝"为前落与后落均为一厅两房。基本构成是三开间(明间是正厅, 两边次间是卧房)的正屋与次屋,加上正屋下方东西对称的榉头与深井,构成四合院的形式。

2 据大社民间历史学者陈进步先生云,二房角原为曾姓所居。

（1）渡头角称渡头角祠堂为三世祖陈思道故居，意为陈思道移居渡头角置产，但渡头角是否真为陈思道故居，疑为后世附会（详
✿21
祠堂）。

（2）按后世迁居台湾集美陈氏族谱，四世祖陈朝珪娶黄氏，住渡头，合葬在后头山后尾，今大社路1号。

5.至五世祖，陈朝珪之子陈继，《集美史略》谓"传入渡头角"。这些信息使得渡头角始于何世具有不确定性，三世祖、四世祖、五世祖皆有可能。陈朝璧的长子陈可参，分传上厅角，即东扩至高程6~8米的滨海地。东扩的理由可能是：

（1）一是倒逼，西侧高地较可防海水倒灌，土地交易成本较高，无地可求，不得不东求；

（2）二是潜力，尽管滨海地低洼，却可围埭造地，未来仍可继续扩张，不若西侧山丘土地总量有限，且难免面临阳宅与坟地阴宅争地的难题。

6.陈朝璧次子陈可赞（五世祖），因其孙辈（七世祖）分传后尾角、塘埕角、清宅尾角、向西角，而被称为"四角头祖"，居住于今其昌堂。文字记载无法分辨后尾角祖究竟是陈可赞之子陈宜珍（六世祖），或陈可赞之孙、陈宜珍之子陈体敦（七世祖），但可以得到一个相对肯定的信息：

（1）后尾角是陈可赞这脉较早发展的角头，其后塘埕角、清宅尾角、向西角再从其昌堂处分传出去。

（2）彼时分传扩张的地理条件，一是向微气候最不好、最吃风（文确楼原名吃风楼）的东北面求地，先从大祖祠近处开始（塘埕角），后向

更远处围埭求地(清宅尾角);二是向二房山求地,但二房山较为陡峭,其西即是内湾,常遭海水倒灌,难有再扩张居住用地可能,因此向西角规模较小。

7. 在大社的地理几何上,角头演化的空间秩序为:

(1)先南北:渡头—大祖祠—二房角可谓浔尾的中央平原,陈朴庵两代人由南向北拓展;

(2)后东西,向与渡头相邻的上厅角和后尾角依次拓展;

(3)再边缘,扩向微气候严峻的东北向塘埕角、清宅尾角和拓展性差的向西角。由于条件较差,且同属六世祖陈宜珠之子所分传,塘埕角、向西角和清宅尾角后来又合并为一角头,总称为清宅尾角头。

(4)角头是时间的演化,其空间分布并不是规划而来,而是一代代人通过土地交易或开荒而来,甚至考虑风水,因此各角并没有紧凑成团的必然性。譬如,二房角太公墓(陈文瑞的祖父)便位于后尾角的纱帽石(今集美中学科技楼位置),以及上厅角祖祠位于二房山脚。

8. 从二世祖到七世祖,家族繁衍在浔尾形成"一大祖祠七角头"格局。由于浔尾的用地局限,向远地外迁,甚至出洋,也是其必然的生存策略。

角头是大社人身份认同的基本单元。角头是血脉的地点,地点的血脉。通过在自己角头的祠堂(祖厝)进行祭祖、私塾、婚、丧、寿、庆的实践,使大社人确认和强化血脉关联。通过在地方志、族谱中收录陈氏古今人物时载明出身何角,使大社人琢磨其在社会阶层序列中的位置。通过扩地建房,体现角头人丁兴旺和经济实力,尤其是标志着衣锦还乡的侨房,体现角头能人辈出。

然而,当角头作为单一认同来源时,则有碍大社的合一团结。陈嘉庚兴办新式教育时, 首先需突破的便是角头各自为政、矛盾对立的问题,其自述如下:"集美社始祖自河南光州固始县移来,已历二十余世,男女两千余人,无别姓杂居,分六七房。各房办一私塾,男生一二十人,女子不得入学。各房分为两派,二十年前屡次械斗,死伤数十人,意见甚深。兹欲创办小学校,必须合乡一致合作,将各房私塾停罢。幸各房长听余劝告,于民国二年春所有子弟概入集美小学校,校舍暂假大祠堂及附近房祠堂开幕。"[2]4

随着现代化和国家地方治理的进程, 大社人的身份认同是多重的——既是某房某角的, 也是大社的, 也是浔江社区的——其中, 角头是最直接、最根本的血脉地点。

因此:

角头的地理范围乃为泛指, 并无显著边界。传续角头认同的物理空间,不在于角头的地理边界,而在于角头的中心——祠堂、宫庙、老人活动室、共有屋业、公厕等过去或现在具有角头专属性的地点。挖掘这些地点的空间史以反映角头史,并协助角头重修族谱,以丰富角头的血脉地点性质。

✿　　✿　　✿

血脉认同经由物理空间中的日常行为和仪式而强化, 包括祠堂[✿21]、大祖祠广场[✿22]、正月十五割香[✿23]……

✿ 21 祠堂

亦祠亦庙,亦聚亦斗

2024年1月,渡头角祠堂三代祖师千秋庆,亦祠亦庙　　来源:张云斌摄

……单姓聚落的**集美大社**^{✿18}就地形成血脉分枝的**角头**、柱和房^{✿20}[1],血

1　血脉某分支人数大到一个程度就会分宗,"角"的下一级为"柱",柱的下一级为
　　"房",但"房"广泛用在各级宗脉的称呼中。二房角下的向南柱,大约在七八世祖
　　时分宗;后尾角的七柱,是在十二世祖时分宗。柱的命名各有所好。七柱之名来
　　源于开柱祖有七子,故名七柱。七柱下人口最多的一房为六路,六路之名源于该房
　　居宅的顶落为一厅六房,规模较一般的一厅四房为大。

脉实践的基石即是祠堂。祠堂作为共同体的中心，也是时代变革中，学村办事处[※19]、集美学校[※2]、学－村治理[※3]的先锋基地。

❀   ❀   ❀

祠堂是共同体确认血脉分支形构的基石，是自下而上供奉祖先的保障。但"文革"破坏了血脉树形的完整序列。

大社自建房密接,间有闽南古民居。其中,两进三开间、左右护厝、悬山顶、前埕、土石和木结构,晨晚定时上香和开门关门,厅内有人闲坐喝茶,前埕有人活动或晒衣、晒番薯粉的,十之八九是祠堂建筑,日常是人们的相聚场所。(图21-1)

祠堂分布

由于血脉是树形分支的，祠堂也具有树形分支的层级性。集美大社陈氏祠堂的层级有：大祖祠、角头祖祠、柱公厅（祖厅）、房祖厝。祠堂是血脉的载体,其建筑物有时是该支血脉开基祖的故居,又因泛神崇拜而多有迎请神祇供奉[43]663,也有挂牌为老人活动中心者。分述如下(图21-2)：

1.大祖祠：供奉始祖陈素轩、二世祖陈朴庵及陈文瑞、陈嘉庚、陈敬贤、陈文确、陈六使等的画像。即除开基祖外,集美社人的共识是"做官的才能进大祖祠"。

2.角头祖祠：

（1）渡头角祠堂：地方文献谓其为三世祖陈思道故居，1991年、

1. 大祖祠
2. 渡头角祠堂
3. 二房角祖厝
4. 上厅角祠堂
5. 其昌堂
6. 后尾祖厝
7. 塘垱祠堂
8. 向西宫
9. 上厅角大口灶边柱祖厅
10. 二房角向南祖厅
11. 后尾角七柱六路祖厅
12. 渡头叁柱祠堂
13. 颍川世泽堂

集美大社的祠堂位置　　来源：张云斌绘

2017年两次重修,供奉四世祖陈朝珪神主。另供奉三代祖师、唐三藏师徒、三太子、文昌帝君、陈府王爷和陈夫人。

(2)二房角祖厝:已为尊王公庙,供奉护国尊王王审知、三尊王王审义、陈府王爷陈文瑞、黑面祖师、妈祖。其庙的属性大于祖祠,祠祭分由柱公厅主持。

(3)上厅角祠堂:2006年重修,供奉五世祖陈可参神主。内有仿制的牌匾,上书"同怀明经",据说是清咸丰年间提督福建学政为上厅角荐中试第一名陈初泰、陈初旭所立。[230]

(4)其昌堂:为五世祖陈可赞故居,1949年11月11日遭国民党军机轰炸,1950年陈嘉庚主持重修为陈可赞子孙分传后尾角、塘塭角、清宅尾角、向西角之"四角头祖厝"。1997年重修,在后厅"孝思堂"阁龛上,供奉开基的第五、六、七世祖的牌位。2021年,三修其昌堂。

(5)后尾祖厝:原为元帅爷厅,1998年改建为两层楼房,下层居住,上层为后尾祖祠,供奉六世祖陈宜珍,七世祖陈体敦及其长子振玉、次子振石、三子振安。另供奉李府元帅爷(哪吒)、李靖、三藏公。

(6)塘塭祠堂:七世祖暨塘塭开基祖陈体笃故居,后改为大口灶边柱、大口灶柱、塘仔塭尾柱、向东柱等四个柱的祖祠,2004年重修。另供奉哪吒、九天玄女、包天子、大圣公。

(7)向西角祠堂:陈少斌谓"该角(向西角)祖祠建于民宅中心,即今民房美西巷9号,奉祀刘府王爷。"[228]331 文中所谓"民宅",指陈嘉庚战后所建解困廉租房,地方俗称"屋业民房"。周边居民则指认美西巷9号为向西宫,非向西角祖祠。推测,原向西角祖祠于战争中损毁,

1950年代原地重建为连排平屋的解困廉租房,其中一套作为向西角祖祠兼向西宫,"文革"时被破坏,"文革"结束后向西宫恢复,角头祖祠没有恢复。

3.柱公厅: 例如渡头三柱祠堂、二房角向南祖厅、上厅角大口灶边柱祖厅、后尾角七柱六路祖厅、清宅尾五柱公厅等。

自下而上祭祖

祠堂最重要的活动便是祭祖。族谱是自上而下的繁衍记录,祭祖是自下而上的溯源行动,是生者子孙对彼岸祖先的照顾。是否每位祖先都能受到供奉,就在于亡者被奉祀在哪里,因此祠堂具有明确的家族边界,即本族角、柱、房的认同性和异族角、柱、房的排他性。祭祖的底层构造是家祭,《厦门市集美区志》载:"集美一般家庭在大厅后壁正中均设祖先神位或遗像。逢年过节和每月初一、十五,均要祭拜祖先,其中以元宵、中元、冬至、除夕四节最为隆重。家人结婚、生育、科举、盖房、分家、长期外出前和归来后,或为消灾祛病等,皆行祭拜之礼。月初和月中祭拜的供品及形式简单,一般为家常饭菜和水果糕点,由主妇上香即可。四节和有大事的家祭,需由家长率领全家行祷告跪拜之礼。祭祀后全家分食供品,享用祖先赐给的福胙。"[43]665家祭的上一级是祠祭,在祠堂举行,时间多在四节,仪式繁简有别,祭祀结束后,阖族宴饮。[43]666集美社的冬至日祭祖,在大祖祠内摆酒席给予各角头名额"吃冬"聚餐,各角祠堂亦各别置办吃冬。

然而,每一位祖先都被祭祀的原则,在"文革"中遭到破坏。"破四旧"时，祠堂、公厅、家庭祖龛内的祖宗神主牌和族谱都被焚毁，自下而上和自上而下的血源的物理证明因此缺失。从开基到分角头的最初八世祖是全社明确的、共享的信息；各角头的祖先序列依其所保留的物证而定，惜大多灭失；各家的祖先则可依据在世者的集体记忆追溯，但大多只能追溯五六代。现在所见的祠堂和祖先神主牌，都是改革开放以后重建的。失去一个个具体对象，祭祖时便只能概括以对，这使得祖宗某种程度上成为抽象概念，而非具象实体。

祖祠这一强化家族意识的场所，除了共同祭祖外，婚、丧、寿、喜等事也会利用祖厝、祖厅作为活动场所，其中尤以"移厅"为最。移厅是一个切身体验长辈纳入祖先队列的家族归属性、排他性的过程，对生者和亡者皆然。《厦门市集美区志》所记移厅如下："病者弥留之际，将睡铺连同病人移至祖公厅（正厅）特别搭架的'过身床'。如病危者尚有直系长辈在世，一般不搬进正厅，只能移至偏房（袖房）。临终，亲人围立送终，不可当面号哭，并为其立遗嘱和穿寿衣，寿衣三、五、七件不等。寿衣应先由孝男或其他亲人反穿于身，然后脱下，一次性正穿在病危者身上。"[43]673 在这个过程中，祖厝（厅）是个具有家族保障的过渡空间，临终者在子孙的护送中为祖先所接纳。

可以说，祠堂的重要性在于：祠堂这个物理空间，使家族成员通过方方面面的身体习练强化家族意识，包括对自己身后从属的确认。这使得修建祠堂时主要考虑：是否有足够的空间进行移厅、初丧、入殓、出殡等动线——这就解释了向西角祠堂缺失的问题，向西角虽有四角头祖厝其昌堂，仍曾考虑将一座老宅改造为向西祠堂，但因该座房屋为自建房所包夹、缺乏足够的动线空间而放弃。

祠堂也是庙

大社的角头祠堂不只是祠堂,往往也是宫庙,祠堂内既有祖龛也有神龛(**图21-3至图21-4**)。这在闽南并不是普遍现象,它意味着,祠堂与宫庙的结合蕴藏着特殊的地方脉络。

角头祖祠是在什么机缘下供奉某某神是个谜,若非未知,便不止一个说法。以渡头角祠堂为例,当问到为何供奉唐三藏师徒时,管理员答曰:"听说以前发生过瘟疫,死了很多二十来岁的年轻人,疫情压不下来,请了唐三藏师徒才压下来。"然当地历史学功力甚深的陈进步先生告知的来龙去脉,更为生动,更有深意:渡头角祠堂供奉唐三藏法师,源于1887年的角头械斗[1],也涉及后尾角祖祠和二房角祖祠的历史。故事从后尾角祖祠说起:

后尾角祖祠原在今归来堂与照壁间地块,依北高南低地势建二落式,后落供奉祖宗牌位,前落供奉托塔天王李靖,后落于嘉庆十六年(1811)为陈化成所焚[2]。陈化成(1776—1842),同安丙洲人,年少时投入提督李长庚麾下为水兵,捕盗与镇压蔡牵海上武装集团有功,擢升至福建水师提督。蔡牵(1761—1809),同安人,史学界有谓其海盗者,亦有谓其嘉庆年间海上起义军[123]559者,于嘉庆十四年(1809)为李长庚击败,开炮自炸座船,与妻小及部众250余人沉海而死。蔡牵起义时

---

1 即陈嘉庚在《南侨回忆录》提到的"无别姓杂居,分六七房……各房分为两派,二十年前屡次械斗,死伤数十人,意见甚深"。[2]4

2 其他角头的耆老也有提到,集美社的祠堂曾有两次大规模破坏,一于"破四旧",一于清代官府所焚。如与此处所述同一事件,则陈化成当时不止焚毁后尾角祖祠

期，集美社"十八桨船"[3]对蔡牵有所接济，于嘉庆三年（1798）为陈化成所破。后来二房角祖祠供奉代表十八桨船的木舟，曾称"木舟祠"。陈化成焚后尾角祖祠时，蔡牵已殁两年，对官府已不构成威胁，何故焚后尾角祖祠？一种可能是，陈化成与集美社十八桨船是政治对立的同安乡邻，这种关系更易结下血海深仇，意欲报复为快；另一种可能是，丙洲对集美有宿怨，即清顺治十三年（1656），郑成功毁同安城入丙洲，其镇将陈霸劫掠丙洲，在丙洲陈氏族谱中记为"集美陈霸"（但陈霸原籍南安，可能驻守过集美）[44]37。集体宿怨加上个人史，使得陈化成焚后尾角祖祠。但为何只焚后落，而不焚前落？盖因前落为神明所在，有所忌惮，怕被降灾；后落为后尾角祖先所在，焚之意味断子绝孙的诅咒。

后尾角祖祠后落被焚后，将祖先牌位重立于颍川世泽堂（即后来陈嘉庚诞生地），前落仍供奉李靖和三太子，为元帅爷宫。1887年冬，集美社族亲由建屋争吵发展到互殴，酿成大规模械斗，毙命者十余人，

---

3 清嘉庆年间，集美社有少壮渔民18人，都是快划桨手，他们共驶的小船，称为"十八桨船"，川航于同安至金厦近海，来往如飞。这些勤劳勇敢的穷苦渔民，十分同情蔡牵海上集团反抗贪残虐民的官府，不断地向蔡牵传递信息，接济军械，运输补给。时任外委（低级武职员）、又是乡邻的陈化成，曾几次驾梭船、霆船追捕，都被他们巧妙地逃脱。后来陈化成侦得这"十八桨船"经常系泊于集美大社西埕（今集美小学），但戒备甚严，难于下手，遂用重金买通内线渔民，趁"其外出活动，暂时停泊在木城（安放在城墙外的木栅）海滨之时，由内线渔民潜入摸近桨船，将船上18支木桨的中部划行受力处一一钻了小孔，以致后来被陈化成水军的梭船和八桨船猛追时，一急速划行便桨折船停，船上桨手只好跳水而逃。结果被陈化成水军抓去7人，失踪7人，只有4人攀登上蔡牵赶来救援的船只。

房屋焚烧十数栋[232]。这场械斗称角头械斗，渡头角联合岑头社对付后尾角，故谓"双头夹一尾"。第一回合械斗后尾角胜，渡头角依据《西游记》李靖擒拿孙悟空两次皆败的故事，迎请唐三藏师徒入驻渡头角祠堂。其时后尾角元帅爷宫附近有高粱梗，"双头"将高粱梗堆放于元帅爷宫以爆竹点燃，元帅爷宫被焚毁，于颍川世泽堂旁复建。后尾角祖祠的重建，曾议论过将尚南路边的后尾角七柱六路祖厅扩大为角头祖祠，但碍于其临主要街道而没有形成角头共识。1998年，元帅爷宫重修为两层楼房，上层作为后尾祖厝兼元帅爷宫。

　　从上述故事来看，集美社祠堂与宫庙的结合，既是以祠为聚、以庙为安，又是以祠为斗、以庙为乱。正是由于角头械斗请神斗法，祠堂故也是宫庙。冲突年代如斯，至于承平年代，祠堂则作用于宗族关系的重建。一方面，重修或新建祠堂是极其不易的事，主事者须"起头收尾"，事涉族亲集资，还需承担各种质疑，很考验任事能力、担当格局和团结号召力。另一方面，祠堂是家族核心，借祠堂重修之机，传述家族故事，强化家族认同。但祠堂也是颜面，讲述家族故事的同时，加以夸大附会，便几为必然发生之事。例如，渡头角祠堂是否确为陈思道故居，或有待商榷。地方耆老云，直到1991年渡头角祠堂重修前，其门楣上悬挂着"紫云传芳"堂号，代表黄姓。一说陈思道之子陈朝珪娶黄氏，该屋原为黄姓所有，后为陈思道向黄氏所购，但陈氏何以任"紫云传芳"悬挂几世纪之久？

　　祠堂也是国家主导的公序良俗社会秩序重建的前沿。近年，随着大社发展旅游，在祠堂办理丧事、披麻戴孝被认为有碍观瞻，易引发游客的紧张与回避，地方政府鼓励丧事转移到殡仪馆，并给予小额奖励。

又如过去集美社的祠堂、宫庙重修,常是华侨或乡绅发起,近年不乏地方政府的介入。其昌堂是典型案例,1950年为陈嘉庚主持重修,1997年为海内外陈氏后裔联手重修,2001年的重修则获得集美街道办事处的协助。政府出资必有所表现,体现为空调机安装、陈嘉庚事略布展、大社现代文明生活展示,以及四个玻璃柜的嘉庚精神公仔"忠公诚毅闯"。由于其昌堂为陈嘉庚亲建,故得官方扶持,并通过宣传嘉庚精神介入移风易俗。但我们调研时,其昌堂大厅内在座的四位乡亲,无一知晓玻璃柜中公仔的意义,也无意知道,只告诉我们:"这些娃娃是街道来放的,这个位置本来是放书的。"

因此:

祠堂是血脉繁衍的地理印记,是宗族认同强化的社会空间,是地方史的载体和见证,是集体的人(而非原子化的人)向社会人过渡的基石,是政府和民众的接壤场域。保护祠堂,包括保护其自身的运作规律——有限集体的共有空间,不必强制其转化为无限包含的抽象的公共空间,更不宜将其改造为政绩空间。

❀　　❀　　❀

祠堂的重要性使之既是以祠为聚,也是兵家必争之地;既是文化连续性的基地,也是改革的前沿。这种双重性,于大祖祠最为显著——
大祖祠广场[22]。同时,角头的血脉实践除了祠堂这一空间实体外,也在民俗活动尊王公**正月十五割香**[23]中得到再次确认。此外,祠堂的日常使用和维护,是**共有地**[24]管理的其中之一……

✿22 大祖祠广场

团结的原点

2024年,大祖祠广场上,大社慈善组织弥勒斋七周年庆

来源: 刘昭吟摄

……通过祠堂[21],角头[20]是血脉认同的单元;通过大祖祠,角头团结为同根同源的集美大社[18]。但大祖祠之于大社的中心性,并非孤立的建筑物,而是大祖祠及其广场构成的整体的作用。

＊　　＊　　＊

大祖祠广场是集美大社的地理中心、宗社中心、治理中心、活动中心,是跨角头的团结中心。

大祖祠广场为大社路、祠后路、公园路、祠前路所围区域,包含大祖祠、诰驿、大社戏台、民房在内面积约2430平方米。其中,建筑物占地约31%,半围合的建筑物相邻外院约占6%,户外开放空间约占63%。(图22-1)

大祖祠

大祖祠广场位于集美大社的地理中心,也是一切活动的中心,皆因大祖祠为宗社中心之故。

大祖祠为二世祖陈朴庵于1300年前后亲建的二落厝居宅。该屋建后若干代都没有学而优则仕的发迹现象,宗亲多次集会讨论改建祖厝无果。至明万历四十五年(1617)陈文瑞及其父亲,终于采取行动重修祖庙[43]598,宅址前进四尺,地面填高一尺,改建为今之格局。祖庙改造次年,秀才多年的陈文瑞便中举了,咸认为是重修大祖祠的善报。再经250年,清同治六年(1867),又一次大修,在祠埕的前面建一座平屋,起屏风作用,为照厝。又经100多年(1982—1984),在海内外宗亲的团结下,重修如今。

在近代的动荡里,大祖祠见证着既快速变迁也保有传统持存性的

大祖祠广场位置及其空间肌理　　来源：张云斌绘

大社近代史。首先，大祖祠是陈嘉庚开创集美社新教育的先河。1912
年9月，陈嘉庚返里倡议创办集美小学校，在大祖祠召集各房角族长商
议各角旧学私塾停办，全社合创新学；1913年3月4日，集美乡立两等
小学正式开学，先借大祖祠为临时校舍，包括照厝。1914年秋季，集美
小学迁入新校舍后，大祖祠辟为"通俗夜学校"，对集美社成年人进行
扫盲教育。

其次，大祖祠见证了集美社公共卫生的发端。1919年，陈嘉庚在
大祖祠召集各角族长，组织"去毒社"，设立戒烟所，展开鸦片烟禁毒。
1923年，陈敬贤组织"集美学村建设委员会"，多次在大祖祠动员乡民

清理公共卫生、填私厕、建公厕、设戒烟所、申禁赌等。

同时，大祖祠是为族亲解困济难之所。1940年，陈嘉庚回国慰劳返抵故乡，在大祖祠会见族亲倾听抗日战争受难情况，当机立断为漂失生产资料的渔民解决渔船、渔具问题，并指示校董会将小学迁回一部分，解决超龄难童教育问题。1950年，陈嘉庚、陈文确带头捐款，重建因国民党军机轰炸而墙体倒塌的大祖祠，并采取以工代赈方法，组织男女青年投入集美学村和鳌园建设等工程。

"文革"时期，大祖祠成为生产大队仓库，长期封闭导致白蚁蛀蚀严重。1982年，随着改革开放，一方面，海内外集美族亲发起修建，成立"集美社祠堂修建委员会"，集美各大队、单位也捐款资助；另一方面，为紧跟时势，各角代表在大祖祠集议丧仪改革和民俗活动，宣传丧事从简，以及规定每年全社集中举办三大节日演戏而不相互请客，即农历的正月十五割香、八月廿八进士祖陈文瑞和九月十二校主陈嘉庚诞辰。1984年底，大祖祠修建竣工，连同修理浩驿、建造戏台、铺筑石埕。按照修建前向地方政府报告的承诺，不供奉神佛[1]，不搞封建迷信，专辟集美社老人俱乐部，由陈嘉庚创办的集美社公业基金会出资订购报纸、刊物，购置象棋、扑克、电视等，供老年人沏茶、休闲、活动（图22-2）。

由此可见，大祖祠是集美社集体治理的场所，议题涉及办学、公共卫生、解困济难、民俗礼仪等方方面面。

---

1 各角头祠堂则皆有神明供奉。

诰　驿

诰驿为1867年重修大祖祠时所建的照厝。陈新杰等[231]谓清末集美地运、时运不济，集美先人发现自家大祖祠大门直对嘉禾（厦门岛）虎仔山，祠前无遮挡，为了转运，在祠埕前建一座平屋照厝，一如照壁起到屏蔽作用。[13]又谓照厝建成后第七年（1874），陈嘉庚诞生，成为集美社的近代伟人，"印证"了照厝风水说。

清末，集美递铺（每隔十里而设的驿站）移到此照厝，照厝从此被称为"诰驿"。"诰"，上对下告示；"驿"，传递官府文书的人换马休息住宿之地。诰驿是古代官府文书上传下达的中转站。其后，进厦门岛的驿道改道而撤销此递铺，但人们习以"诰驿"称之。在陈嘉庚致力于移风易俗的安排下，诰驿作为集美南音及芗剧演练活动场所，至今仍为集美南音社馆阁。（图22-3）

大社戏台

诰驿西侧的大社戏台，为1984年大祖祠重修的附属设施。陈少斌称之"大社奖学戏台"。顾名思义，集美社公业基金会、集美社宗亲会、集美李厚公益基金、陈永和基金、陈嘉麟奖教基金，在此举行奖学金颁发仪式。此外，三大节日的"演人戏"[1]在此戏台演出芗剧。同时，政府部门、机关、团体欲在此戏台举办活动，亦可向宗亲会申请使用。（图22-4）

1　"演人戏"乃相对于其他节日演木偶戏而言。

广　场

被建筑物和街道围合的大祖祠广场，以大祖祠正立面为分界，将广场分为北、南两片区。又按正负空间[233]517-523原则，分为北1、北2，南1、南2。除非在广场上奔跑，个体的环境行为并不会直接在空旷的广场中央发生，而总是沿着广场边缘的"活动口袋"（activity pocket）开始（图22-5）。因此，广场边缘若无活动口袋，则广场中心趋于冷寂；广场边缘活动口袋"活"，则广场"活"。[233]599-602检视广场各片活动口袋如下：

1.北1片：为大社路、祠后路和自建房所围地块，是大祖祠广场连接大社路的过渡性基地。因紧邻大社最重要的商业路口——大社路与祠后路，而成为日常十分活跃的小广场（图22-6至图22-7）。

（1）北1片原为菜市场大棚，2010年街道拆除大棚竖立两支华表。尽管居民对于华表不甚了了，但清除大棚后，大祖祠广场有了明确的对外开口。大社路与祠后路口延续了菜市场空间的行为习惯，每日傍晚时分有挑担摆摊的小海鲜贩售。

（2）北1片祠后路对面的转角建筑原为陈嘉庚所建商业合作社，底层为百货商场，经多次改制，现为厦门夏商集团所有，因缺乏修缮维护而成危楼。2010年代中期的文创期间，该建筑墙壁被涂上1960年代的标语、图案等假历史痕迹。

（3）大社路自建房，2023年中以前，其底商为小吃、餐饮、冰淇淋店，通过小桌椅的摆放，将其营业空间延伸到此。现整座楼房为糖水店，楼房前埕为小摊贩及其桌椅所用。

（4）靠祠后路的条凳吸引居民坐下休息，冬日享受日晒，夏日享受穿堂风，观看过往行人；居民甚至自发在条凳前增添桌椅。

（5）大社路自建房和传统民居的夹角院埕以空心砖围墙加铁栏杆与广场隔开。由于院埕较高，围墙高度起到从广场不易看见院埕、从院埕能见到广场的半隐蔽作用。

（6）民俗节日的小型戏曲活动，掌中木偶戏小戏台直接置于此处，朝向大社路表演；2～3人的歌仔戏站在阶下说唱，人们或坐在台阶上，或自带小凳子坐于树下观赏。

2.北2片：为祠后路、大祖祠西墙和传统民居侧院间地块，为动线交错最密集的区域（**图22-8至图22-9**）。

（1）北2片的活动口袋包括：大祖祠西侧门和西墙条凳，传统民居前埕的户外餐饮区，以及与北1片共享的院埕。

（2）由于面向大社最繁华的大社路和祠后路，通过性动线和走向活动口袋的目的性动线，在此区域产生了密集的交织。因此，常是居委会和有关单位在此支起棚子、拉起横幅，举办宣讲会的场所。

3.南1片：大社戏台前、功能较为单一的区域（**图22-10**）。

（1）该片体量最大、最主要的活动口袋是戏台，却不具备日常活动功能，其活跃时间是有芗剧表演、电影、政策宣讲的时候，尤其大节日演戏连演数天，锣鼓喧天，极尽热闹。戏台高度相当高，仅年轻人能一跃而上，致日常活动口袋功能微弱。

（2）戏台左前侧有一口大水井，水井基座可坐、可倚。水井旁为沙茶面和轻食的户外院埕。戏台西侧为蛋糕店。这些都是比戏台本身活跃的日常活动口袋。

（3）因此，该片广场的特征是，日常活动集中在活动口袋，即西侧的餐饮商业；演戏时，人群集中在区域中央，当然彼时该餐饮商业的户外院埕犹如VIP包厢。

4.南2片：被通过性交通干扰的大祖祠正面广场（图22-11至图22-12）。

（1）该片有4个活动口袋：大祖祠前埕、诰驿前埕、公园路自建房底商和大祖祠东侧民居院外棚架条凳。

（2）诰驿前埕较为消极，原因有二。其一，诰驿较戏台后退，且诰驿与戏台间有香炉阻隔，造成局部负空间。其二，诰驿为南音习练场所，一周三次，非习练时间，诰驿闭门，该处冷僻，仅偶有逛累了的游客坐在门前石阶上休息；习练时间，诰驿前停满南音学员的电动车，阻隔了诰驿与广场的关系。

（3）商业最易改变空间氛围。公共卫生事件结束后，公园路自建房底商开门营业，桌椅向诰驿前埕延伸，打破诰驿的高冷气氛。

（4）大祖祠东侧民居院外棚架条凳，经常有阿姨、妈妈闲坐，热情招呼路过行人一起坐坐，但陌生人多半感到该条凳是私人的，未免腼腆。同样是商业作用，该民居出租作餐饮后，院子为户外就餐区，院外条凳成候餐区，公共性提高。

（5）棚架条凳与大祖祠院埕直角围合，妈妈、阿姨晚饭后在此跳广场舞。但由于公园路常有电动车、摩托车通过，广场舞人群不免需保持公园路段净空。

大祖祠广场的分片区性质，在正月十五尊王公割香（刘香）巡境前数日广场上的排练活动中尤为显著（图22-13至图22-14）。2023年

241

正月，广场上的巡境排练包括：舞龙、三太子、锣鼓队。舞龙是重中之重，人数多、龙身长、队形多变，他们的排练空间以广场南片区为中心，向北2延伸；三太子占有的排练场地为广场北1片向北2片延伸；锣鼓队坐在北2片大祖祠西侧门台阶和条凳上练习，聚集轮击的、指导的、提供饮水补给的、围观的，七嘴八舌，好不热闹。尊王公巡境是大社的最大节庆，巡境仪式所需的抬神轿、举幡旗、舞龙、击鼓等，全都是体力活，需由年轻人承担，便自然而然地有了民俗的传承。一天的巡境，需连续数个夜晚在广场上排练，鼓声、锣声、吆喝声、呐喊声，使人们安心共同体的存在。

日常的大祖祠广场（图22-15），每日傍晚到晚饭后是其最热闹的时段。放学后的小朋友在广场上恣意奔跑、骑自行车、溜滑板车；青少年在追逐中跃上戏台，又旋即跳下；大一点的孩子坐在戏台前缘说话，小腿空悬；大人们斜倚着大祖祠西侧条凳或戏台前大水井基座，闲看孩子们嬉玩，或在近祠后路的条凳和茶桌椅处泡茶；阿姨、妈妈在大祖祠门前跳广场舞，饭后登场。"好日子"时的大祖祠广场，婚庆活动轮番上阵。广场响起了搭棚支架的碰撞声，充气红拱门立了起来，接着是司仪的刻意幽默和婚庆乐曲，乐曲间歇处是杯觥交错声，婚席结束后又是拆解大棚的支架碰撞声。

与广场的日常幸福并行的，是大祖祠所欲彰显、传承的荣耀与价值。陈氏海内外子孙返里寻根谒祖，在大祖祠听闻先祖圣贤事，强化陈氏宗亲的身份认同，继承遗志捐款兴办当地文化教育事业，投资参与祖国建设，为振兴中华作出贡献。

因此：

保护大祖祠广场的大社中心角色，避免加法建设，除非该建设能促进正公共空间（positive public space）。

（1）南2片：基于南音的清雅，维护诰驿前埕偏于安静的性质，规范停车，并于正立面墙边设置条凳，使人因舒适度的提高而定静闲坐，而非坐立不安；

（2）南1片：亦于戏台下设置条凳，使该片区的活动口袋不致过于集中在西侧，提高活动口袋的均衡分布；

（3）北2片：尊重夹角院埕的商业经营愿望，如欲闹中取静，可在砖墙内外布以浓密绿植，并在砖墙外侧设置条凳，一方面以隔墙有耳形成鸡犬相闻的半相连；另一方面创造北2片西侧带有绿意绿荫的小活动口袋，并以条凳朝向促进北2片的正空间。如欲与广场相连，除移除院墙内侧盆栽的阻隔，可进一步去除铁栏杆箭簇，于砖墙外侧设置低矮绿植以柔化砖墙，并增加开口以提高连通性。

✿　　✿　　✿

大祖祠广场是超越**角头**[20]的具有全大社共同体意义的地点，与此对应的全共同体活动，非**正月十五割香**[23]莫属……

✡ 23 正月十五割香

共同体的团结动员

正月十五割香尊王公巡境

来源: 林世泽摄《集美大社迎圣王》,引自: 陈呈编著《集天下之大美: 中国·集美全国摄影大展作品集》,2011

……角头械斗和泛神信仰的大社中, **祠堂**[*21]也是宫庙。其中, 二房角祖厝尊王宫的正月十五割香, 与**大祖祠广场**[*22]共同起到团结**角头**[*20]的作用。

❧　　　❧　　　❧

正月十五尊王公割香巡境，是覆盖集美社全境的民俗节庆，既是社会规范价值的彰显，也是共同体动员的文化传承，还是地方政府介入移风易俗的前沿阵地。

割香，或作刈香，指一种庙会活动，是去祖庙分香火回到社里，或庙宇中分灵出去的神明在祖庙主神诞日坐着神舆回庙谒主，并绕境巡行。集美大社的正月十五割香，则是尊王宫的主祀神、陪祀神出庙巡境集美社10个角头，各角头信徒在接香点祭拜。以当今语境，有境主公下基层"拉练"之意。

尊王宫（图23-1）主祀神有三，即护国尊王（尊王公）、三尊王和陈府王爷，尊王宫的香案和符纸都同时呈现这三尊神。陪祀神有尊王公夫人与妹妹、黑面祖师、妈祖，但妈祖只有牌位没有造像。为了比较深刻了解集美割香，有必要认识三尊主祀神。

护国尊王王审知

二房角祠堂所祀的护国尊王为五代十国的闽王王审知（862—925）。五代十国是大唐崩溃后，华夏重新进入大分裂的时代，五代指位于中原的中央政权的更迭；十国指中原周边的藩镇割据，或自立为王，或仍奉中原为天朝。从907年大唐灭亡到960年赵匡胤建立北宋的53年间，中原更迭了5个朝代14位皇帝，其中后梁16年、后唐3年、后晋10年、后汉3年、后周9年，平均一位皇帝在位不到4年。在这个政治中心混战夺权的短命王朝时期中，王审知治理下的福建却得到30年的安定繁荣，后世奉祀为神。

王审知为光州固始县（今河南固始）人，在唐末乱局中，兄弟三人（王潮[1]、王审邽[2]、王审知）投奔王绪[3]。时王绪大部队为了避免与秦宗权[4]正面交战而南撤，经安徽、湖北、江西进入福建漳州。由于不适应异乡水土，且一路剽掠，与所到之处的民众关系紧张，无法落地生根，便计划取道泉州北返。此际却因内外机缘，导致王氏兄弟入主泉州。内

1　王潮（846—898），谱名审潮，字信臣，淮南道光州固始（今河南省信阳市固始县）人。唐末任固始县佐史，与弟王审邽、王审知皆才干出众，并称里中"三龙"。后带领光寿军在福建征战，官至检校尚书左仆射和威武军节度使。是五代十国时期闽国的奠基者。

2　王审邽（858—904），一作王审圭，字次都，淮南道光州固始县（今河南省信阳市固始县）人，王潮之弟，王审知之兄，曾任泉州刺史，去世后，由其子王延彬继任泉州刺史。

3　王绪（？—886），寿州（今安徽省寿县一带）人。唐中和元年（881），占据寿州，攻陷徐州，自称将军。秦宗权奏请朝廷任命王绪为光州刺史。885年，秦宗权向光州刺史王绪勒索租赋，王绪不能满足秦宗权的要求，秦宗权发兵攻打王绪，王绪南迁。因要求参军王潮三兄弟抛弃老母，王潮与之力争，王绪愤怒，欲斩杀王潮之母，诸将力谏方免。王潮内心不服，怒与前锋将军合谋，发动兵变。王潮自立为元帅，命众武士将王绪捆绑，掷于帐幕之下。王绪不堪受辱，自杀。

4　秦宗权（？—889），河南郡许州（今河南许昌）人。广明元年（880）黄巢起义入关，次年秦宗权从蔡州监军杨复光征讨黄巢。883年，黄巢进入河南，秦宗权迎战而败，降于黄巢。黄巢被杀后，秦宗权纵兵四出，所克州县无不焚杀掳掠，"西至关内，东极青齐，南出江淮，北至卫滑，鱼烂鸟散，人烟断绝，荆榛蔽野"。885年，秦宗权据蔡州称帝。888年，朱温汇集重兵进攻蔡州。889年，秦宗权被朱温槛送长安，唐昭宗下令将其斩首。

因是王绪部队兵变，王潮被拥为帅，整顿军纪；外因为泉州乡绅张延鲁[5]等追至沙县，请求讨伐残暴无道的泉州刺史廖彦若。王潮部队攻入泉州城，处死廖彦若，向福建观察使陈岩[6]表达归顺之意，获陈岩保荐王潮为泉州刺史、王审知为副使，于是开启了王氏兄弟带领中原大部队结束大迁徙、放弃北归定居福建的序曲。

唐大顺二年（891），福建观察使陈岩病逝前，请王潮去福州继任。但范晖[7]篡权自立，王潮派王彦复[8]和王审知攻打福州，在景福二年（893）终于拿下福州城。同年，唐昭宗封王潮为福建观察使，王审知为观察副使，王潮成为福建境内拥有朝廷任命的最强武装力量，最终统一福建。乾宁三年（896）九月，李唐朝廷升福州为威武军，任命王潮为威武军节度使，但王潮在翌年十二月病逝。临终前将治理福建的重任交给三弟王审知，二弟王审邦留守泉州。几个月后，朝廷正式任命王审知继任威武军节度使。从893年王潮受封福建观察使到925年王审知病

5　张延鲁（830—922），张氏的开闽始祖，祖籍河南光州固始县。因联系王潮军队讨伐泉州刺史廖彦若，开创泉州50余年相对安靖、繁荣的局面，成为泉州地域载入史籍的张氏第一人。

6　陈岩（848—891），字梦臣，生于黄连镇（今建宁县）。唐乾符五年（878），朝廷通令全国乡村"置弓刀鼓板"，以阻挡农民起义军入境，陈岩的队伍"九龙军"，镇守黄连镇。黄巢起义军入闽，福建各地武装都被打败，唯九龙军独存。黄巢起义军攻占福州，陈率部前往支援福建观察使郑镒收复福州。884年，陈岩继郑镒任福建观察使。891年，病故于福州。

7　范晖（？—893），唐杭州钱塘人，福建观察使陈岩妻弟。昭宗大顺二年（891），陈岩卒，范晖说服将士推举自己为留后。893年，泉州刺史王潮攻陷福州，范晖弃城而逃，途中被部下杀死。

8　王彦复（856—894），又名宗辉，字文光，王审知的堂弟。

逝的三十多年,福建地区得到政治安定和社会全面高速发展。

王审知对福建的贡献在以下四个方面:

1.确保政治安定

(1)正当性方面,王氏兄弟的主政期跨越唐末和五代,王审知选择"宁为开门节度使,不作闭门天子"的政治原则,不与中原朝廷分庭抗礼,并且通过朝廷册封加爵积累闽国正当性。

(2)外交方面,与福建相邻的南汉、吴越结盟交好,避免地缘战事,并在必要时可以互相支援。

(3)军事方面,加强防御能力,在福州建罗城和夹城,境内各州修葺城池,边关要隘建军事堡垒,以有准备。

(4)内政方面,轻徭薄赋,与民生息,废除苛捐杂税,建立流亡百姓的还乡机制,譬如"流民还者,假以牛犁,兴完庐舍",使老百姓不再颠沛流离,而能安心居住和生产。

2.促进农业生产

(1)在平原处兴筑农业水利设施,以利灌溉,扩大良田面积。譬如,兴建南安九溪十八陂和万人川、晋江池店六里陂,疏浚福州西湖,兴修莆田太和塘等。

(2)在沿海处建堤防潮,围海造田,譬如福清祭苗墩海堤、长乐海堤、晋江陈埭、宁德霞浦赤岸。

(3)改良农业生产,包括引进水稻品种、推广一年两作、改善犁具、垦荒造田、山坡地建梯田等,并鼓励种植经济作物茶树。

3.发展海洋贸易

(1)为了绕开闽国西北吴国的威胁干扰,开辟福州甘棠港,以建立向朝廷纳贡输诚的水上通路，并与泉州港共同支撑闽地与中原、山东半岛、辽东半岛、岭南地区的互市，以及北到朝鲜半岛、日本，南到交趾（今越南北部）、占城（今越南东南部）、真腊（今柬埔寨境内）、暹罗（今泰国）、三佛齐（今印尼旧港）等的国际贸易。

（2）海洋贸易为福建带来商品经济、港口经济、港口城市、契约精神、生产分工、手工业、造船业等的巨大发展。

4. 吸纳人才与技术

（1）当初王绪部队南撤，并非军队移防，而是携家带眷、数万人规模的中原避祸集团，成员包含士农工商各方面人才，为王氏兄弟所用，为福建的政治治理、基础建设、农业增产、手工业、奢侈品业、商品交易、海洋贸易、教育文化、社会制度等，投入知识、技术与创新。当中原进入政权频繁更迭的五代时期时，王审知已主政福建多年，使之进一步成为中原公卿名士向往的移民之地，史家钱昱（943—999）赞曰："怀尊贤之志，弘爱客之道，四方名士，万里咸来。"

（2）作为外来政权，王审知不仅善用随迁人才，对中原招贤纳士，也大力起用本地人才。他一方面吸引在外地或在中央朝廷为官的闽籍人才回闽，另一方面礼聘和重用福建本土人才。

（3）为产生人才聚集效应，设立招贤院筑巢引凤。为培养本地人才，兴办教育，以"四门义学"向全社会普及文化教育，恢复已遭破坏的地方儒学，要求府县官员"广设庠序"，做到州有州学、县有县学、乡村有私塾，使福建出现"千家灯火读书夜"的盛况。

王审知执掌福建29年，《旧五代史·王审知传》说他："起自陇亩，以至富贵，每以节俭自处，选任良吏，省刑惜费，轻徭薄敛，与民休息，三十年间，一境晏然。"他去世后，后唐朝廷追谥忠懿王，赐神道碑。三年后，其二子王延钧将王审知、任氏夫妇灵柩从原墓迁出，合葬于福州北岭莲花峰，设寺庙为之守墓。同安则有百姓为他建衣冠冢，宋太祖建隆四年（963），在此建广利庙纪念。宋开宝七年（974），福州刺史钱昱奉旨重修忠懿王庙。既有官方建庙纪念，又有民间神化，王审知逐渐成为福建民间崇拜的主要神灵之一，被尊为护国尊、八闽人祖、开闽王、开闽第一、开闽人祖、肇功闽祖等。

陈府王爷陈文瑞

集美自明嘉靖甲子（1564）到清光绪乙酉（1885）的322年间，仕进共10人，其中举人2人，武举人4人，岁贡4人。两位文举中，进一步中进士并为官的，仅陈文瑞（1574—1658）尔。故知在学而优则仕的传统中，陈文瑞之于集美陈氏是光宗耀祖、泽被子孙的存在，不仅被奉祀于陈氏大祖祠，且以二房角祖祠主人的身份与尊王公一起割香巡境。

陈文瑞出生于集美社二房角，原名九宫，入学后改名应萃，字文瑞，晚年别号同凡。明万历戊午科（1618）中举，时年44岁；明天启乙丑科（1625）中同进士[1]，授江苏省苏州府吴县知县兼考试官，时年51岁，故有"迟暮登第"之称。

陈文瑞在吴县任职五年，文献对他的描述是：认真勤谨，为官清廉，

1　明科举选士分三等：一甲三名，状元、榜眼、探花，赐进士及第；二甲若干名，赐进士出身；三甲若干名，赐同进士出身。

不畏权贵，执法公正，刚正不阿。此从陈文瑞在"七君子之狱"中的表态得见。地方志[44]83对陈文瑞事迹的记载是："周顺昌罹珰祸[2]。义民颜佩韦等数万人以激捽缇校[3]，文瑞护周出镜，复捐俸倡助，为输所诬脏，仍抚恤其家，苦心调解，郡人默受其惠。及佩韦等首事人被诛，为葬而立之石曰'五丈夫墓'。吴人有'金刚手菩提心'之谣，前后疏荐卓异者三。竟以不乐逢迎致仕归，卒年八十有四。"即在明熹宗天启六年（1626）魏忠贤迫害东林党的"七君子之狱"事件中，吴县周顺昌为七君子之一，周被押解离吴时，陈文瑞尽量斡旋维护周及其家属在吴县境内的安全；当声援周的群众带头人颜佩韦等五人被杀时，陈文瑞出面为颜氏等安葬，并亲题其墓碑"五丈夫墓"。陈文瑞既不从属东林党，也不畏权倾朝野的魏党，显示其刚正的独立人格。

陈文瑞仅任职五年便辞官归梓。他上任时赶上魏忠贤权力最集中、对异己迫害力度最大、范围最广的时期。1627年熹宗驾崩，崇祯帝朱由检（1611—1644）即位，随即迎来魏忠贤末路，但陈文瑞却辞官了。地方志的界定是"不乐逢迎致仕归"，想见即使魏忠贤已死，但官僚体系的党争沉疴一时难愈，不参与党争、独立行事的陈文瑞只得归去。而从陈文瑞返乡路径的选择，也反映出他的清廉。辞官时，崇祯为嘉其清廉，御赐"尊亲堂"匾，匾上盖有玉玺，如圣旨，逢州过县者须设香案迎送。陈文瑞不愿惊扰地方官民，便由吴县雇舟，由水道返乡。

2　后汉明帝始用宦官管理内宫，宦官饰以金珰，后称宦官为珰。明用宦官监税，称税珰。

3　缇校：押解官兵。

三尊王王审义

依据尊王宫庙公所告，三尊王为王审知的弟弟。但王氏三兄弟依序为王潮、王审邦、王审知，王审知排行第三，其下无弟，三尊王究为何人？经大社民间历史学者陈进步先生解谜：陈文瑞为庠生时，曾与同安诸生十人结为会友，称"十人会"[44]87，互相切磋。其一王润生，与陈文瑞同年中秀才，仅三年中举，陈文瑞却屡试不中。王润生的家谱记有祖先王审义为王审知堂弟（族谱未叙王审义），咸认王审义保佑王润生中举，陈文瑞便将王审义迎回家祭拜，祈早日登科。王审义是为三尊王。

民间信仰的社会性

从上述可知，尊王宫的民间信仰是社会性的，即所祀神明的事迹代表着官、民认同的社会规范。它也是共同体的，一年一度的割香巡境是村社信仰共同体的内部动员。它还必须是超验的，老百姓的信仰是利己的，对于所信神祇多是口耳相传的概括性认识，并不会去收集、考据、怀疑神明的来龙去脉，他们更感兴趣的是关于神明的传闻是否灵验，以什么方式显灵，神明传递了什么信息，是否对信徒有求必应等。

灵验是民间信仰最重要的指标，反映在还愿。还愿必须是外显的表达，通过演木偶戏、人戏或给神明换新装[1]，感谢并彰显神明的灵验。演戏要张榜芳名录，给神明换装则在神明胸前披戴书有"弟子（或信

1　受访庙公接管尊王公庙迄今17年，大约每五年有一次信徒还愿换装。

女）某某答谢"的绶带。给神像换装，信徒可献上局部衣饰，如外衣、顶冠、披风，也可内外全套换装，各有制作厂家，也有一条龙承包的，涉及神明衣装产业链，大多在同安。换装仪式需在正月十五前（当然是穿新衣去巡境），筊杯请示神明是否同意换装、是否同意某某日换装。换装时紧闭庙门，只许男性处理。一方面因神像大而重，男性更有体力；另一方面，闽南民间信仰的诸多仪式本就排除女性。

因此闽南民间信仰与神明的关系，既有敬畏也有日常的亲近，犹如邻居。或者也可说，闽南民间信仰是对人的世界的神的演绎，因此具有动态的、与时俱进的、流动的、人间的特质。例如，尊王宫也称"船灵公庙"，却没有人能解释与"船"何干。庙公认为船灵公庙是误译，"尊""船"乃闽南方言音重浊之差，人们以"尊灵公"表达对尊王公更为亲近的昵称，以及对灵验的殷切期盼，船灵公庙应为尊灵公庙也。

既然神明具有人格，尊王公等神明便也有自己的生活。每年农历四月，尊王公、三尊王、祖师爷一起去岑头的境主庙[2]——南天堂[3]小住，南天堂派人来接，并请来木偶戏演给神明看。陈府王爷和陈夫人素来不参与岑头南天堂之行。2009年农历四月，庙公考虑修缮屋顶，便有意请陈府王爷和陈夫人一道移驾南天堂，请来乩童请示，不料起乩拍案喝曰："你有本事修就修，没本事就不要修！我是这里的，我哪里都不

---

2 "境主"之名称可溯至福建的行政区划，自元代以来即有境、铺、都、社等划分，通常一铺分为若干境，各自有对应的信仰神祇。一境所祀地方管辖神称为"境主"，该庙宇即为"境主庙"。

3 建于南宋建炎年间（1127—1130），1997年重建。两进三间，有前埕。供奉苏府王爷、考监官和土地公。

去!"这倒启发出一个问题：既然神明移驾需尊重其本意，尊王公是怎么来到二房角祖祠定居下来的?

结合陈进步先生和庙公所提供的信息，尊王公本为内头林柄陈氏供奉[1]，该社或因瘟疫导致人口凋零，集美陈氏便将尊王公迎到龙王宫供奉，与龙王宫所祀开漳圣王一同割香。当大社有人有求于尊王公，就把尊王公迎到大社居民家中，做完法事后敬送回龙王宫。有时迎来大社，大家蹭个方便迎到这家拜、迎到那家拜，慢慢地就懒得送回龙王宫，暂厝大祖祠西侧的大厝。"文革"期间，神像被烧毁。改革开放后，乡人以华侨名义于1986年重塑神像。通过乩童通灵，尊王公选址二房角祖祠，于是二房角祖祠演变为尊王宫，而尊王宫自然而然地由原主人（陈府王爷陈文瑞）、原主祀神（三尊王王审义）、新入驻但地位更为崇高的主祀神（尊王公王审知）共同坐镇，一起割香巡境。

正月十五割香

正月十五护国尊王割香（**图23-2至图23-11**）。前一日请同安道士前来做敬，敬告神明次日出巡。当天一早，同安道士前来拜天公，供桌上有纸扎的天公坛和供品，供品按重要性自左到右为：猪头猪尾、发糕、三牲、红龟粿、五果。接着起鼓，把神明请到大祖祠广场，广场上有各角提供的舞龙、舞狮、舞麒麟、三太子、官将首、腰鼓队等阵头，随后启程。巡境队伍以先锋阵开路，举着肃静牌，具有开路、引导、通报的功

---

1 按林翠茹记述："尊王公原是许厝社的祖佛，后许厝社废了，集美陈氏将尊王公迎请到集美社里供奉。"[4]

能。接着是阵头，有旗阵、舞龙队、锣鼓阵、官将首、三太子等；旗阵乃一角一旗，共十角十旗，角旗按巡游路线排序，据说旗手必须是上一年刚结婚或刚育有男孩的青年。再者是神轿和幡盖，大体按黑面祖师、陈府王爷、尊王公妹妹、尊王公夫人、三尊王、尊王公顺序(三尊王神像较小，放在尊王公怀中)，顺序似未严格，但一定以尊王公压阵。跟随巡境的是持香的村民队伍，几乎是全社出动，无分老少。

2023年的巡境路径是：二房角(大宗祠广场)—岑头角南天堂—(集美学村门牌楼)—郭厝角—(龙舟池)—渡头角(停车场)—后尾角(归来堂)—向西角向西宫—上厅角—塘塭角—清宅尾角(浔江路)—大社新村—内头角。各角头需派壮丁到上一角头接神轿，当神轿到达

2023年，正月十五割香巡境路线　　来源：刘昭吟、张云斌绘

时,鞭炮齐鸣(2023年严格禁放),神轿绕行接香点数圈,抬轿壮丁踩着四方步,一边摇摆神轿一边疾步前行,颇有彰显神力的仪式感。各角信众将供品、香、金纸摆上接香点的"香桌",烧香祭拜,燃烧金纸的烟雾足以伸手不见五指。此外,各家门口皆置备有红薯、稻梗、黄豆芽、水,是为尊王公的兵马所准备的粮秣。

这些仪式、阵头、装置、器物并非完全固定,割香仪式的主办者会从他处做醮中汲取灵感,增改自身的仪式。但不变的是:这是一个复杂的组织动员过程,各项准备工作如请同安道士、抬神轿人员、各个阵头(譬如舞龙由二房角提供,三太子由后尾角提供)、供品、路线、时间、香炉、金纸炉,以及接香点的布置等,不是一个活动公司一条龙包办,而是10个角头的协商和分工;所需人力,也不是出动信众烧香拜拜即可,而要依据不同分工和仪式的要求,去发动各角族亲出钱出力。在割香的组织和参与的忙碌中,在自己角头的接香点的祭拜中,人们对共同体血脉的确定堪比基因测序。然而,经济发展和城市化总是对村社传统具有一定的冲击,譬如以外聘阵头取代自身的习练。

但移风易俗始终是时代命题,是传统与现代、草根与政府管理交涉的前沿。例如,过去陈嘉庚以乡贤身份倡导节约礼俗、不搞封建迷信。1980年代大祖祠重修时,宗亲会向地方政府承诺不拜神佛,规范民俗活动。尽管大社在多年以前即已被列入禁止燃放烟花爆竹区域,但放鞭炮是割香巡境的重要组成,无法真正禁止;2023年春节期间,大社上空的无人机持续巡回宣讲禁燃并监控,使得仍然十分重视传统节庆、具有浓浓共同体氛围的集美大社,经历着带有遗憾的除夕守夜、初五开市、初九拜天公和正月十五割香。

因此：

政府的介入能移风易俗，也能助力村社传统习俗的保存。鉴于经济高速发展本身对于传统习俗已形成足够的冲击力，政府管理部门移风易俗手段宜缓宜柔以降低冲击，例如允许割香在规定的炮炉中放炮，或使用鞭炮音频，而不是一刀切的禁燃。同时，由于民俗本就具有与时俱进的流动性，允许阵头作为校本课程或课外活动的内容，将使年轻人通过接触阵头仪式认识其社会性内涵，从而引发民俗创新和爱乡情感。

❀   ❀   ❀

正月十五割香堪称共同体的动员，一年一次，组织动员体现出快速响应、高凝聚力的特征。反之，共同体的日常组织和管理着重细水长流，包括**祠堂**❀21、**大祖祠广场**❀22、**共有地**❀24……

✡ 24 共有地

私有与公共之间

画面背景自建房为私有；前景嘉庚公园为集美校委会管理之公园；中央处停车场一说渡头角共有，一说为校委会所有，供渡头角共用

来源：刘昭吟摄

……从传统村社的血脉集体性（**角头**[20]，**祠堂**[21]，**正月十五割香**[23]），历经学村共治（**学村办事处**[19]）、地方自治、公社集体化再向现代社区过渡的**集美大社**[18]，仍保有不同程度的集体所有房地，其管理水平是反映集体治理能力的一面镜子。

❖　　❖　　❖

居民自建房之外的土地为不同程度的集体共有，随着国家建立公共治理体制，私有化和公有化较弱的共有地易生公地悲剧（the Tragedy of the Commons）。

大社私人建房之间——道路、公厕、祠堂、宫庙、大树、市场、公业基金之房产，是共有地集体治理的所在，以不同的进程融入城市化公共治理。如同城市和区域发展的规律，道路建设是开发的基本物理条件，治理亦然，无论是宗族集体治理、合作社集体治理或城市公共治理，都是沿道路展开的。（图24-1）

道　路

从道路说起。早期的集美道路为自然形成的乡村土路，其中，最主要的联系外部的道路是同安至集美的古道，于清代起着驿道作用，经集美递铺[1]——诰驿，在集美渡头过海至厦门岛的高崎递铺。古驿道在集美段旧时称为"大路"，以集美社为坐标，通往孙厝和浒井。1920年代的学村道路建设，将屋宅之间的空地拼接相连，并拓宽驿道北段，向南延伸至延平楼。1950年代战后重建时，改造学村道路，"大路"拓宽、填平、取直，铺筑条石与红砖相间的路面，称为"大社路"。此时期大社

---

[1]　古时传递公文的机构。

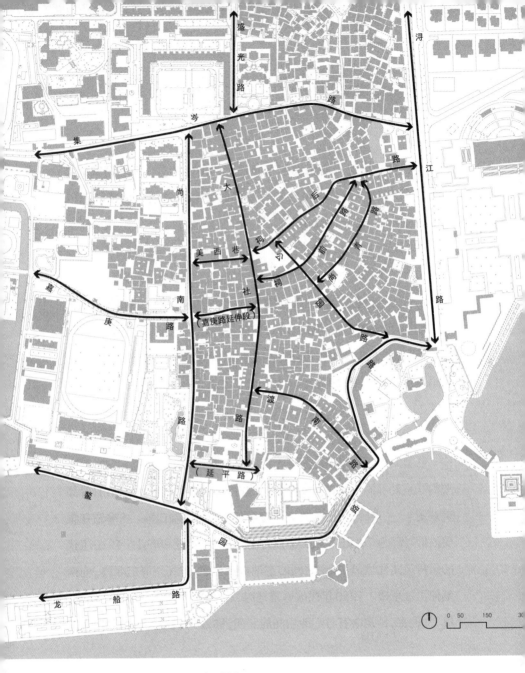

集美大社的道路　来源：张云斌绘

1950年代后集美学村道路情况表

路名	长度(米)	面积(平方米)	道路修筑时间	路面结构	明沟修筑时间
大社路	1000	3000	1958年以前	平铺条石、红砖	1950年代
祠前路	300	900	1958年以前	平铺条石、红砖	1950年代
祠后路	400	1200	1958年以前	平铺条石、红砖	1950年代
尚青路	300	900	1958年以前	平铺条石、红砖	1950年代
公园路	400	2300	1958年以前	平铺条石、红砖	1950年代
渡南路	400	1200	1958年以前	平铺条石、红砖	1950年代
浔江路	500	1500	1958年以前	平铺条石、红砖	
集岑路	1000	3300	1958年以前	平铺条石、红砖	
尚南路	800	4400	1960年	土路,1983年改条石	1950年代
嘉庚路	1000	5500	1958年以前	平铺条石、红砖	1973年
鳌园路	1000	5500	1958年以前	条石	
龙船路	1000	5500	1958年以前	条石	1983年
岑头街	200	600	1958年以前	平铺条石、红砖	1950年代
岑东路	1000	5500	1963年	土路,1983年改条石	1978年
岑西路	800	4400	1922年	1983年改条石	1983年
石鼓路	420	720	1958年以前	平铺条石、红砖	1983年

资料来源：厦门市集美区地方志编纂委员会编《厦门市集美区志》，2013:103.

范围修筑了大社路、祠前路、祠后路、尚青路、公园路、渡南路、尚南路、浔江路、嘉庚路、鳌园路、集岑路等。[43]102-103,[124]310,[229][231]

排 水

与道路建设同步发展的是排水系统。由于集美学村地形北高南低、中高东西低，雨水和生活用水通过水沟直接排入海中。1950年代建设大社路、祠前路、祠后路、尚青路、公园路、渡南路、尚南路时，集美社同时建成8条明沟[1]。其后，1973年建嘉庚路明沟，1978年建集岑路、鳌园路明沟和横穿暗沟。1990年代开始建设专用的排污管道，实行雨污分流。[43]110

浴　厕

与排污息息相关的是厕所。集美社的厕所原是私家露天粪坑，1925年陈敬贤展开旧厕改造，改建公厕，粪池肥料为该地段废除私厕的住户共有，但该计划以公地悲剧收场。[236] 1950年代陈嘉庚主持战后重建，填平集美学村内所有的私人茅坑，分地段建公厕76座，雇专人保洁和定期消杀，并由镇政府管理全镇公厕和各校厕所的水肥出售。此外，他还定点建设大垃圾箱，改变居民房前屋后乱倒垃圾的习惯；组建清洁队，定期消毒井水，天天打扫环境，清运垃圾和清洗公厕[43]112,[237]。1980年代末期，集美镇清洁队改制，纳入国家事业单位编制，全镇公厕分期改建[236]。可以说，公厕的产权特征在1920年代是局部共有，1950年代以后集体化，1980年代末期以后进一步公有化（可达的公厕）。[29]

至于洗浴的需要，鉴于当年住屋没有卫生间，生活用水依赖井水，陈嘉庚在水井旁修建一列浴室和洗衣池,结合道路建设辟建排水沟道。1980年代修建自来水管道供水入户，生活用水不再依赖私有和共有并存的井水系统，浴室成为新式住宅的家庭私密设施；而在自建房建设潮中,不少水井被填埋,公共浴室也成为宅基地[238]91。

1　彼时大社路为双侧明沟,其余6条路为单侧明沟。

古　树

相对于道路、公厕与环卫的公共化，古树、水塘、祠堂和屋业则未加公共化，仍为集体所共有。集美大社列册的古树名木有二，皆为榕树，一株位于渡南路9号，至2013年登记树龄120年，树高10米，胸围310厘米，冠幅17米，被建筑物包夹，生存状态堪忧；另一株位于大社路130号旁，又名"天路尾榕"[123]70-71，至2013年登记树龄260年，树高12米，胸围470厘米，冠幅22米，以"盆景"法保护，造成树木的孤立。

大社的两株古树名木　　来源：张云斌摄
（1）渡南路古榕，被居民建房包夹　　（2）天路尾榕，盆栽式保护

水　塘

　　水塘曾是依地形自然排水的汇集池兼鱼塘，由于集美大社西高东低，排水向东流经水塘排入东海[124]324-327，水塘也在汛期起到调蓄池作用。依据1933年《福建私立集美学校全图》和1965年航拍图显示，大社东向范围有6个水塘，如今只遗2个水塘，一个在鳌园内，一个在二房角与塘垾角交界处，在近年文创风潮中被命名为"清风池"。回顾历年航拍图，可见自建房紧贴清风池兴建。在2016年集美街道主导的

清风池

(1)1965年航拍地图,池南侧似为稻田

(2)2009年航拍地图,自建房贴着水塘边缘兴建

(3)2016年航拍地图,改造后的清风池形状

(4)阻碍亲水的栏杆　　来源:刘昭吟摄

(5)宣传灯箱,夜间的光污染　　来源:刘昭吟摄

改造中，为留出沿池步道，清风池成为边缘直线条、栏杆及胸高、可观不可亲的水池，单调、呆板。继而在2024年为嘉庚诞辰150周年的准备中，街道在沿池房墙上新设嘉庚事迹灯箱，导致夜间行经清风池时深受光污染的影响，很难想象周边居民的入夜感受。

公 业

共有的房屋在大社被称为"公业"，其类型有血脉体系持有的 ❀21 **祠堂**、集美社公业基金持有的"屋业民房"，以及房亲持有的其他公业。大社所称"屋业民房"，是陈嘉庚战后所建，分配给无屋或少屋家户的解困房。经过两次战争，集美社民屋破损倒塌计200余家，陈嘉庚制订解决族亲住房困难之办法为："甲、屋身破损尚可修理，生活略得维持者，我给以一切材料，大小工由他自理，计有六七十家；乙、屋身破坏可以修理，而赤贫者，则工料一切代办，亦数十家，现尚有多家未办到；丙、全屋塌成平地，约一百家左右。兹拟全部改建新式住宅，如新加坡住宅一样，大半已开工，按秋后可以完竣，然均为平屋未有楼层者。"[2]61-62 其中，丙条所指的"新式住宅"即是俗称"屋业民房"的解困廉租房，为联排平房，每幢套数依据地块规模而定，共计18幢118套[124]324-327，每套50平方米，厅屋、卧室、厨房、储物间各一间，并有天井通风采光。

解困房于1954年建成，属集美社公有产业，称"屋业"（图24-2），初由集美学校建筑部管理，后划归集美社公业基金管理，以公业基金名义与出地者和承租户分别签订使用权协议。协议规定：出地者得免租；按生活困难情况定租金级别；房屋用途限于居住，不得作营业或其他目的使用；不得转租、分租或顶让他人；天井不得搭盖；无居住需要时，交回公业基金收管等。[4]168-169,[239]由此显见，屋业民房是一种合作建设、集体持有的廉租房。"文革"期间，公业基金停止活动，社会秩序断裂，1980年代恢复办公至今，一些屋业的使用权认定已然混淆。与城市公产房命运相似，长期占用、代代相传的承租户中，有将解困房改建加高的，也有成为二房东转租他者的。

此外，还有一种公业是由特定人群持有。譬如，二房角老人文化活动室，原是陈嘉庚所建蚝屋，后来二房角宗亲集资改建为老人活动室。又如，位于大社路113号的向西书房，为砖木结构平房，是向西角后裔十七世祖陈第所建造的私塾，延续至1912年陈嘉庚动员全社停办私塾、合办新学集美男小为止。该屋后来先后作为集美女子小学校的首幢校舍、集美幼稚园的第二站、集美学村办事处和抗战时集美小学分校舍使用。1949年后，向西书房经土改登记发证："1952年7月10日，同安县土地房产所有证，同字第077186号。向西角，民房，五间书房，面积0.14亩（93.33平方米），长2丈7尺（9米），宽3丈2尺（10.67米），向西角20户共有"，成为向西角特定群众的公业。[124]331-334

公地悲剧

随着城市化进程，产权光谱的一端是寸土不让、毁塘占地、填井建房、尽地而建、占空巧取的私人自建房，另一端是成为公共基础设施的道路、排水、公厕和公园内水塘，两端之间是共有性质的公业。当城市邻避设施如垃圾桶和电箱择址时，既要考虑车辆进出、装卸、维修、工作

公地悲剧标配之垃圾桶＋电箱＋停车　　来源：刘昭吟摄
（1）天路尾榕 （2）向西书房 （3）诰驿屋后 （4）渡头三柱祠堂

垃圾桶移除后　来源：刘昭吟摄 　（1）向西书房 　（2）诰驿屋后

等的方便，又不能置于**自建房**^{☆25}前，那么就只能在临街公业上择址，尤其是管理较差的公业。于是我们看到大社路的天路尾榕下、向西书房前、美西巷的解困房旁、祠前路的诰驿屋后、大口灶边柱祖祠前，以及渡南路的渡头三柱祠堂前，都成为垃圾桶＋电箱＋摩托车电动车停放的重灾区。本书成稿期间，大社进行环境整治，向西书房和诰驿的垃圾桶撤除，天路尾榕加建垃圾屋。

在同样的逻辑下，公业也是街道主导的创意涂鸦的载体（图24-3）。墙绘受到部分大社居民的欢迎，感到朝气，而且"代表政府有在做事"[1]，此言反映出墙绘是一种政绩表现。但从建筑美学的角度来看，公业多为老房子，建筑材料与营建本身是建筑之美的组成，但这个特征却因涂鸦而丧失。可以说，大社再也找不到没被刷过墙的老房子。

"共有"与"公共"的含义不同，"公共"预设对所有人开放、包容、不排他的立场，但"所有""全部"是一种没有具体对象、无脸、无个性的抽象概念，最终，"所有人"的代理人——城市管理者的意志决定了公共性。"共有"则是共同体的产权关系，共同体是具体的、有个性、有差异性的复数的人，或因血缘、或因事业、或因兴趣爱好、或因理念的纽带，共同体的公业由复数的人所共有、所共同处置、所贡献。那么，当政府的基层治理能力越来越强，再也不是皇权不下县，而是以道路、给排水、环卫、公共卫生、义务教育等基础设施覆盖共同体的共治时，共同体的公业就容易落入公地悲剧。

1　大社居民受访者之言。

因此：

城市公共设施覆盖城区传统村落的集体治理，是城市化公共治理的必然结果，但不应以共有地的公地悲剧为代价。可以公共设施的技术和管理为抓手,降低公地悲剧的发生。例如：

（1）实施电缆入地工程,梳理配电箱；

（2）实施垃圾不落地,居民按定时定点到位的垃圾车投放垃圾,使临街共有地免受垃圾箱恶臭之苦,摘除共有地脏乱差标签。即牺牲个人的方便性贡献于共同体,维护共有地,以正面形象体现共同体；

（3）老房子的山墙面美化,采取材料和建筑表面残迹相结合的艺术化方式,而不是墙绘覆盖。

✿　　✿　　✿

共有地的对立面是私有的**自建房**[25]，包括**侨房**[26]。共有地公共化的典型——**可达的公厕**[28]——则共有和公共性质兼而有之……

✡ 25 自建房
住屋与卫生

不同年代的多种自建房，包括传统民居、两层石条房和砖混多层住宅

来源：刘昭吟摄

……共同体集美大社[※18]并非平静无波，素来由于地少人多的张力（侨乡[※1]），造成建屋争地械斗（祠堂[※21]）。建屋是个体与共同体关系的空间体现。

❀　　❀　　❀

高密度、高强度的住屋，是集美大社的物理环境特征。这是私房管理的历史结果，也是陈嘉庚念兹在兹的"住屋与卫生"难题。

走进大社，立刻感到高密度、高强度带来的不适。尤其是夏季，闷热潮湿的空气凝滞在街巷里挥之不去，沙茶面味、炸海蛎饼味、人体汗味、地板返潮味、垃圾桶酸味、排水沟腐味等，混合附着在衣服、头发、皮肤上，回家后仍久久不散。

1963—1965年间，集美大社的房屋占地面积约61200平方米[3]147，数量约323栋[1]。随着新增宅基地建设，古厝前埕屋后空地加建、扩建，拆除古厝翻建、改建，迄2023年6月，集美大社建筑物占地达101445平方米[2]，房屋达1148栋，包括祠堂、古厝、解困房、公共设施、侨房、砖混自建房等[3]。其中，尽地而建的3~8层砖混自建房是大社高密度、高强度的直接原因。高密度、高强度的形成，来自体制背景、行政区划、人地关系、产权管理和民间建房行为这一组关系的变迁。

1　陈柏桦依据航拍地图统计。

2　依据CAD地图计算。

3　资料来源：浔江社区居委会。

集美大社的私房分布

(1) 1933年　　来源：福建私立集美学校全图,张云斌重绘

(2) 1955年　　来源：集美学校全图,张云斌重绘

(3) 1965年　　来源：航拍地图,陈柏桦重绘

(4) 1974年　　来源：航拍地图,陈柏桦重绘

解放前

相当长一段时间，集美社为渔村，其私房管理如《厦门市集美区志》所载："民间房屋新建、改建、扩建以及继承、买卖、析产、合建、合并、赠送和阄分、典当、抵押等，均由当事人各方协商，由家族长辈或中人商议说合，延请他人代书契据或合约，当事人、中人、代书人等，在契据或合约上签字押号，申报纳税后，加盖县令印章，即为房地产业红契。"[43]124 即该时期的私房管理既没有用地规划，也没有建设指标。

土地改革和人民公社时期

集美乡原包括兑山村、板桥村、英村、孙厝、集美社。1953年,五村中仅集美社从同安县集美乡中剥离划入厦门市，更名为集美镇，使得集美社有了建制镇属性。其后在粮食统购统销政策 1 [4]134-135 中，政府将隶属于建制镇的集美社当作城镇人口给予统销粮待遇，使得集美社民一方面按原有生计模式为生，另一方面拥有城乡二元制度下的城镇户口。但集美社的土地关系则为农村属性。

1950年6月，国家出台《中华人民共和国土地改革法》，基于地主与农民的阶级对立，对地主进行土地没收和征收，由乡农民协会接收，并分配土地给农民。1961年，《农村人民公社工作条例（草案）》出台，建立社会主义的集体经济组织，以发展政社合一的集体所有制经济。农村人民公社分公社、生产大队、生产队三级，实行以生产大队所有制为基础的三级所有制。该条例将土地视为生产资料，属于生产大队所有，社员家庭分得自留地，自留地占当地耕地面积的5%。在这个大潮中，1951年，集美实行土改。1955年冬，集美社各互助组成立初级合作社，集美大社有6个初级社，岑头、郭厝各1个。1956年春，初级社合并为"集美农渔业合作社"，即高级社，下设10个生产大队，2个副业队（码头搬运大队，集美船工大队）。1957年，集美、孙厝、凤林美等乡合并为"集美人民公社"。[44]43 集美社范围有三个生产大队：二房角、向西角归以农业、蔬菜业为主第二生产大队；渡头角、上厅角、塘塭角和清宅尾角划为以渔业为主的第三生产大队；后尾角则为搬运大队。[124]299,[238]70

这一时期体制重视的是耕地，集美实现"以粮为纲"时，不仅大操

---

1 城市居民由国家粮食部门供应"统销粮"，凡是农民都划为农村人口，由国家规定其留作口粮、种子及少量饲料的数量，多余的粮食交农业税和由粮食部门统购；农民生产的粮食不足留口粮的，其不足部分由粮食部门供应"回销粮"。

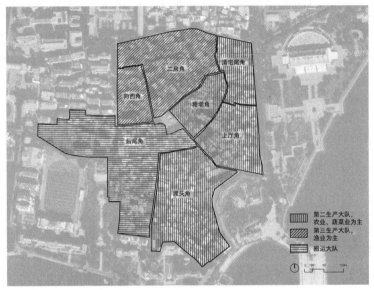

人民公社时期,集美大社按角头划分的三个生产大队

来源: 刘昭吟、张云斌绘

场、中池、龙舟池、陈嘉庚计划的集美公园(今嘉庚公园)被改造为水田
(图25-1),社员自留地也在1958年被取消[43]258,收回成为集体农地。
由于生产大队拥有生产资料的所有权,这一阶段新增了为集体经济发
展而建设的工作场地、生产设施、蚝舍、桨房和仓库等。因居住空间过
于逼仄,一家六七口居住在三四十平米的房子里,居民有建房需要,从
1955年到1974年,大社的建筑物栋数和占地面积都有所增加。居民
建房若在自家宅基地范围内,建设不受约束;若购地建房,则需向生产
大队书记申请,经书记看地批准后,到镇政府审批方可建设。由于居住
需求与土地资源之间的矛盾,住房基本是在1955年的基础上增补,地

因以粮为纲,大操场、中池、龙舟池、陈嘉庚计划的集美公园(今嘉庚公园)被改造
为水田。其中,改造为水田的中池,又于1970年代划给1972年南迁集美、更名为
厦门水产学院的上海水产学院,再次改造为水产试验池

来源:1974年航拍图,张云斌绘

块多小于100平方米,建筑形式为榉头止房[1]、单落厝。[238]70-77 例如,
尚南路与大社路之间地段,"文革"期间部分居民兴建了一批一厅四
房厝。[124]321-323

1　闽南传统民居的基本布局为"几间张几落大厝"。"三间张、五间张"住宅布局为:
　　第一进为"下落",门厅所在。第二进为"顶落"也称"上落",大厅及主要居住用房
　　所在。下落与顶落间的内院称为深井,两侧房间称"榉头"。下落前方有石坪,称
　　"埕"。若增建第三进,则称后落。住宅左右加建长屋,称为"护厝"。榉头止的意
　　思是建到榉头为止,只有顶落、榉头而没有下落,榉头山墙处建一道"墙街"即面向
　　大街的围墙。因用地所限,榉头止多没有外埕。

土地房屋确权与建设管理

以粮为纲时期的杂地和边角耕地，到了1970年代末、1980年代初，成为建设用地。尤其是杂地，较耕地更易于获得生产大队审批，且办证花钱较少。该时期的农地转用有以下多种情况：[238]77-80

1.镇政府、生产大队率先开发：

(1) 改革开放之初，集美镇将尚南路西侧的向西门口田开发为8幢6层楼房。其中临路那幢底层作粮油门市，现为浔江门诊部；二层以上是机关、企业、学校等单位的教职工住宅。其余7幢公开发售，形成一个小区。[124]321-323

(2) 原单位扩建，集美社宗亲会接手开发：尚南路北段二房山地，改革开放后由集美医院扩建为办公与门诊楼、病房楼3幢。该院并入厦门市第二医院后，由集美社宗亲会改建为2幢7层的学生宿舍与食堂，出租给集美中学高中部寄宿生居住。现为民办教育的厦门嘉华学校和福建省诚毅技术学校校园。[124]321-323

(3) 招商引资：改革开放后对华侨招商引资，大地块作为企业用地，例如现嘉庚路停车场，是1981年陈共存[1]回乡创办的星集制衣厂[43]221旧址。

2.居民自建房：

(1) 尚南路东侧自1983年，少数居民、华侨、生产大队，率先兴修

1　陈共存（1918—2015），陈嘉庚侄儿，两度担任新加坡中华总商会会长和名誉会长达20年。

建部分3~5层楼房。

（2）居民依据耕地格局建房，地块大小均等，田埂成为房屋间距。居民口头约定以田埂中心线往两边各自退让，留出2米通道。

（3）原第三生产大队建设的存放船桨的仓库后方，有一方养鱼水塘，被社员填埋建房。

（4）私房建设不仅突破边角耕地，也突破宗族风水禁忌。大祖祠前之诰驿后方地势较高的旷地，当地族亲以风水为由，不同意陈嘉庚用作小学用地，随着土改时期没收祠堂、庙宇、寺院、教堂、学校，"文革"时期破坏祠堂、焚毁祖宗神主牌，"文革"结束后该旷地也被瓜分为私房建设。[238]80

可以说，大社经历了一段抢占土地建房的混乱时期。但这不是单一事件，而是历来乡（镇）、村集体建房用地随意性大、占地乱象严重[2]的普遍现象。因之，1982年2月，国务院出台《村镇建房用地管理条例》加以约束，界定农村土地为集体所有，社员没有所有权，不得于自留地、自留山、饲料地和承包的土地上建房、葬坟、开矿和毁田打坯、烧砖瓦等，严禁买卖、出租和违法转让建房用地。要求村镇建房必须统一规划，个人建房和社队企业、事业单位建设用地，都应办理申请、审查、批准的手续。1986年，《中华人民共和国土地管理法》出台，土地改

2　中华人民共和国成立初期，乡、村农会一般利用土改时没收的祠堂或寺庙作办公和集会之所，基本上没有公共和公益设施建设。1950年代末，农村区、乡政府、人民公社开始办公楼、机关食堂、宿舍等，其建设用地无论占用耕地或荒山，均无须任何规划和用地手续，全凭区、乡人民公社领导一句话，此种状况一直延续到1970年代末。[240]（国土管理卷，第三章土地利用管理，第三节建设用地管理）

1974年与1980年航拍图的比较,边角耕地成为建设用地

来源:航拍地图,刘昭吟绘

革法随之废止,新法规定社会主义公有制的土地所有权[1],并明确必须严格按照土地利用总体规划确定的用途使用土地。随后,福建省人大于1987年出台《福建省土地管理实施办法》,对于自建房使用土地的规程和地块规模做出规定:"城镇非农业户口居民建住宅,需要使用集体土地的,由本人向居民委员会提出申请,经镇人民政府或街道办事处审核后,报县级人民政府批准"(第二十八条),以及"城市郊区、人多地少地区和城镇非农业户口居民建住宅使用集体所有土地的用地面积限

1　第六条:城市市区的土地属于国家所有。农村和城市郊区的土地,除法律规定属于国家所有的以外,属于集体所有;宅基地和自留地、自留山,属于集体所有。

额为：每人要少于15平方米，四口以下每户也要少于60平方米"（第二十九条）。

为遏制占地乱象，1987年，厦门市出台《关于城镇房屋所有权、土地使用权登记的暂行规定》，进行城镇房屋确权工作，建立双证管理制度——房屋所有权证和土地使用权证。确权时，对于房屋的不同来源——新建、翻建、改建、扩建、购买、交换、受赠、继承、析产、分割、调拨，要求交验相关证明文件。由此可见1980年代房屋建设和交易的活跃情况。10年之后，1997年，厦门市出台《厦门市土地房屋权属登记管理规定》，1987年的《暂行规定》同时废止。新规定强调"房屋的所有权和该房屋占用范围内的土地使用权权利主体一致的原则"，调整双证管理针对农村土地房屋，城镇土地房屋则颁发"土地房屋权属证书"，并且规定了1987年没有提及的"初始登记"，将翻建、改建、扩建界定为"变更登记"，买卖（不含购买新建商品房）、赠与、交换、继承界定为"转移登记"。

与确权并行的是建设管理。1987年7月，集美区土地管理局成立，私人建房由区政府统一规划和管理。1991年，区土地局在个人建房用地审批方面，规定城镇居民用地每户不得超过80平方米。[43]323 1993年，国务院《村庄和集镇规划建设管理条例》和《福建省村镇建设管理条例》相继出台，要求先规划后建设、按规划建设和房屋确权。1999年，集美区出台《集美区私人住宅建设管理暂行规定》，规定自建房的审批手续，同时，集美区的私人旧房原则上不予加层扩建；私人新房建设旧房改建、扩建原则上不得超过三层；城区范围内，则不予新批私人宅基地，鼓励村（居）民购买统一开发的统建房。2005年，《厦门市人民政府关于私人住房规划审批授权的通知》和《集美区国有、集体土地私人住危房翻修改造建设审批管理规程》出台，属于"规划建设用地范围内"国有土地使用权的集美大社，仅C、D级危房允许翻建，其翻改建的建筑规模按原性质、原基地、原规模、原层数、原高度控制标准审批，最大建筑总面积不得超过360平方米。

宅基地的分与合

1980年代以来的私房产权和私房建设管理体制下，集美大社自建房土地性质为国有建设用地而非集体建设用地，但房屋管理较类似农村宅基地。即政府主要管理自建房建设，没有提供自建房上市交易的制度；自建房只能在本村内交易，需到政府相关部门办理过户登记；如外地人购买大社自建房，则无法办理过户，交易双方承认买方的建设用地许可证。

在土地管理法实施之初，大社自建房对口的是《福建省土地管理实施办法》的"城镇非农业户口居民建住宅使用集体所有土地"规定，四口以下每户少于60平方米。1991年，大社对应的是区土地局规定的80平方米。1999年以后，属于集美城区的大社所对应的政策是：不予新批私人宅基地，鼓励统建房，仅C、D级危房允许翻建，最大总建筑面积不得超过360平方米。大社自建房的数据大体呼应上述政策控制：大社平均每栋占地规模为70平方米[1]，有的较大地块常是两兄弟合建的情况。

1　依据大社房屋CAD数据计算获得。

　　由于限制宅基地，家庭分户建房只能从自身宅基地的分割着手。原为传统大厝的，基本是按原肌理分割宅基地：主体厝身或改造为楼房，或保留为祠堂（例如渡头角祠堂和渡头三柱祠堂）；护厝由所住家庭翻建，翻建时或占用部分前埕；护厝与主体厝身间的天井（或称"深井"）或并入护厝宅基地，或转变为屋间距或巷道。[238]97-102

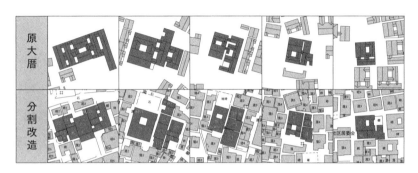

传统大厝分割改造
来源：陈柏桦《传统生活街区空间形态演变的历史考察：以厦门集美大社为例》，
2022

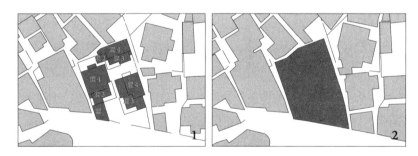

宅基地合并
（1）原为三块宅基地，2005年　（2）合并为一块宅基地，2021年
来源：陈柏桦《传统生活街区空间形态演变的历史考察：以厦门集美大社为例》，
2022

除了细分宅基地,也有合并的情况。例如,浔江路建成和鳌园旅游经济的发展,大幅提高临街建筑的商业价值,因此周边居民先后集资兴建三层以上的商住楼房,并通过宅基地合并合建的方式,创造大开间、大地块,以获得更灵活、更多元的商业使用,如超市、餐馆、酒店、民宿、汽车修理、洗车等。[238]99

自建房的形态

1970 年代后期,占地乱象中的建房形态多为石墙平屋顶、榉头止的平面布局,最初只建一层,方便家庭居住,待经济水平提高后,再往上加盖至2~3层。[238]101 传统大厝分割的宅基地,则多见砖混楼房。随着不再新批宅基地,且除非危房不审批翻改建,居民一旦获得翻建机会,便益发尽地而建(图25-2),并且"占空"(图25-3)。占空的途径有:

(1)政策出现窗口期,2012—2013 年间突破三层限制。厦门岛内城中村自建房至少6层的状况,引发大社居民不满。2012 年,政府对自建房的管制有所放开,大社经历一波抢建潮。同时,2013 年纪念集美学校百年校庆前后,许多居民为配合当地政府建设"一个中心五条街旅游休闲小镇",自筹资金新建、改建一批四五层楼,仅尚南路东侧便约40幢,二层以上自住或出租,底层作商业门面约60个[124]321-323。2014 年后再次收紧管制,目前以三层半为管制原则。

(2)房屋一层遵守宅基地边界但尽地而建,二层以上悬挑出0.6~1.5米不等,从空中占据街巷空间。

(3)更有甚者将防盗窗再向外伸出30厘米,能占尽占。

大社的占地习性其来有自。一是，集美社本就土地紧张，历来易生建房纠纷，并且持续至再也无地可占。《集美陈氏草志》记载一起侵地争论事件，发生于1988年大祖祠修缮完成的奠安仪式前、由集美区委召集的座谈会中，兹抄录如下，以得集美社建房争地张力的直观感受：

> 当日欢迎会事毕之后，集美镇委[1] 郑德发先生复召集海内外族亲，续开座谈会。其发表意见，系受上级指示，而依照陈老先生（指陈嘉庚）其生前话语办事，同为本村事业之发展。至所讨论本村首要问题，中间因涉及侵地问题，而引发争论。原因在大宗祠附近所属空地，陈老先生生前已经当众宣布，禁止在公地上建筑私有房产，但却有族亲大出先生侵地建屋。当时镇委主意以和平解决，不料当时文丰先生起立直言，却以八千元作为迁移之补偿，事前未经考虑，似有漠视实际情况，以致族内大出先生情至不满，而竟口出不逊，彼此因而争论良久。编者（即陈子君）当时坐立不安，实感愧对在座镇委，与海内外族亲。我子君此行参加大宗祠奠安礼，不是来听族内祖业之争，而我所要表示之意见，即根据镇长郑德发先生所言由上级指示，应依照陈老先生生前话语办事，且陈老先生于该公地已经三次鸣锣召集村众宣布，不得在此公地建筑民居。随即离座请大出先生对话。我话还未说出口，但大出先生过则举手示意，应曰：我已明白，不用再谈矣。语气缓和，谅其已经领悟，而不再事争论。该座谈会气氛已见缓和，主事者遂宣布散会。[241]

---

1 集美区于1987年7月6日成立，该会议于1988年召开，会议主席应为区委。

二是，1980年代的建房占地张力，也是1950年代婴儿潮的结果。自1949年到1982年计划生育实施前，人口就是生产力为社会常识。五六十年代出生的人口到1980年代正是结婚生子的年龄段，分户分房刚需巨大。三是，"文革"的时代背景恶化占地矛盾，造成乱象。近百户人家数百人口被迫上山下乡到永定县，至1973年全部返回原籍时，集美大冢外海滩土地已被凤林美村所占[44]45。土地从来就是占领和斗争的场域。

因此，当以粮为纲稍松，占地建房便伺机而动；当大社已无宅基地可分，那么把房子盖高，以分层取代分地给子女，自是建房策略。占空的急切性，也打破了逾制改建楼房的禁忌。1937年，二房角祠堂后建楼房逾制，被全乡拆除；1983年，大祖祠后西侧私人房屋出售，新业主逾制改建楼房，劝阻无效，激起全乡公愤，强行予以拆除[44]45。但如今，逾制而建不再是问题。

侵占共有地、占地打破风水、占空打破逾制禁忌，这使陈嘉庚念兹在兹的"住屋与卫生"问题难以缓解。1940年代对日抗战结束后，陈嘉庚发表《住屋与卫生》[1]，强调"卫生之根本有三项：空气、日光与清洁"，但我国人建房习惯欠缺卫生三要素："……空气少到，养气自减。屋内无日光，则细菌及害虫发生益盛。水不但有关饮食，于洗澡及清洁亦甚重要……盖自来建屋，原不注意空气与日光之需要；习惯又多畏风，故屋宅大都户小窗乏，不但空气不足，日光更难到达；厕池到处多

1　《住屋与卫生》为印刷品，没有版权页，发行年不详。但从发行单位为"南洋华侨筹赈祖国难民总会"以及标题有"战后建国首要"来推测，应是在1945年抗战结束后到1950年陈嘉庚回国定居前之间。

有，沟渠不清，垃圾积滞；水井无搁，或距离厕所仅数十步；凡此弊端，为害甚烈。"蒋维乔在弁言中指出，这不仅是个人建房习惯问题，也是公共治理问题："政府向不注意市政，任人民随意建筑，致使侵占公地，街道狭窄，沟渠不通，垃圾堆积。欲图改建，则阻碍恒生，积重难返，有由来矣。"[242]

陈嘉庚建议政府利用战后重建之机，学习新加坡导入城镇规划，设定前街后巷指标，按规划指标审批住房建设。然如其所言，"宅屋改善，大非易事"。因此，陈嘉庚提出"从简便着手"："可多开窗户，使空气日光能通达；厕池尽量缩减，并改良筑造，令蚊虫不生，沟渠垃圾，委工人负责按日清毁；水井筑栏，且需距离厕池有百步之远；他如湿地池塘，蚊虫易生；或填塞，或开沟以通流水。"

嘉庚故里，住屋公共卫生向为棘手问题。1928年，张景崧发表在《集美周刊》的《集美调查》一文记有："集美社会之公共卫生，向无注意之者，故常有疟疾天花之发生，就其房屋之建筑而言，墙壁高者仅盈丈，厅廊之陈设，均堆积废物：如鸡坿，豕圈，及家具等……窗牖缝孔甚细小，是以住房之光线，皆从满黝黑，偶逢大气温度稍高，则全屋臭气熏天。人居其中，危险至极！门外池沟通路，均堆积垃圾；厕所则露天晒日，且多就大路而筑，是以道上来往者，殆皆退避三舍。若非从早设法，后患宁堪设想。希留心路政者，积极起而改造之！"[243]

果不其然，1929年春夏，集美社暴发鼠疫，始于渡头角一带，蔓延至上厅角。1929年5月30日《叶校董请各校预防鼠疫函》[244]，严诫学生勿赴集美社，劝导师生注射防疫药水，加强学校消杀。一个月后，疫情毫无缓解之势，村民死于疫病者每日数起，继而与集美社相邻的集美小学有学生染疫而亡，学校人心惶惶，致提前放假。[245]至该年底，又闻岑头发生鼠疫之说："校董特嘱林公健先生前往调查。惟此间乡人，深讳不敢直言，致真相不得而知。现值隆冬气候，鼠疫不易流行，或者他种疾病，误以为鼠疫之症。"[246]可以说，疫情是集美社不陌生的定时炸弹。

公共治理缺位加上建房纠纷，集美社住屋改善难上加难。厕所便成为陈嘉庚介入集美社住屋卫生的抓手，填平私厕，分地段建公厕。但如此也只改善了卫生三要素——空气、日光与清洁中的其一，即清洁。另二要素——空气与日光，需有建筑密度和强度的控制作为物理支撑。这一点，陈嘉庚生前没有解决，陈嘉庚身后变本加厉。当所有的自建房一起拔高且悬挑占空时，所有楼层都缺乏流通的空气，越低楼层日照越差。有些自建房的一楼，终年不见日光。当前只允许危房按原样翻建，虽能保证一层古厝不拔高，勉强算是群楼中的半开敞空间，但只对其相邻楼房的二层以上有所助益，无法真正解决住屋与卫生问题。

因此：

要解决大社自建房高密度、高强度的住屋卫生问题，在大社的集体治理已然式微的情况下，无可避免地必须采用规划指标介入。我们建议的机制如下：

1.规划指标

（1）开放空间流动指标：依据实际情况，将大社分为若干规划单元，每单元给定开放空间指标，该指标为流动指标，非蓝图式指标。

（2）指标落地：利用每年夏季大社住房卫生问题最为严重、居民甚

至盼拆的窗口期,政府具有谈判优势,可以保障性住房换取自愿交换的自建房,所取得的自建房基地即为开放空间指标落地。

2. 开放空间设计原则

（1）对外开放的邻里内院：一般来说，越是深陷群房内部的自建房,住屋卫生越差,越有可能自愿交换。但此区位特性使之改造为开放空间时,易成为邻里内院,则有内部化占用之虞。有必要强调其设计原则为"对外开放的邻里内院"。

（2）受惠者回馈：向内有邻里内院开放空间，向外有临街的建筑，受惠于邻里内院而大幅提高商业价值。当其改造为更高商业价值的使用时,要求以各楼层退缩的回廊为馈,为相邻房屋的各楼层贡献透气空间,解决空气流通问题。

1. 给定流动指标　　　　2. 置换为内院　　　　3. 回馈与补偿

自建房更新机制的示意
（1）政府介入自建房片区规划,设定开放空间流动指标
（2）以安置房或保障性住房与自愿退出自建房的业主进行产权调换，使开放空间流动指标得以落地
（3）制订因开放空间而获益的周边房屋的回馈机制，以及对开放空间贡献者的激励机制
来源：张云斌绘

（3）补偿贡献者：鼓励居民贡献一楼空间为公共使用，亦可改造为架空层，用于电动车停放，或喝茶、下棋、乘凉、做手工等社区活动。政府为贡献者代建向邻里内院出挑的阳台，以为补偿。

（4）邻里内院可达性：增加邻里内院与主要街巷的连接通道，使之从外部可窥见，使过往行人容易走过、路过，进入邻里内院。

❀　　❀　　❀

在盒子状的自建房密布中，古厝见证了血脉共同体（祠堂[❀21]、大祖祠广场[❀22]），公业和公厕见证了福利共同体（共有地[❀24]、可达的公厕[❀28]），侨房[❀26]见证了侨乡[❀1]……

✡ 26 侨房

不只是风格和资产

1983年，远眺侨房。图左前为归来堂，其后为陈嘉庚故居；图中红砖楼为再成楼；图右前为怡本楼，其后是松柏楼

来源：陈嘉庚先生创办集美学校七十周年纪念刊编委会《陈嘉庚先生创办集美学校七十周年纪念刊（续编）》，1984，封面局部

  ……在**侨乡**[✡1]，住屋营建（**自建房**[✡25]）是华侨改善家庭生活的直接举措，也是炫耀荣归故里的最直接方法，尤其是带有南洋风格的侨房。

☆　　☆　　☆

侨房是侨乡的物理明证。因其较大体量、富于风格特色且低度使用，被视为侨乡再发展的可运作资产。然而，侨房不只是风格，不只是资产。

自1913年陈嘉庚创办"乡立集美小学"以来，1918—1931年是集美学村的大建设期，大社北侧、西侧、南侧，一共兴建28座新式建筑，包括教学楼、宿舍楼、教工眷属楼，以及礼堂、科学馆、美术馆、图书馆等公共设施；与此同时，在大社范围**（图26-1）**也陆续建起5栋大体量住宅洋楼**（图26-2至图26-3）**，其中4栋集中于后尾角，始于1918年落成的陈嘉庚故居（校主住宅），继之以陈维维宅（怡本楼，1926）、陈加耐宅（松柏楼，1927）、引玉楼（1929）、文确楼（1937）。中华人民共和国成立后，陈嘉庚主持集美学村战后重建，1951—1962年间兴建和修复了30座建筑；此际大社新建4栋体量较大侨房**（图26-4）**，分别是建业楼（1950）、泰和楼（1951）、再成楼（1955）和登永楼（1958）。**（附录9）**

作为侨乡，侨房是其具有时代印记的物理证据，体现在与当地民居截然不同的空间组织方式，尤其是直观的形式与风格**（表26-1）**。大社9座较大体量的知名侨房以1949年为时代分野，而有风格上的不同。此前，除引玉楼为红砖砌建、室内平面为传统闽南民居顶落的一厅四房、柱廊非拱券外，其他侨房主要特征有：两层及以上、一字排开的房间布局、露台、灰白色外墙、五行山墙[1]、门顶山花、拱券柱廊、浮雕柱头、水泥瓶栏杆、花卉卷草纹、雕塑。此后，侨房更多的是：室内中式一厅四房布局、胭脂红砖建筑、白色花岗岩作墙基和栏杆条石、绿色琉璃瓶栏杆、虎形散水、光芒形和帷幔形纹饰。

侨房的形式变迁反映时代特征：

（1）纹饰象征性地反映时代精神。1920年代，侨房的纹样偏好流线繁复的花卉卷草纹，彰显西洋古典风格；1950年代，则是简化的花卉卷草纹和几何形的光芒和帷幔纹，既有装饰艺术风格（Art Deco），也有新中国的时代感。

（2）布局反映时代需求。1950年代的侨房处于战后重建和大量归侨时期，土地有限，又必须考虑足够容纳家眷亲属以及适合本地传统居住习惯，一厅四房的中式室内布局较为普遍，一字排开的布局则用于附楼。

（3）材料反应时代的建筑产业发展。侨房与集美学校建设同期，胭脂红砖、花岗岩、灰塑、水泥瓶栏杆、琉璃瓶栏杆等是普遍采用的材料和构件。其中，胭脂红砖和绿色琉璃瓶栏杆均订烧于漳州龙海。

（4）形式仍需彰显侨房特色，而非传统民居的多层化。通过开窗、柱廊、柱头浮雕、山尖、山花（**图26-5至图26-8**）、天花板纹饰，表达侨房风情；尤其以本地胭脂红砖砌筑拱券柱廊、多样形态的红砖拱券，以及红砖拱券嵌入白色花岗岩拱心石。本地材料与外来形态的融合，使

---

1 闽南和华南地区的传统民居山墙造型依据五行之木、火、土、金、水，而有不同形态：木形直、火形锐、土形方、金形圆、水形曲。

人产生既熟悉又陌生的微妙情绪。

除了建筑物，庭院也是侨房的重要组成分**（图26-9至图26-10）**，尤其是庭院的功能与氛围：

1. 私人庭院：泰和楼的大社路院门矮墙布置着植栽盆景，透露着邀请性；人得庭院，霎时感到闹中取静，院内有一口古井和多株精心雕琢、高低错落的盆景。泰和楼显然受主人善尽维护，庭院和天井之间的门廊是好客的主人招待访客品茶、闲聊、纳凉的私人空间。再成楼与陈维维宅仅有前院，且面积较小，主要起到入口过渡功能。

2. 商业庭院：陈加耐宅庭院内种植的槟榔树传达着南洋风情，整座院宅现作为餐饮和民宿使用。庭院的露天用餐很受欢迎，人们享受在既开放自由、又围合保护的空间中长时间停留。

集美大社侨房形态概略

楼名	年代	侨居地	总体布局	主楼布局
陈嘉庚故居	1918	新加坡	• "L"形平面 • 庭院	• 西端延伸出角楼； • 一、二楼布局相同，面阔五间，中厅两侧各两间厢房，西端纵深两间，前部为拱廊，两端为楼梯； • 三楼两端为角楼，中间为双坡嘉庚瓦屋顶，前部为阳台栏杆
陈维维宅（怡本楼）	1926	泰国	• "凹"字形平面 • 庭院	• 主体一厅四房； • 两侧翼楼五边形单间
陈加耐宅（松柏楼）	1927	新加坡	• "凹"字形主楼 • 两侧附楼 • 庭院	• 中部为三开间两层； • 二楼前部为柱廊； • 翼楼为单间两层，三面凸窗

3.公共庭院：陈嘉庚故居于1980年辟为陈嘉庚故居纪念馆，文确楼于2013年辟为"陈文确、陈六使陈列馆"，二者皆成为公共资产，其庭院更多考虑户外展示以及游客的参观动线和短暂停留。

4.内向中庭：建业楼没有外部庭院，而是把庭院留在内部成为大中庭。据云，该楼为陈建业委托陈嘉庚的建筑工程队帮忙建造，最初设计为花园小洋楼，但陈嘉庚鉴于其家族成员多，建议充分利用空间多建几间房间让更多人住，后建成54间房，最多容纳过九户亲戚四代人[248]。因此建业楼的庭院是内向性的，柱廊的设置也是朝向中庭而非向外。

5．错用庭院：引玉楼朝向南薰楼，引玉楼前大庭院内两株巨大的苍翠古玉兰及数棵高龄的龙眼树，使得庭院仿佛是两座楼间的喃喃低

主楼立面					
墙	廊	柱	窗	栏	饰
红瓦白墙、齿状屋檐线	大圆拱券和火形拱券柱廊	方柱、圆形壁柱、古典柱头	拱形窗框、方格木窗	空心砖矮墙栏	窗楣、山墙、柱头饰花卉
米黄色水洗砂（水刷石）外墙、多层屋檐线	拱券柱廊	方柱、柱头花卉和戏球狮子	弧形和火焰形窗框、百叶木窗、山尖八角形气窗	水泥瓶栏杆	门柱帽饰、水泥瓶表面泥塑
白墙红瓦、齿状屋檐线	拱券柱廊	上粗下细瓶状圆柱、方形壁柱、古典柱头	三拱形窗框	水泥瓶栏杆	拱券饰弧形连回纹、翼楼门顶山花饰灰塑西番莲团花

楼名	年代	侨居地	总体布局	主楼布局
引玉楼	1929	菲律宾	• "凸"字形主楼 • 附楼 • 庭院	• 凸出部为三楼主厅露台、二楼后厅阳台、一楼后厅门廊 • 一、二层正面有宽柱廊,室内居中为前后厅,左右各三房 • 三层退缩两进加一个外凸的三面玻璃大窗外厅,伸向屋顶大露台; • 主体部分为一厅四房
文确楼	1937	新加坡	• 前后主附楼围合; • 前后楼正中行廊相连,形成左右两个小天井; • 庭院	• 前楼二层,面阔三间,进深两间; • 一层正中凹寿门廊; • 二层正面宽柱廊; • 楼顶正中为一厅四房的露台观景平房; • 后楼三层,四开间,正面柱廊
建业楼	1950	泰国	• 纵长方形	• 长方形,中央为纵向天井,由前后左右楼围合; • 五开间,前楼二层,后楼三层 • 前楼一层正中塌岫,其上为二楼朝外阳台; • 天井围合以柱廊
泰和楼	1951	泰国	• 前后主附楼围合; • 中有天井; • 护厝 • 庭院	• 前楼平顶二层楼,三开间,正中凹寿门廊; • 二楼墙外绕以露天外廊; • 后楼为三层楼,一厅四房对称布局
再成楼	1955	泰国	• 长方形 • 庭院	• 一厅四房对称布局 • 正面柱廊
登永楼	1958	印尼	• 前主楼,后附楼,以行廊相连 • 庭院	• 主楼二层,一厅四房对称布局,正面柱廊 • 附楼二层,四开间

主楼立面					
墙	廊	柱	窗	栏	饰
花岗岩房基、胭脂红砖外墙、廊道檐下白色花岗岩横梁	柱廊	方柱	矩形窗框、窗头山墙、木窗扇	白色花岗岩栏杆条石、绿色琉璃瓶栏杆	拱形院门：火焰形门顶、水洗砂外表、花卉卷草垂带月桂纹、门顶山花"寿"字、门顶大象雕塑
灰白色水洗砂外墙、齿状屋檐线、门顶三个豪华型山头	柱廊	圆柱＋古典柱头、方形壁柱＋柱头装饰涡卷纹和花叶卷草纹	矩形窗框、木窗扇	白色花岗岩栏杆条石、绿色琉璃瓶栏杆	窗楣饰贝壳纹样、屋檐及山尖饰花卉卷草和动物纹样
花岗岩房基、建筑正面和天井四周以胭脂红砖砌建，两侧外墙为白灰墙面、前楼水形山墙、后楼火形山墙	中庭胭脂砖拱券柱廊、白色花岗岩拱心石	胭脂砖方柱、后楼白墙红砖壁柱和屋檐线	矩形窗框＋格状木窗	白色花岗岩栏杆条石、绿色琉璃瓶栏杆	塌岫门匾灰塑"建业"二字、山尖以红砖层层堆叠出檐、五角星放光芒的山花
花岗岩房基、墙裙及门堵、整体胭脂砖砌建、虎形散水	中庭外廊	砖石壁柱	花岗岩矩形窗框、红砖窗楣山墙	白色花岗岩栏杆条石、黄绿套色狮子琉璃瓶栏杆	门匾镂刻"诚园"、门顶"泰和楼"字样、天花板灰塑装饰、五角星花纹
二层红砖建筑、两侧及背面外墙为白灰面墙体	拱券柱廊、白色花岗岩拱心石	胭脂砖方柱	矩形窗框、胭脂砖窗楣	白色花岗岩栏杆条石、绿色琉璃瓶栏杆	一层石框大门之门匾有"再成"楼名、楼顶白色山头饰太阳光芒纹和花卉卷草纹
白色花岗岩房基、檐下横梁及门框，正面胭脂砖外墙、侧面花岗岩条石外墙嵌入式胭脂砖楼层线和屋檐线、虎形散水	拱券柱廊	胭脂砖方柱和壁柱	白色花岗岩边墙嵌入胭脂砖窗框、窗楣回形纹	白色花岗岩栏杆条石、绿色琉璃瓶栏杆	楼顶水洗砂山头有"登永楼"字样、一层石框大门上方涡卷形花卉纹饰、天花板光芒纹饰、门柱垂幔纹

语,形成烟火气大社和鳌园景区集美寨的双背后中一处遗世独立、触及心灵的沉思场所。然而,由于引玉楼长期闲置、缺乏维修,庭院被用作停车场,实是降维使用。(详见**引玉园**)[※30]

体量、形态、风格,成为侨房在村落中的"被看"意象,将南洋风情带回家,体现华侨荣归故里。另一方面,无论是定居还是暂住回乡,华侨的凝视又是什么? 他是否经常望向远方,回忆着下南洋的点点滴滴? 或意气风发, 或唏嘘不已。从复原的1965年大社村落模型可以发现,从侨房上层的主人卧室和露台,将能越过层层叠叠的房屋"看"到海,而海,紧紧联系着下南洋的集体记忆(**图26-11**)。

侨房的较大体量、花园庭院、风格装饰、南洋风情、低度使用,在集美大社的文旅发展中,被视为深具开发潜力的资产,但也是进场门槛较高的资产。当前较为普遍的老城/村落再开发模式为:以修代租,整村运营。再开发、再使用基本都要涉及产权转移,或所有权,或使用权,或经营权。在所有权不变情况下,常见通过以修代租取得中长期使用权,或与所有权人建立合作经营关系。但由于侨房修缮成本高,且欲缩短回报周期,承租运营方采取机制如下:

(1)承租运营方拥有一定资金实力,并将所取得资产用于融资,侨房为具有融资价值的资产,即高修缮成本通过融资快速平衡。

(2)资产的运营能力也是融资评估的指标,为此承租方需有招商能力和业态经营能力,通过动员其企业网络,或给予政策倾斜吸引之。

(3)招商的租金优惠,资产取得和修缮的高投入,未能从租金得到短期回报。因此运营方往往在市场空白阶段便扩大承租范围作为次要资产,高投入首要资产(侨房)以创造市场, 获取次要资产的搭便车效应,以实现低投入高产出。

（4）运营方以掌握资产和市场的双重优势,争取在地社区合作：或获取更多以修代租的房产,利于融资；或获取经营权,利于主导资源配置。此即"整村运营"。

整村运营模式对集美大社未必奏效,也未必合适：

（1）首先,大社是生活和商业、自住和租赁的混合社区,并非纯粹的经营性资产。厦门岛内城中村高度资产化,本村人口与外来人口比例为1:10到1:20,屋主普遍不住在村中,房屋是收租资产,以创造更高获利为目的,业主与运营商容易合作。大社本村人口与外来人口比例约为1:1,自建房有出租和自住混合自我管理的,有屋主自己做生意的,也有整栋出租于餐饮、民宿业者的,单一运营商不易取得整村运营权。

（2）大社自建房的分散经营是大社商业多样性的机制基础。体量、屋龄、户型、风格、价格、业主、承租户、时机、因缘和合了不同业态、经营风情、社会关系。例如,小体量的有沙茶面、海蛎饼、炒面店、炒菜店、蛋糕店、饮料店、冰激凌店、小酒馆、咖啡座、茶室、小卖部、衣饰店、文具店等,中体量的有带包间的中餐厅与西餐厅、民宿、旅游商品店、甜食店等,共同形成复杂多样的社区氛围。这种来自于复数的人的复数行动的真实的多样性,是单一运营商所刻意设计的多样性所无法企及的。

（3）屋业之于大社,不只是资产运作,也具有公共意义。1950年代,陈嘉庚建设一批解困廉租房为共有屋业,结合捐款所得,建立集美社公业基金,存行取息用于集美社公益事业,包括：助学、救急、扶贫、济困、医疗救济、筹办集体企业、组织生产、支持文化生活、设立敬老金等,运作至今。

因此：

侨房不只是风格，不只是资产；它是侨乡的集体记忆，是具有公共意义的私人资产。鉴于房屋闲置更易损坏，有必要积极维护和使用。对于有能力自我维护的侨房，不加以干预。对于有能力进行产权转移用于商业的侨房，规定修旧如旧，不允许如登永楼般将彰显侨房形式的拱券柱廊加装窗。对于没有能力维修且不便产权转移的侨房，政府补助修缮，并要求业主梳理和陈列家族华侨史，并固定提供开放日，以为公共回馈。

✿　　✿　　✿

在侨房、传统民居、盒子状自建房、公业、统建房（**共有地**[24]、**自建房**[25]）等建筑物之间的空间中，树木起到调节人造物与自然间关系的作用——**树地**[27]。同时，建筑物边缘的**檐下**[29]空间与街巷接壤，是村落微表情最丰富处……

✿ 27 树地

人–树–建筑物

2021年,集美寨大榕树下,台阶上休憩的爷孙
来源: 张云斌摄

……在尽地而建的**自建房**^{✿26}密集区里,开放空间最为珍贵,无论其形态是庭院、埕或仅仅是一块空地。树木提高开放空间的生机,增进场域感。

✿　　✿　　✿

集美学村和大社的树木,既是有关土地开发的领地标志,也是人与城市的社会空间地点。

在湿热的闽南,树是不可或缺的物理环境要素,提供遮阴作用。但树在集美学村所形成的空间形态和意义,并不止于这一简单功能,还具有领地标志性,且与宅基地建房的生活方式、城市开发建设、集美学校委员会的园林绿化实施有关。

集美学村范围的古树名木有16株,但本模式重在讨论人-树-建筑物关系,不限于古树名木和树种的分类,而是沿用亚历山大的用词——树地(Tree Place)——指涉树所形成的社会空间,尤其是树的物理形态对社会空间的作用。集美学村的树地形态基本有两种:伞状和排状(图27-1),二者的领地标志性及其与开发建设机制的关系分述如下。

伞状树

伞状树(简称伞树,图27-2)多见于院门旁、庭院内、前埕(。大型伞树具有地标作用,见到该树便知到了某地,闽南常见如村口和庙埕的大榕树。大社常见的伞树是榕树,也有桑树,分布在大社路天路尾榕、大社路68号、渡南路与大社路口、渡南路9号、集岑路7号、集岑路与浔江路口、清风池旁等大社的路边和宅前。另,集美中学操场边近嘉庚路

集美学村古树名木简明情况表[43]200

树种	树龄(年)	树高(米)	胸围(厘米)	冠幅(米)	坐落地址
蔷薇木	100	20	240	16	集美水产学院办公楼后
榕树	340	17	620	20	嘉庚路12号福南堂旁
榕树	490	20	680	21	集美郭厝拱豪宫后
榕树	240	18	450	27	集美工字图书馆前
榕树	120	8	420	22	集美体育馆东北角
榕树	140	15	560	26	石鼓路8号道路中央
榕树	160	21	420	18	石鼓路33号
榕树	160	16	700	26	集美中学道南楼后东侧
榕树	420	16	580	27	集美中学道南楼后西侧
榕树	140	13	510	24	集美中学黎明楼后
榕树	240	10	530	30	鳌园路27-4号楼前
榕树	120	10	310	17	集美大社渡南路9号
榕树	260	12	470	22	集美大社路130号旁
榕树	180	21	560	23	集美医院职工宿舍楼前
榕树	120	9	430	22	集岑路1号大体育场东北角
榕树	220	9	430	22	集岑路1号大体育场东北角

注：以上为2013年数据。其中，集美医院职工宿舍楼前榕树因主根腐烂，于2010年4月10日轰然倒下；石鼓路8号道路中央榕树，于2016年莫兰蒂台风中被连根拔起，后迁移至龙舟池中亭榕树公园；集美工字图书馆现为集美大学美术与设计学院美术馆；道南楼西侧榕树树龄420年，疑为有误。

处、大台阶集美寨处，也有大型伞树。

除地标作用外，伞树在湿热气候和高密度聚落中提供遮阴乘凉作用，因此伞树之树池砌为两阶座已成集美地区的公共园林绿化常态。

但私人宅前伞状树，由于宅基地庭院面积有限，居民不砌建占地的生硬树池，往往缩小树池或不设树池，树下放置可移动家具，保留树下空间的使用弹性，使闲坐、喝茶、下棋、穿行可同时发生，形成闲散交流的树地。

但并不是所有的树都得到良好的照顾，在宅基地紧张的条件下，人与树争地，或尽量硬化用以停车，或围着树、贴着树建房，既不为树提供透气透水地面，也不为树保留成长空间余量。与树争地的行为模式下，树不被尊重为树，建筑物获得压倒性胜利，树死气沉沉，尽管有些树倒还能枝叶繁茂。然而，枝叶繁茂的表象下是腐烂的树根、空心化的树干，一旦遭遇台风便轰然倒下，原尚南路集美医院职工宿舍楼前榕树、原石鼓路道路中央榕树，皆遭此劫。

与此反向的是以古树名木之名过度"保护"造成的树地之死，天路尾榕尤为典型（图27-3）。天路尾榕位于大社路北段130号旁，是稠密的大社中难得的公共开放空间，原应成为人们在此乘凉、透气、交流的场所；但一次次的加固保护，硬化加围墙，致该树地孤立于周边道路和建筑物，孤立导致难用，难用导致不用，不用导致漠不关心，围墙内的树地堆放杂物，成为围墙外垃圾桶的延伸地。然而，天路尾榕是株拥有传说的古树名木。

> 天路尾：闽语形容边远的意思，此地榕树也称天路尾榕。清初集美社尚小，以天路尾为社界……相传郑氏抗清时，来过这里，看中天路尾榕树下是风水宝地，意欲迁其先人骸骨墓葬于此。族人恐不利集美社，乃托人向刘国轩说项。刘氏乃对郑氏

说："此地虽风水宝地，但东北风大，难抵'风煞'"。郑氏站于
天路尾榕高地，果然，东北海面潮汐一到，风刮涛声如雷响，遂罢
此意。[123]70-71,[44]20

　　颥蒙叟引《台湾外记》[257]论辩刘国轩非郑成功主要镇将，但在郑
成功过世后为郑成功之子郑经所重用。康熙十七年（1678），郑经封
刘国轩为总督攻取漳州、泉州等地。因此，上述郑氏议迁祖先骸骨墓
葬于集美的天路尾榕树下，应为郑经所议。但无论是郑成功（1624—
1662）或郑经（1642—1681），该传说的天路尾榕树龄皆与《厦门市
集美区志》不符。按该传说，天路尾榕应有350岁，但按区志则为270
岁。陈进步提供另一版本：欲迁祖坟的不是郑成功，到二房山看地的
不是刘国轩，而是陈化成（1776—1842）；为了不被仇敌陈化成（详见
_{☙21}
祠堂）迁墓所占，二房角陈氏速速种下榕树以标识领地；但这株榕树并
不是那株被盆景化的天路尾榕，而是与天路尾榕树冠相连、被包裹在联
生炒面店屋后的另一株大榕树；而具有古树名木身份、被我们称为天
路尾榕的，是生于1893年、1950年任集美乡代理乡长的二房角人陈文
点[42]于其儿时见人所种，由于种植方式选取气根充足的粗壮枝干"当
种"（集美方言）而不是扦插榕苗，而能在短时间内长成大树。即天路
尾榕的真实树龄可能大约125年，联生老榕树约215年。

　　故事加深人与物的联结。在今天这个追求网红故事的年代，拥有
传说的天路尾榕树地，不仅没有被打开、被释放、被保护根系、被加强与
周边的关系、被创造话题，反因粗糙的利用手段而形容枯槁。

　　榕树是集美学村熟悉、亲近的树种，因此也易拥有人树"斗智斗

勇"的世俗故事。陈乌亮[1]述及集美学村栽植榕树过程中"农民摇动榕树苗的'阴谋诡计'",殊为有趣,抄录如下:

> 1926年,集美学校从漳州购入榕树扦插条800株,每株工料费银圆8角。这些榕苗多插扦在路边。当时的人很迷信,谣传当榕树直径与人头一样大时,种树人就会死,所以都是雇乞丐来种。榕树成活的很少,种在路边的几乎无一存活。原来是路边有农田,农民每天都顺手把树苗摇一摇,榕树难发根,不久就枯死,被人拔走当柴烧。现在道南楼后的大榕树当年位于我家田边,那时我常给它培土浇水。数年后,枝叶浓密,遮盖了大片高粱地。高粱苗不见阳光,叶黄秆弱,我这才领会到当年农民摇动榕树苗的"阴谋诡计"。当年种植的800株榕树,现在仅存图书馆门前一株,财经学院大操场一株,内池东侧两株,道南楼后两株,医院一株,黎明楼一株,福南堂一株,体育馆围墙内一株。抗日战争前,白鹭、海鸥、田奴鸟在树上栖息、产卵、育雏,后来日寇炮轰集美,这些可爱的飞禽一去不复返。[258]

依其所述,现登记在册的集美学校范围内的榕树树种的古树名木,皆为1926年所植,则其树龄亦与区志所载不符。

1　陈乌亮(1919—2019),集美大社人,原民革集美支部主委。1951年任集美乡第一任人民政府乡长,1980年代任职于集美校委会,离休后担任集美老年大学副校长。

排状树

排状树（简称排树，**图27-4**）见于石鼓路、集岑路、嘉庚路、尚南路、浔江路、鳌园路、龙船路等道路两侧行道树，或校园、归来园之围墙内侧，具有标识领地边界的作用。

依据陈乌亮所述，1926年，集美农林学校从非洲引进凤凰木，长势很好，中池、龙舟池周围都是凤凰木，后因基建大量毁伐，于今仍有留存。1932年，集美农林学校从台湾引进抗海风、耐盐碱、适作海岸防护林的木麻黄，于1933年大量种在集美海边，今龙船路沿线即是木麻黄。1949年，陈乌亮从厦门园林局领来白千层树苗，种植在嘉庚路两侧，在强烈台风袭击厦门的历次经验中，很多树被连根拔起或拦腰截断，唯有白千层挺立如初，无一受损。

昔时鳌园路的木麻黄，今建为榕树公园

来源：陈嘉庚先生纪念册编辑委员会《陈嘉庚先生纪念册》，1962

嘉庚路白千层,没有采取依序排布的行道树常规做法,而是前后错位双排密植,使得原就狭窄的人行道通行不畅。为何双排密植?访谈中无人确切知晓,一说防台效果好,一说树苗过剩也。集美小学上下学尖峰时间,行人之字形穿梭于白千层之间,狭路相逢,相互退让,倒成为嘉庚路人行道的独特风景。

在总是艳阳高照的集美,行道树为行人带来一丝清凉,避热不可或缺,但人行道多有寸步难行问题。集美学村并不是一步到位按规划实施,而是逐步购地逐步建设,发展超过百年,形成学-村互嵌格局(详见**集美学校**[注2])。旧时道路宽度于今本已不敷使用,又因学校改制增设校园围墙,致人行道受到校园、园区围墙与机动车道的双重夹击,难有从容的步行空间。而舒适地步行于排树下,是认识一座城市最惬意的方式。

因此:

园林工作应关注树地,而不是简单地种树:

(1)鉴于集美学村校园过去多沿围墙栽植树木,建议应后退围墙,使围墙内的成排树木成为围墙外行道树,创造既围合又开放的排树树地,使行人得到合理舒适的步行体验。

(2)在自建房密集的大社,打开围墙,或拆除,或降低,或通透,以使庭院树地更为友善。庭院私密性的要求,可通过树木密植或攀缘植物来增强私密性。

(3)伞树不应一味地套用僵化的树池形态,应因地制宜创造人-树-建筑物的空间关系,使人们因为喜欢那个地点而爱护那株树。

集岑路沿财经学院一侧，行道树位于人行道中央，阻碍步行，而围墙内侧绿地低度使用。若能将围墙内退，让出绿地给人行道，即使只让出60厘米，便足以使行人享受人行道和围墙内双排树所形成的林荫道，美善矣

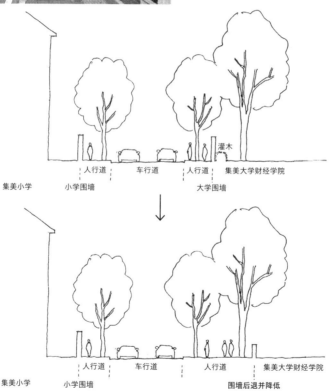

来源：张云斌摄、绘

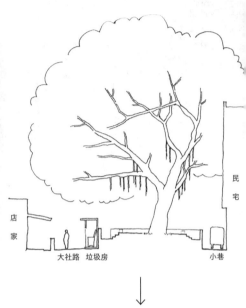

盆景式保护的天路尾榕，让人难以靠近，围墙外成为停车处，消极使用。拆除砖砌围墙，移除垃圾房，增设台阶，使人更容易接受天路尾榕的庇荫。拆除树根处瓷砖铺地，使树根可以呼吸

来源：张云斌摄、绘

❀   ❀   ❀

　　在房屋密集的街巷中,树地既是绿肺也是社交空间。与树地同样,对社交和街巷活力有重要贡献的,是**檐下**空间……❀28

✿ 28 檐下

街巷的河口湿地

檐下社交与川流不息的摩托车、电瓶车

来源：张云斌摄

……集美大社高密度、高强度的**自建房**[✿25]，使居民总在街巷活动，有目的地购物、吃东西，或仅是出门走走、透气、聊天。另一方面，大社作为城市旅游景点（**集美大社**[✿18]），游客自然是在街巷流连。街巷即房屋与房屋之间，人们在这里汇集，并滞留于檐下。

✿　　✿　　✿

街巷是大社的表情，檐下是那会传情的眉眼，但摩托车、电动车撕裂了眉眼与脸颊。

在自建房尽地而建的空间张力中，一层退缩的檐廊是地面上重要的透气空间，是室内和室外的缓冲过渡地带。街巷内部的住房，房屋入口退缩形成的塌岫[1]中，盆栽、烧金桶、鞋柜、座椅是标配。盆栽，尤其是大型盆栽，不仅出于人们对于绿化的天性爱好，也是标示入口的常见方式。烧金桶，是闽南信俗的家户必备品，祭拜时在门前摆上供品并烧金纸。鞋柜，是进出屋换鞋的功能性设备，而换鞋，既是防止室外脏污带入室内的功能性要求，也是通过身体的过渡性行为完成空间转换。座椅，使屋主享用塌岫这一过渡空间。鉴于屋内多闷热不通风，人们爱在塌岫享受穿堂风，并与过路邻人打招呼。**(图28-1)**

沿街房屋为了争取最大店面，一层多为后退的大开间，通过出挑下方空间形成连续的檐廊。檐廊的使用因商业业态而异。周转率即是利润率的业态，廊下常有杂货店、拌面店、沙茶面店、蔬果店、肉店、包子店、卤味店、炒面店、油条店、大肠血店、快餐店、服装店、理发店、裁缝店、香烛店、炸糕摊、果汁摊、草帽太阳眼镜店、土产伴手礼店，檐下空间

1　塌岫，闽南传统民居下落（前厅）大门内凹处，闽南话音译"塌寿""凹寿""塔秀"。但民间咸认书写塌寿、凹寿皆有所不宜。与泉州青年学者探讨，认为"岫"取代"寿"，则音译、意译兼而有之。

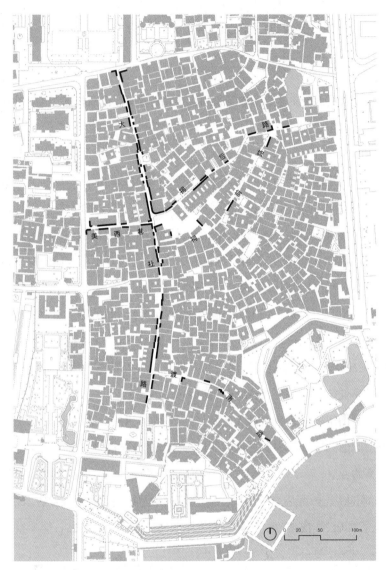

集美大社有活力的檐下空间,主要分布在商业活动较旺的大社路、美西巷、祠后路
来源: 张云斌绘

往往是工作和生意空间的延伸——有货物、货摊、炉灶、碳烤炉、水槽、临时桌椅,室内与室外直接相接,拦滞路人入店消费,或就在檐下交易,不需过渡空间(图28-2)。檐下剖海蛎的、喝茶的老居民,烧着碳烤炉、铺上卤味、在货摊后面一边工作一边用眼神、语言、表情招呼路人的老板或老板娘,是使街道保持活力的跳动的心脏。

另一种业态的烟火气比较暧昧、隐晦,在室内外之间需要一个过渡空间(图28-3)。例如小酒馆、居酒屋、咖啡店、冷饮店、甜品店、蛋糕店、西餐馆、茶饮店、美术班、文创品店、个人工作室,其门面有门有窗,与街道隔开但又相通,门窗饰以养护良好的绿植,阳光穿透玻璃将窗格和绿植投影在室内桌椅和木地板上,夜间门窗透出温柔的室内灯光和人影。在门窗与街道之间的檐廊下,有点刻意、有点随意地布置小桌小椅,小桌上点缀着小瓶鲜花。烟灰缸里仍有余温的烟蒂显示方才有人在此坐过,其或是工作人员的暂时歇息,或是独坐者的沉思或发呆,或是挚友的共饮,或是三两邻居白发老阿嬷们的闲话人生。无需老板大声招呼,路人的目光早已被檐下座椅吸引,不觉放缓步履,享受这种暧昧微妙的风情:无人使用的檐下座椅宛若遗世独立的存在;有人使用时,你将保持距离地欣赏它,而不愿去打扰它。

檐下,不仅是中性的物理空间,更是具有社会意义的地点。它是街道和室内之间的交界,是一个有体量的空间实体,承载和激发室内外的交换。如同河口湿地是生物多样性最丰富的地理区间,檐下是社会生态最丰富的空间区段。然而,尽管大社禁驶小汽车,川流不息的摩托车、电瓶车仍是檐下空间的"破坏王",它们行驶街巷的速度、体量、数量、频次、推挤、噪声和威胁感,逼迫檐下活动暂停和避让。有时候遇到熟人，摩托车、电瓶车就地停下与檐下人群寒暄，将檐下社交延伸到道路中央，也是一种风情。然而，在当今的城市管理规定里，檐下净空是标准，在城市迎检时期，檐下骤然褪去烟火气，如落幕后的舞台，徒留空荡荡的空间框架。

因此：

保护大社的传统街巷，首先必须保护室内外交换的过渡空间：檐下地点。赋权檐下使用合法性，选择檐下活动丰富的路段规划为步行专用街巷，禁行摩托车、电动车，允许快递车。排污管道接入沿街商店，禁止店家、摊贩径将厨余污水倒入檐下排水沟。

✿　　✿　　✿

檐下是大社街巷的正面，**树地**✿27是其间隙，公厕是其腹背——✿29**可达的公厕**……

✤ 29 可达的公厕

福利性环卫

公厕见证大社从集体生活向社区生活过渡

来源：刘昭吟摄

……在大社的现代化进程（**学-村治理**[3]、**学村办事处**[19]）中，在土地占有（**共有地**[24]、**自建房**[25]）的张力中，12座公厕——公共卫生的代表被保留了下来，也是发展街巷旅游不可或缺的公共设施。

✿　　✿　　✿

大社长600米、宽365米的范围内，密布12座公共厕所。大社内任何地点在150米距离内，步行不到2分钟都能到达公厕。公厕是大社最具可达性的公共设施。

集美大社公共厕所一览表

编号	公厕名	面积（平方米）		女厕		男厕			无障碍
		占地	建筑	蹲位	坐位	小便斗	蹲位	坐位	
C012	尚南西	36.5	36.5	4		2	2		1
C013	尚南东	47.6	47.6	3	1	3	3	1	
C015	鳌园	62.8	62.8	4	1	4	4	1	
C016	尚南	74	74	4	1	3	3	1	
C017	渡南	62.8	43.9	3	1	3	2	1	
C018	戏台	33	66	4		下2上3	4		
C027	浔江	73.2	73.2	3	1	4	3	1	
C028	祠前	28.4	28.4	2	1	3	2	1	
C029	尚南后尾	44	44	3		4	2	.	1
C030	集岑西	30.5	30.5	2	1	3	2	1	
C031	集岑东	41.4	41.4	2	1	3	2	1	
C032	祠后	23.5	23.5	2	1	2	1	1	

数据来源：本研究CAD图测量和现场调研

右页　集美大社公厕分布及其与游客关系

来源：张云斌绘

C030
集岑西公厕

C031
集岑东公厕（圣光路游客）

C028
祠前公厕
（文确楼—大社游客）

C012
尚南西公厕

C032
祠后公厕

C013
尚南东公厕
（故居游客）

C027
浔江公厕
（纪念馆—大社游客）

C018
戏台公厕
（广场游客）

C029
尚南后尾公厕

C017
渡南公厕

C016
尚南公厕
（归来园—大社游客）

C015
鳌园公厕
（海滩游客）

0 20   50   100m

在大社内走来走去，有一种设施无法忽略，即公厕。一是随处皆有，太容易遇见；二是它有统一的形象，红瓦、红墙、大黄字公厕名、蓝色图标和编号，有的有地址牌，有可显示客流量、厕位使用状态、考评成绩等实时信息的智能看板（图29-1）。统一形象、统一设备、统一标准、统一管理之外，公厕管理间的家具、摆设、装饰，或多或少体现管理员的个人特质和生活方式：有的在管理间用饭和午休；有的离家近，无需准备午休床；有的在墙上挂画和绿植，给自己舒缓心情；有的茶盘总有用过痕迹，因为总有朋友来坐一下；有的堪称劳模，见到有人踏入公厕，随即热情趋前递上卷纸。

在大社全面发展旅游的形势下，公厕为游客提供了不时之需。位置较靠大社外围的公厕，为大社周边旅游景点的游客提供服务。例如，岑头东公厕面向盛光路游客，浔江公厕面向陈嘉庚纪念馆游客，鳌园公厕面向鳌园西滩游客，尚南公厕面向归来园游客，尚南东公厕面向陈嘉庚故居游客。位于大社旅游线路上的祠前公厕、戏台公厕、渡南公厕，亦服务于大社游客。

大社公厕小史

大社公厕不只是游客的，更是社区的。不只在历史上是社区的，当今仍是。尽管设备簇新，谓公厕是大社的历史遗存毫不为过。依据陈乌亮所述[236]，集美社的厕所原是私家露天粪坑，粪池上用条石铺成弦状，筑有矮围墙，无顶盖，雨天或夏季艳阳照射时，必须戴斗笠或撑伞如厕。农民死鸡死鸭也都投入粪池沤作肥料，凡此种种，既严重妨碍公共卫生，也难免有人畜跌入粪池的安全事故。1925年，陈敬贤展开旧厕

改造,说服群众交出私人旧厕,集美学校建筑部填平旧私厕,改建公厕:
粪池密封,厕所加搭雨盖,粪池肥料为该地段废除私厕的家户所共有。
但该计划以失败告终,可说是典型的"公地悲剧"(**共有地**)[24]:共有厕所
平时没人洗扫,使用者取用水肥后未将密封盖盖好,粪池仍然大量繁殖
蚊蝇,只在施肥季节后由**学村办事处**[19]雇临时工清理。最终,一些村民将
填平的私厕重新开挖,集美社恢复昔日私厕旧观。

1950年代,陈嘉庚主持战后重建时改造集美学村厕所,不似陈敬
贤采用说服、协商手段,陈嘉庚采取强人铁腕政策——"一个也不留,
也不必商量",填平集美学村内的所有私人茅坑,分地段建公厕76座。
粪坑基本密封,雇专人天天挑水洗扫,定期喷洒"666"粉消杀蚊蝇幼
虫,并由镇政府管理全镇公厕和各校厕所的水肥出售工作。76座公厕
仅12座被保留至今,其余被占地改造为自建房。

1980年代末期,集美镇清洁队由镇属集体单位改为国家事业单位
编制,经费列入财政预算,全镇公厕分期改建。新式公厕粪沟每隔几分
钟自动冲洗一次,粪池为密封三段化粪池,化粪池溢出的水通过排水沟
入海。2011年,大社公厕改造,冲水设施升级为全新自动化感应式水
龙头及感应式冲水小便斗,依据使用频次及时间进行智能化控制。当
前公厕采取指标管理,每周定期消毒、保洁"六面净"(四面墙壁净,天
花板净,地板净)和"五个无"(无蚊蝇,无异味,无蜘蛛网,无垃圾,无
积尘),并以智能监控系统辅助之。大社的12座公厕,除大社戏台后方
编号C018的2层楼房公厕,因紧嵌于自建房中而难于标准化改造,因
而无命名(姑且称之戏台公厕)外,余皆完成改造。

以上回顾可见,公厕在大社不是简单的吃喝拉撒睡之事,而反映了

一个共同体的现代化历程。公厕机制在1920年代的特征是局部共有化，1949年后是集体化，并在1980年代末期以后纳入城市环卫公共设施进一步公有化，21世纪则是以智能技术促进管理效率。

社区的公厕

尽管公厕管理公共化，大社公厕仍具有强烈的社区属性。首先，从12座公厕的命名，可窥见其社区性的历史残迹。当我们在地图上标识公厕位置时，被公厕命名的方位弄糊涂了：集岑东公厕在西，集岑西公厕在东，尚南东公厕在尚南路之西，尚南西公厕在尚南路之东。是命名者的方向感错乱？是任意命名？还是公厕命名隐藏着什么秘密？我们以此咨询厦门市12345，环卫部门的第一反应是吃惊，这个问题从未被提问过。在进一步的沟通中，环卫部门告知尽量保证大社每个角头都有公厕。这启发我们从使用者视角来看公厕，命名方位似乎有解，即尚南东公厕服务于原向西门口田所开发的统建房片区，位于该片区之东，故谓"东"；尚南西公厕服务于向西角至大社路东侧沿街商店，位于该片区之西；集岑东公厕服务于二房角西片区，位于片区之东；集岑西公厕服务于二房角东片区，位于片区之西。

那么，现如今自家都有厕所，社区居民还需要公厕吗？在工资与使用人次和"六面净""五个无"挂钩下，公厕保洁工作相当劳动密集，几乎是使用者前脚刚走，管理员就进场清洗。"干净"成为大社公厕的标签，也是管理员的骄傲，"比家里厕所干净"是他们自我介绍的口头禅。干净使得公厕成为受欢迎的社区公共设施，公厕周边的老居民和租客，为了节约家庭用水，为了避免因节水少冲厕所而生的异味，索性不使用

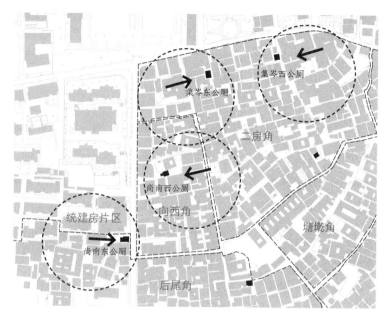

大社公厕名东西向之谜的图解：使用者视角的方位

来源：张云斌绘

自家厕所，而常态性地使用公厕。大社公厕并没有因为家户都有现代化厕所、出租房单间都附有卫浴设备而失去其社区福利性质。

此外，由于管理员不仅必须时时保洁，还负有及时回应紧急求助铃的责任，管理员长时间驻守公厕，成为公厕的灵魂人物。管理员对待使用者的态度、如何回答访客的问题、如何介绍大社、与其来访朋友的喝茶聊天，都成为大社的门面，体现社区公共设施的质量水平。调研中印象深刻的是，几乎所有的管理员都洋溢着一种工作荣誉感，对访客极为友善，乐于介绍他们驻守的公厕的使用和维护情况。

大社公厕的"坑"

　　大社公厕既面向游客也面向社区，但游客和社区居民使用公厕的行为模式不同。游客常是看到公厕而如厕，因为不知过了这个村还有没有下个店。社区居民则是为如厕、用水而使用公厕，目的性清楚明白，其中产生的社会交往使得公厕有扩展为社区节点的潜力。然而，大社公厕过于封闭的建筑形态，与其社区性不相称。囿于嘉庚建筑风格的想象，集美学村公厕统一一披上红瓦粉墙；为了尽量多地提供坑位，每一座公厕皆尽地而建，导致仅着眼于公厕自身的高标准物理条件，不必然贡于社区良好的环境品质，体现在以下三个方面：

　　(1)关于建筑体量：在自建房密集的环境中，公厕建筑如自建房般挤在自建房群中，没有公共建筑的面貌，遑论公共建筑的邀请性；

　　(2)关于无障碍：按照要求，每座公厕都必须达到无障碍指标，或有独立的无障碍厕所，或在男女厕中至少有一间无障碍厕间。但管理员毋宁更为务实，他们不以"无障碍"称之，他们的用词是"蹲厕"和"坐厕"，因为绝大部分的无障碍厕间并不具备无障碍条件：鉴于尽地而建和化粪池地势要求，大社公厕的出入口多半不具备无障碍条件；鉴于大社街巷狭窄、自建房出入口占据街巷铺设阶梯，大社街巷可以电瓶车、摩托车钻行，轮椅畅行则极其困难。大社本身不具备无障碍条件，遑论使用轮椅进入无障碍厕间。

　　(3)关于性别：大社公厕的男女厕位配置标准的性别意识显然是落后的，无视于男女生理差异、如厕所需时间不同，均给予同等面积的厕间，造成男厕承载量总有富余，而女厕供应不足。然而，12座大社公厕的12位管理员中仅有1位男性，女性占绝对优势，管理员作为社区活化分子、公厕作为社区活化节点时，女管理员拉动女性参与者，是可以想见的画面。

因此：

为支持、增强大社公厕的社区性，我们主张大社公厕的物理环境进行以下三方面的调整：

（1）缩小建筑体量，减少占地面积，腾出绿地空间；

（2）不分男厕女厕，改为男女皆可使用的"性别友善"厕所，以支持建筑体量的缩减，尤其是使用人次较少的公厕；

（3）实事求是，结合周边条件未达无障碍厕所条件者，更名为"失能友善"厕所，以避免失能者依据地图信息寻找厕所的误解。

绿地之于大社十分重要，即便很小。基于公厕管理员普遍具有敬业、热心和善于学习的素质，对于公厕面积缩减所腾出的绿地，可培训公厕管理员兼作园丁，或招募社区志愿园丁，并在绿地上提供高低水龙头，增加多种使用可能，使之成为小型的社区开放空间，与公厕共同生发友善、舒服的社区交往。

❀　　　❀　　　❀

大社用地紧张至我们需从公厕中挤压出绿地，以对**共有地**[24]、**树地**[27]起到帮助作用。与此同时，大社却尚存一块较大闲置土地——**引玉园**[30]……

✿ 30 引玉园

静奥的背

从引玉园院门处看向南薰楼　　来源：张云斌摄

……本书的最后一个模式，将以**侨房**中的引玉楼及其庭院，回应^{✿26}**侨乡**和**集美大社**，增进**树地**和**共有地**，并向最具神圣感的**高地建筑**^{✿1} ^{✿18} ^{✿27} ^{✿24} ^{✿11}——南薰楼——致敬。

✿ ✿ ✿

大社路南端头的引玉楼前院作停车场，停车场的环境消极性总导致积极使用的改造声。但我们反对把热闹等同于积极。该地块应呈现引玉楼和南薰楼默默相望相守的气质，以静奥致敬南薰楼。

引玉楼、南薰楼和延平路之间的引玉园，尚不能称之为"园"。引玉园是我们对它的期待。它是引玉楼前空地，位于集美寨北面坡底，大社路与延平路交口，直面南薰楼的背面（图30-1）。在寸土难求、尽地而建的大社中，该地块一直以来低度使用，故也一直有改造呼声。然而，听闻的设计方案都倾向于以大社缺乏开放空间为名，积极地改造为人声鼎沸的场所。位于大社路与延平路口两座平房的局部空间，已于2023年改造为梅红色外观的餐饮和日式烧烤店，成为夺人眼球的存在（图30-2）。我们认为，此种使用完全忽视了该基地的环境特质。

引玉楼 [252]

引玉楼位于大社路南尽端，地址却是大社路2号，显示过去大社以南端为起点向北。它曾提供给集美学校教师居住，也曾在"文革"期间短暂地作为集美镇政府的办公处所。

引玉楼为旅居菲律宾的华侨陈福源、陈福祥建于1929年，俗称

"红楼",坐北朝南,三层红砖楼,东侧相连附楼为小三层楼。总面宽约22米,进深约19米。建筑前有大庭院,总面宽约28米,连同建筑通进深约43米。该楼平面为"凸"字形,凸出部为三楼主厅露台、二楼后厅阳台、一楼后厅门廊。一、二层正面有宽柱廊,室内居中为前后厅,左右各三间房。三层退缩两进加一个外凸、三面玻璃大窗的前厅,作为主厅的延伸部伸向屋顶大露台;高三层的主体部分为一厅四房。屋顶为中国传统的两坡青瓦屋面。附楼与主楼相距2米,呈纵长方形,楼层前低后高,有外廊与主楼相连。

引玉楼少有华丽装饰。主体建筑简约,沉静中不乏灵动,主要以花岗岩为基础,胭脂红砖砌筑,廊道檐下为白色花岗岩横梁,走廊和阳台栏杆饰以绿色琉璃瓶,楼顶屋檐下有类似闽南民居水车堵的砖砌带饰。侧边拱形院门有较强的形式与装饰,火焰形尖顶,水洗砂外表模印着花卉卷草纹、垂带、月桂花等,门楣中心有"寿"字,门顶上立有大象雕塑——以一种微妙的张力与平衡,使人不自觉流连忘返。

引玉楼与南薰楼

引玉楼的朝向——坐北朝南,使其直望南薰楼。南薰楼的重要性自不待言,它是集美学村最具神圣感的嘉庚建筑。道南楼精雕细琢的华丽庄严之美较南薰楼更胜一筹,但南薰楼雄踞集美寨,依势而建如飞机造型展开,建筑结构雄伟复杂——大台阶之上15层的主楼,6层以上逐层缩进,高耸的中座、四角风亭、半圆形穹体上八角塔式尖顶、60°夹角展开的两翼与角楼,仰望之,赞叹之余有种升维的安定感。引玉楼所见为南薰楼背面,相较于正面主楼以白石清水墙面和较少的装饰强调挺拔，背面体现包被与围合，更易感知到两翼和建筑层次：向前凸出的两层后座，为三面砖柱外廊，平顶围栏大露台；后座与主楼高塔缩进之间，是平面"T"形前凸的五开间附楼，燕尾脊歇山顶、绿琉璃筒瓦屋面，每层都有与两翼相连的绿琉璃瓶栏杆外廊(**图30-3**)。

在南薰楼正面，人立于大台阶下仰望之，大楼以双臂向后展开、对抗的傲立姿态显示其伟大；在南薰楼背面，人所立的海拔高度与南薰楼相同，南薰楼以后座屈身向前并张开双翼环抱。可以说，南薰楼的正面是父爱的伟大，背面是母爱的包容。

延平路

南薰楼背后与引玉园之间西低东高的短路，旧称延平路。延平路因延平楼得名，按陈少斌所述，从楼后(今"李林园"和集美中学侨光招待所)运动场西门(今或称集美中学延平门)向西下行，过今之尚南路，经国姓井，沿海岸线(今龙舟池北岸)至游泳池(今内池)，全长约400米，砂土路面，两旁植小树。1950年代，延平路南侧建南薰楼、黎明楼、道南楼；1962年，延平路北侧建归来堂，1983年增建归来园；延平路南侧归来园前的国姓井，改革开放后辟为休闲场地，现为归来园中轴线延伸的几何园林。随着校园围墙高筑，集美中学范围内的延平路段封闭为校内道路，延平路西至集美中学东门止，且丧失其名。

延平路依地势变化，恰如其分地烘托着引玉园的氛围。从延平路与尚南路口起缓缓上坡，120米长抬升7.5米，在黎明楼与集美中学教工宿舍楼的夹道中，抬眼望见20世纪五六十年代风格的集美中学延平门。至大社路口，景观变得舒缓，南薰楼后绿地和引玉园豁然展开，引玉楼虽有沧桑但优雅沉静地矗立,望着南薰楼,南薰楼如长者般俯瞰引玉楼,二者如玫瑰与橡树(**图30-4**)。再往前,停步集美中学延平门,视线穿过校园铁栏杆-李林园-校园铁栏杆,望见升起的大海,不觉长舒一口气。

引玉园

引玉楼前空地约1343平方米,四周以围墙界定领地,与引玉楼的交界处原以铁网相隔,现已改砌围墙。院内有两株巨大的古玉兰和数株高龄龙眼树,院中东边偏北的围墙内,还有一棵树龄未过百的龙眼树和三棵鸡蛋花树,树下有小叶黄杨等灌木以及环绕着围墙的爬山虎。院中南端有两座平房为居民常用,庭院作停车场使用,日常约停放15辆小汽车,停车位为水泥铺地,余为砂石路面。

该基地内在的沉静气质得益于它的区位:两个背面。它位于集美寨的背后,不妨想象郑成功部队面海守寨时,这个紧贴防线的寨后犹如战壕,要支援防守提供补给,以净空保证高效移动。日军占领厦门期间,设炮于高崎轰击集美,集美寨上延平楼首当其冲,这个紧贴炮击目标的寨后,自然也是净空区。如今,承平时代,龙舟池—道南楼—南薰楼—延平楼—大台阶—沙滩—鳌园,是集美学村的门面,厦门地铁一号线进入集美时,这条岸线徐徐映入眼帘,吸引人们以之为出站必游路线。集美寨前,从历史上的军事防守要塞、受攻前线,转变为表现城市风情的舞台,本基地是它的背面。

第二个背面指代大社的背面。历史上的大社,渡头角是正面,北至二房山为界,因此大社路的门牌号,引玉楼为2号,其对面楼房为1号,

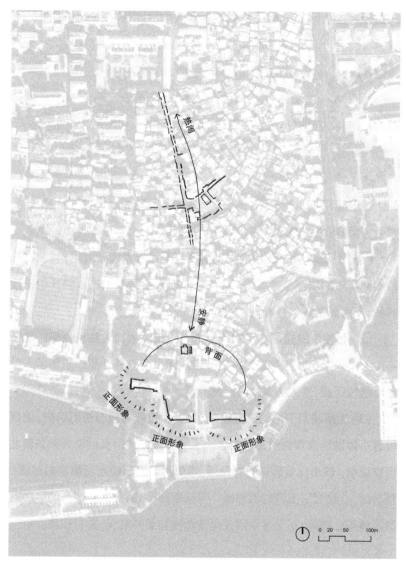

引玉园的区位特征：两个背面，集美寨的背面和大社的背面

来源：张云斌绘

此处为大社路起点。但如今，由于海运废止、城市扩张、道路系统建设、陆运取代海运，大社的朝向有了反转，从盛光路、集岑路进入大社为正面，大社路起点反转为大社路底，成为大社的背面。

然而，此"两个背面"特质没有得到足够正视：若不是因背面就消极使用，如停车；就是试图连上龙舟池正面人气，如网红店。

因此：

引玉园以"两个背面"——集美寨的背面和大社的背面，为其区位特征，背面应是沉静悠长，而不是喧嚣躁动。

（1）引玉园的改造，应把握南薰楼背面如母爱的亲近感，以及引玉楼和南薰楼如玫瑰与橡树的对话感，使之呈现静奥的背，以烘托引玉楼的美，向南薰楼致敬，向侨乡低吟。

（2）为使引玉楼得到足够的呵护，引玉园入口设在东西侧。北侧不设入口，避免从延平路直冲而下造成对引玉楼的冒犯。东西侧入口通过动线迂回，使人如入秘境豁然开朗。

（3）为解决引玉园的进深过长问题，以及尊重既有空间肌理，北侧设置小体量建筑作为引玉园的边缘空间实体，使引玉园动线得到南北回旋流动。该小体量建筑物宜低矮，避免阻碍引玉楼与南薰楼的对望；稍封闭，以加强引玉园的沉静感。可采取简化的、短进深的三间张二落厝或榉头止格局，在深井中抬头见南薰楼如坐井观天，亦有意趣。

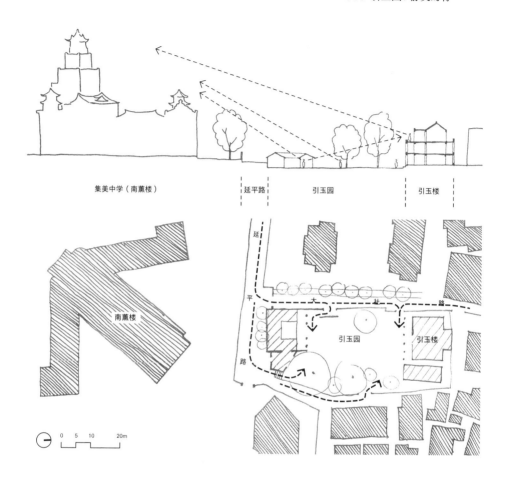

"引玉园：静奥的背"设计示意：引玉园入口在东西两侧，北侧不直接对着南薰楼敞开。以一个小体量建筑物起到围合作用、缩短引玉园的狭长、创造院子里的南北向回旋。该小体量建筑物形态采取简化的、进深短化的二落厝或榉头止，高度不阻挡引玉楼凝望南薰楼，略封闭而强化引玉园的沉静感，并有在深井中抬头见南薰楼的意趣　来源：张云斌绘

附　录

附录1

集美学校发展过程简表

阶段一 侨乡兴学(1912—1926年)

时 间	校 制	建 筑	事 件
1912.9			陈嘉庚返乡,动员各房老大捐弃成见、解散私塾,联合兴办新学
1913.3	集美两等小学校正式成立	假大祖祠、浩驿、二房角祖厝等处上课,择地建校;8月,由废弃鱼池开沟填平改造的木制校舍和大操场落成使用	
1914	集美小学在大祖祠开设"通俗夜学校",在二房角祖祠设立阅报室,推动成人教育		
1916.10			鉴于兴办小学教师奇缺,陈敬贤、王碧莲夫妇自新加坡返回集美,筹办集美师范中学和集美女子小学
1917.2	集美女子小学正式开学	假向西书房作校舍	
1918.3	集美师范、中学同时开学,生源不限族亲,面向闽南30余县有才学、有志教职的贫寒学生;12月,定名"集美师范学校",附设中学及男、女小学	校区位于小学木质校舍后方,有居仁楼、尚勇楼、立功楼、大礼堂等校舍,以及电灯厂、水塔、膳厅、温水房、浴室、大操场、储藏室等公用设施	

阶段一　侨乡兴学(1912—1926年)　　　　　　　　　　　　　　续　表

时　间	校　制	建　筑	事　件
1919.2	集美幼稚园成立;1920年春,改称"集美学校附属幼稚园"	假渡头角向东祠堂为园舍	
1919年夏			陈嘉庚返乡,开始大规模兴办教育事业
1920.2	集美学校创办水产科,以"开拓海洋,挽回海权"为办学宗旨,以"振兴渔业、航业"为策略,以"培育多数之航业人才"为目标	在居仁楼上课	
1920.3		立德楼竣工	
1920.5			召开、成立校友会
1920.7		立言楼竣工	
1920.8	集美学校创设商科,隶属中学;办学宗旨为:培养人才以谋民生问题之解决;注意南洋商业,适应地方需要;实行公民教育,养成健全国民	校舍设在居仁楼	
1920.9		医院竣工,独立设立集美医院	
1920.11		约礼楼、博文楼竣工;图书馆迁入博文楼	
1920.12			第一次学潮
1921.1	水产科、商科和中学合称"集美学校中学部"		
1921.2		尚忠楼、诵诗楼、手工教室竣工	
1921.3			成立消费公社

附　录

阶段一　侨乡兴学（1912—1926年）

续　表

时　间	校　制	建　筑	事　件
1921.4		即温楼竣工	6日,厦门大学举行开校式,暂借即温楼上课
1921.6		明良楼竣工	
1921.8	水产科和商科与中学分开,前者合称"实业部",后者仍称"中学部"		设立"集美学校储蓄银行"
1921.10		钟楼竣工	
1922.3			陈嘉庚返回新加坡
1922.9		延平楼竣工,集美小学迁入;科学馆落成	
1923.5	成立海童子军		第二次学潮
1923.8		允恭楼竣工	
1924.3	设立教育推广部		
1925.1		肃雍楼竣工	
1925.4		校长住宅（诚毅楼）、军乐亭、植物园竣工	
1925.6			海童子军驾"集美一号"赴上海
1925.8		文学楼、敦书楼竣工	
1925.12		务本楼竣工;开辟农林试验场	
1926.2		崇俭楼竣工	
1926.3	农林部正式开学		
1926.8		瀹智楼竣工	
1926.9	设立国学专门部	葆真楼、养正楼竣工	
1926年冬			第三次学潮

336

阶段二　因应经济危机之减损（1927—1936年）

时　间	校　制	建　筑	事　件
1927.3	改部为校,各校设校务执行委员会；叶渊校长改任校董,代表校主监察各校一切事宜,各校经费、建筑都由校董统一安排；1928年2月,各校废止委员会,仍用校长制		
1927.9	创办幼稚师范	校址在葆真楼、养正楼	
1929.6	师范、中学合并为中学校	中学、水产、商业三校校舍重新分配	受经济危机影响,全校经费设限,不足部分收取学费,并校裁员
1933.2	商业学校开办高级商科		
1933.6	正式组织校董会,叶渊为校董会主席；各校联席会改为全校校务会议		
1933.12	再次并校,男女中学合并为中学；高级师范、乡村师范、幼稚师范合并为师范学校,男女小学及幼稚园附属于师范学校；水产航海、商业、农林三个学校不变		
1936.6	师范被"统制",停止招生；师范第一、第二附属小学独立,合并为集美小学；1940年最后一届学生毕业后,师范停办		福建省教育厅"统制"师范

阶段三 抗日内迁之弦歌不辍（1937—1944年）

时 间	校 制	建 筑	事 件
1937.6	陈村牧任校董,陈嘉庚提出《复兴集美学校守则十二条》,陈村牧拟定《改进集美学校计划大纲》		
1937.10		集美师范、中学、商业迁往安溪县城文庙	9月,日本飞机、军舰掩袭厦门,集美危急
1937.11		科学馆仪器标本运往安溪县	
1937.12		农林职业学校迁往安溪县同美乡;水产航海学校迁往安溪县官桥乡	
1938.1	各中等学校一律迁入安溪县文庙校舍,合并办理,定名为"福建私立集美联合中学",陈村牧任校董兼校长;师范、水产航海、商业、农林各校改为科		各校地点分散、人才分散、管理困难、经费困难
1938.5		集美小学迁往同安县	1938年5月11日,厦门沦陷
1939.1	联合中学的水产航海科、商业科、农业科迁往大田,成立"集美职业学校",校名取消"联合"二字;集美学校经此变革分为三个部分:集美中学、集美职业学校、集美小学		1939年2月起,省库补助职业科经费
1941.2		集美小学迁回集美	
1941.8	职业学校三科性质不同,分开独立为校,仍称"私立集美高级水产航海职业学校""私立集美高级商业职业学校""私立集美高级农业职业学校"	安溪县校舍不足,中学高中部移设南安县,初中部仍在安溪县文庙	

阶段三 抗日内迁之弦歌不辍（1937—1944年） 续　表

时　间	校　制	建　筑	事　件
1942.8		高级水产航海职业学校由大田县迁往安溪县，以便闽南各县渔民子弟就学	
1944.2	福建省教育厅委托集美高级水产航海职业学校代管省立水产职业学校；1951年秋，省水正式并入集美高水		

阶段四　战后重建，融入社会主义新中国（1945—1965年）

时　间	校　制	建　筑	事　件
1945.5		务本楼修复竣工	日本投降
1945.6	集美高级农业职业学校迁回天马山原址		
1945年秋	水产航海学校、集美小学在集美原址开学	允恭楼、校董住宅修复竣工	
1945.10		救火队修复竣工	
1945.11	校董会迁回集美	医院、美术馆、中学约礼楼修复竣工	
1945.12		中学瀹智楼修复竣工	
1946.1	商业学校、高级中学和初级中学迁回集美	教员住宅修复竣工	
1946.2		尚忠楼、敦书楼修复竣工	
1946.3		居仁楼、大膳厅、消费公社、俱乐部修复竣工	
1946.4		科学馆、图书馆、电灯厂、立言楼、音乐室修复竣工	
1946.5		诵诗楼、文学楼、食品部修复竣工	
1946.9		军乐亭修复竣工	

阶段四　战后重建,融入社会主义新中国(1945—1965年)　　　　　　　　　　续　表

时　间	校　制	建　筑	事　件
1946.10		立德楼、前水产膳厅、水房及厨房修复竣工	
1946.11		崇俭楼、中学浴室修复竣工	
1946.12	增设民众夜校	养正楼、端艇室、校警所修复竣工	
1947.2	停办农校,专办农场		
1948.4		储藏室修复竣工	
1949	12月,依据厦门军管会规定,成立校务委员会、生活指导委员会、经济委员会		10月,厦门解放;11月11日,"双十一"惨案
1950.2			陈嘉庚拟请政府接办集美学校,省政府给予大米补助
1950.4			清理学校资产
1950.6	维持私校名义,学校经费由国家补助,学校教学工作由政府各主管部门负责指导,中专各校毕业生由国家负责分配		
1950年秋	集美高级中学与初级中学合并,定名为"集美中学"		
1951.1	增办水产商船专科学校(水专),由集美高级水产航海职业学校负责办理,两个牌子一套人马;8月,水专与高水分开,独立为校	尚勇楼、约礼楼修复竣工	
1951年秋	省立水产职业学校正式并入集美高水		

阶段四　战后重建,融入社会主义新中国(1945—1965年)　　　　　续　表

时　间	校　制	建　筑	事　件
1952.9	9月,集美水专与厦大航务专修科合并,成立"国立福建航海专科学校"(福建航专);11月,福建航专并入大连海运学院	假集美水专校舍开学	
1952.9	福建省高级航海机械商船职业学校(高航)航海科并入集美高水	克让楼、延平游泳池落成	
1952.12	集美高级商业职业学校改名为"福建私立集美财经学校"		
1953		延平礼堂、东岑楼、西岑楼落成	
1954.1	成立"集美华侨学生补习学校",经费全部由国家拨付	接收原福建航专校舍;兴建南桥群楼,1959年竣工	
1954.10		福南大会堂、图书馆新馆(工字形图书馆)落成	
1955年初		集美体育馆落成	
1955.6	集美高水改名"福建省厦门市私立集美水产航海学校",渔捞、养殖、轮机专业由农业部负责指导,航海专业由交通部负责指导		
1956.1		科学馆教室(科学馆前楼)落成	成立集美学校委员会
1956	"集美中学"定为福建省重点中学,省政府全面负责学校经费		
1956年秋	"福建私立集美财经学校"改归福建省轻工业厅领导		

阶段四 战后重建,融入社会主义新中国(1945—1965年) 续 表

时 间	校 制	建 筑	事 件
1957.1	"福建省厦门市私立集美水产航海学校"划归水产部、交通部指导		
1957.6		黎明楼、鳌园落成	"反右倾"运动
1957.8	"集美华侨学生补习学校"增设"侨属子女补习学校"		
1958.3	集美水产航海学校分为"福建省厦门市私立集美水产学校""福建省厦门市私立集美航海学校"	航校校舍位于原址,水校迁入福东楼;福东楼、福东宿舍(跃进楼)落成	
1958.5	福建省依托水校创办"集美水产专科学校"(大专),集美水专与水校两块牌子一套人马		"大跃进"运动开始
1958.8	交通部将航校下放给福建省领导,省交通厅接收后改名"厦门集美航海学校"		8月2日,《厦门日报》刊登《陈嘉庚先生为集美学校跃进措施启事》:扩充50个篮球场,新建2万座位运动场,增建2个淡水游泳池及羽毛球场,补充图书仪器及一切教学实习设备,聘请高质量教师
1959	3月,省轻工业厅将泉州食品工业学校、厦门纺织工业学校并入集美财经学校,改称为"福建省集美轻工业学校"	南薰楼、海通楼、南桥群楼、航海俱乐部大楼、集美华侨补校牌楼门和天南门楼落成	8月23日,"八二三"风灾
1960年春	省交通厅在集美航校基础上筹建"福建交通专科学校"(大中专);3月,"交专"独立办理,迁往闽侯县;4月,水校改称"福建省集美水产学校"		

阶段四 战后重建,融入社会主义新中国(1945—1965年) 续 表

时 间	校 制	建 筑	事 件
1962	2月,交专大专停办,中专并入集美航校	道南楼、道南楼宿舍(团结楼)落成	
1963.8	航校收归交通部领导		
1964.1	"厦门集美航海学校"改名"集美航海学校"		
1965年春	"福建省集美轻工业学校"分为轻工、财经两校。轻工迁至南平,与南平造纸学校合并;福建财经学校归福建省财政厅领导,留在集美,定名"福建轻工业学校"	各校校舍大调整:集美中学搬进福建财经学校,福建财经学校搬进集美中学,集美小学搬进集美中学初中部,约礼楼给校委会,博文楼给疗养所	
1995.6	交通部将集美航海学校交由广州海运局领导,广州海校两个班在集美航海学校附读		

阶段五 "文革"中的重灾区(1966—1972年)

时 间	校 制	建 筑	事 件
1966.6	厦门市委和部队先后向航海学校、中学派出工作组,酿成"六一九"事件;驻航校工作组撤离后,省委、广州海运局、厦门市委派出工作队进驻航校		学校张贴大字报,各校主要负责人和一些干部受到冲击和批斗
1966.8	成立航海学校"文化革命委员会"和"红卫兵"组织		9月,大部分学生参加"串联"

阶段五　"文革"中的重灾区（1966—1972年）　　　　　　　　　　　　　　续　表

时　间	校　制	建　筑	事　件
1967.1	驻航校工作队撤回原单位,学校暂停正常教学		6月,集美解放纪念碑附近的一些石雕、泥雕被破坏;集美陈氏族亲誓死保卫鳌园;周恩来总理指示:"要说服造反派,暂时封存鳌园建筑物,等运动后期处理。"
1967.10	学校正常教学停止		14日,中共中央、国务院、中央军委、中央文革小组发布《关于大、中、小学校复课闹革命的通知》
1968.5	"清理阶级队伍",延续到1970年6月		25日,中共中央要求全国各地区、各单位"有步骤地有领导地把清理阶级队伍这项工作做好"
1968.8	工人宣传队进驻学校,具体领导各校工作		25日,中共中央、国务院、中央军委、中央文革小组发出《关于派工人宣传队进学校的通知》
1968.10	干部下放劳动,集美学校委员会及各公共机关的下放干部先集中在"集美学校委员会园林管理处"劳动、学习,后下放到各地区;集美各校的下放干部先到各校的农场、工厂劳动或学习,后下放到闽西、闽北各地		12月22日,《人民日报》传达毛泽东关于"知识青年到农村去"的号召,全国展开知识青年"上山下乡"运动
1969	2月,学校"革委会"动员学生"上山下乡";集美中学初中两年制招生		10月26日,中共中央发出《关于高等院校下放问题的通知》
1970.1	集美幼儿园停办		
1970.6	福建轻工业学校停办,大多数教职工下放到闽北、闽西边远山村劳动	校舍被福建轻工机械厂占用,教学仪器设备和15万余册图书资料散失	

阶段五　"文革"中的重灾区(1966—1972年) 　　　　　　　　　　　　　　续　表

时　间	校　制	建　筑	事　件
1970年春	交通部将集美航海学校下放给福建省"革委会"领导,省"革委会"交厦门市"革委会"具体领导; 5月20日,省"革委会"通知撤销集美航海学校,并入厦门大学海洋系,设置航海专业;"整党"结束后,原航海学校的教职工,34名留在厦门大学,其余一百多人下放到市区和外地一些中小学及企事业单位		
1970年秋	福建财经学校、集美水产专科学校、福建水产学校停办,教职工除留少数人护校外,其余下放各地	教学设施被厦门"三清办"接收,全部校舍被移作他用,实习工厂的财务、仪器设备、图书资料散失	
1971.2	集美中学高中两年制恢复招生		
1971年底	集美华侨补习学校停办,学校的"设备分完、教工调光,校舍被占"	集美学校校委会处于瘫痪状态,为集美各校服务的公用设施,如科学馆、图书馆、体育馆、福南大礼堂、医院、印刷厂等,陆续划归其他单位使用	1971年,《全国教育工作会议纪要》要求高等农业院校"统统搬到农村去"
1972年初	厦门大学海洋系航海专业撤回原集美航海学校校址;航海专业到上海远洋公司考察学习,公司委托该专业培训远洋船员;6月,在原集美航海学校校址开办短训班	原集美航海校校舍被瓜分占用;大操场因拓宽海堤需要取土,被下挖几米深	"四五"计划,远洋运输事业发展新形势
1972.5	上海水产学院南迁集美,学校易名"厦门水产学院",直属福建省领导	厦门市把原集美水产专科学校和福建水产学校的校舍及华侨补习学校的部分校舍移交给上海水产学院	

阶段六 复办和振兴(1973—1993年)

时 间	校 制	建 筑	事 件
1973	福建省财政厅复办"福建省财经学校";1983年1月,改名为"集美财经学校"	收回原在集美的福建财经学校校舍	1973—1974年,集美中学和华侨补习学校"上山下乡"职工获准回到学校
1973.2	厦大筹办航海系,把原集美航海学校的教职工从各单位调回厦大航海系;同年8月,厦大航海系改办中专,恢复原来名称,即"集美航海学校",陆续调回1970年撤销后安排到各单位的教职工,至1975年7月,较完整的中等专业学校基本复苏	复办后,收回被外单位占用的房屋,平整大操场,建筑挡土墙、校园围墙,建造两幢教工宿舍、一幢学生宿舍	1971年秋,周恩来总理主持中央日常工作,为挽救教育危机,提倡"为革命学业务、文化和技术"
1974	福建省体委决定在集美创办"福建体育学校",培养中等学校的体育教师	学校选址集美原"福建航海俱乐部"	
1974.1	福建省轻工业局复办"福建轻工业学校"为全日制工科中等专业学校;1985年,恢复原集美轻工业学校校名		
1974.6	省"革委会"同意省水产局关于复办福建水产学校的要求	原集美水产校舍已被移交厦门水产学院,福建水校暂借仓库开办;1975年暂借东渡渔港一幢楼房;1977年在厦门仙岳山下建成一幢教学大楼	
1975	厦门市教育局将厦门师范学校搬迁到集美		

阶段六　复办和振兴（1973—1993年）　　　　　　　　　　　　　　　

时　间	校　制	建　筑	事　件
1975	7月,较完整的中等专业学校"集美航海学校"基本复苏		1月,邓小平主持中央日常工作,对教育战线进行整顿; 12月28日,教育部发出《关于同意恢复和增设一批普通高等学校的通知》
1977	厦门师范学校恢复全国统一高考后,设置大专专业		
1978.1	"厦门水产学院"归属国家水产总局和福建省双重领导,以前者为主;1982年2月农牧渔业部(现为农业部)成立后,为部属16所高等农业院校之一;1979年5月,恢复上海水产学院,在军工路原址办校;厦门水产学院在集美继续办学		
1978.4	工宣队撤出学校,"革委会"取消;集美中学恢复为全省重点中学		
1978.6	复办"集美华侨学生补习学校",由福建省教育局直接领导,省侨办协助领导		10月,工宣队撤出学校,"革委会"取消,由上级指派学校负责人的过渡阶段宣告结束
1978.12	在"福建体育学校"基础上复办福建体育学院;集美航海学校升格为集美航海专科学校,交通部与福建省双重领导,以交通部为主;1979年,由交通部直接领导		
1979	4月,成立厦门师范专科学校;9月,复办"集美幼儿园"		

阶段六　复办和振兴(1973—1993年)　　　　　　　　　　　　　　　　续 表

时　间	校　制	建　筑	事　件
1980年初	3月,复办集美师范专科学校(1940年,集美师范因"统制"停办)	2月,住在幼儿园的部分居民搬出园舍,腾出养正楼一幢和葆真楼的部分房间; 复办初期,除厦门师范所建教学楼,借用科学馆、三立楼、体育馆作为办公室、实验室、宿舍、校办工厂、厨房	
1980.5	集美学校委员会重新正常开展工作		
1980.6	"福建水产学校"校名恢复为"福建省集美水产学校"		
1989.8	厦门师范专科学校改名为"集美师范专科学校"		
1980.9	集美幼儿园举行复办典礼,成为厦门市直属幼儿园	10月,校友会在归来堂召开恢复活动后的第一次理事会	厦门市人民政府批准恢复"集美学校校友会"
1980.12	集美小学被定为全省重点小学; "集美华侨学生补习学校"由福建省侨办直接领导,省教育厅协助领导		
1981		8月,国务院侨办、国家水产总局、厦门水产学院、集美侨校四方协商如何收回侨校校舍;12月,由借用的集美中学南薰楼搬回原校址办学	
1982.1	厦门水产学院被国务院确定为首批有权授予优秀毕业生学士学位的高等院校之一		

阶段六　复办和振兴（1973—1993年）　　　　　　　　　　　续　表

时　间	校　制	建　筑	事　件
1983	1月,"集美华侨学生补习学校"恢复由国务院侨办和福建省人民政府双重领导,以国务院侨办为主	集美师专征用孙厝村土地建校	
1984	4月,集美中学列为全省首批办好的重点中学,面向港澳台、东南亚、全省招生	5月,集美校委会收回集美体育馆,租给集美师范专科学校作为学生宿舍	
1985.1	集美财经学校升格为"福建省集美财政专科学校"		成立"集美陈嘉庚研究会"
1985.6			举办"嘉庚杯"龙舟赛
1987		集美师专孙厝校区竣工;12月,整修体育馆	
1988		12月,集美印刷厂(原名"集美学校印刷厂",成立于1958年)归还集美校委会管理	1月,成立"陈嘉庚基金会",设立"陈嘉庚奖"
1989	5月,集美航海专科学校升格为"集美航海学院"	7月,集美图书馆归还集美学校委员会领导和管理,性质为集美地区综合性公共图书馆	10月,成"集友陈嘉庚教育基金会"
1990			11月,命名"陈嘉庚星"
1992			8月,成立"陈嘉庚国际学会"
1993	财经更名为"集美财政高等专科学校",师专更名为集美高等师范专科学校"		

附录2

孙中山大元帅大本营批转《承认集美学村公约》（1923年）

孙大元帅大本营内政部批第三十六号　民国十二年十月廿日

具呈人福建私立集美学校校长叶渊

呈一件呈请承认集美为中国永久和平村由，现奉帅府交下该校长呈文，并请愿书一件，所呈各情已悉。业由本部电致粤闽民政长官，转知各统兵官，对于该校特别保护矣。兹将原电照抄一份，随批发阅，仰即知照！

此批。

计抄发电文一件

广州廖省长、福州萨省长鉴：现据福建私立集美学校校长叶渊，呈请大元帅电饬粤闽军民长官，一体保护该校，永久勿作战区一案，原呈并请愿书一件，奉发到部。查教育为国家根本，无论平时战时，军民长官对于学校之保护维持，皆有应尽之责。厌兵望治，人有同心，国内和平，尤政府所期望。不幸而有兵事，仍应顾全地方，免为文化之阻碍。该校创设有年，规模宏大，美成在久，古训有征，芽蘖干霄，人才攸赖。兴言及此，宁忍摧残！应请贵省长转致两省统兵长官，对于该校务宜特

别保护,倘有战事,幸勿扰及该校,俾免辍废,则莘莘学子,永享和平之
利矣。

徐绍桢皓印

附　承认集美学村公约

　　窃维敬教劝学,治本所关,思患预防,古训尤著。陈君嘉庚敬贤兄
弟,创办集美学校,规模宏远,成绩斐然。迩因军事之蔓延,深恐校务之
停滞;历请军政长官核准集美为学村,通饬保护。得法律之保障,期教
育之安全;同人等共仰高风,难辞大义;理当承认,乐于观成;谨订约章,
藉资信守。

　　一,公认集美学校设立地为学村。

　　二,集美学村之四至,北以天马山为界,南尽海,东暨郑延平故垒及
鳌头宫,西抵岑头社及龙王宫。

　　三,学村范围内,不许军队屯驻毁击及作战。

　　四,有破坏前项规定者,即为吾人公敌,当与众共弃之。

（录自:福建私立集美学校廿周年纪念刊编辑部《集美学校廿周年纪念刊》,1933:37-38）

附录3

集美学村筹备委员会规程
（1923年）

第一条 本会以筹备集美学村,使成为极美丽、文明之模范村为宗旨。

第二条 本会联合集美学校校友及集美社家长组织之。

第三条 本会设会长一人,由校主任之。副会长一人,由校长任之。委员六十四人,分教育、卫生、建筑、警务、统计、文牍、会计、交际八股,每股均由教职员推举六人,集美社家长二人,共同帮作,一人得兼任数股委员。

第四条 会长之职务如下:

甲 会长规定村内建设计划并主持一切事宜。

乙 副会长兼理村内一切事宜,如因正会长之委托代行其职权。

第五条 各股推举委员长一人主持该股事务, 其委员长及委员之职务如下:

甲 教育股,掌理社会教育之进行事宜:1.义务学校,2.通俗演讲所,3.体育场,4.阅报社。

乙 卫生股,掌理卫生之注意事宜:1.村内各地清洁之设施,2.各种卫生事务之计划。

丙 建筑股, 掌理建筑之工程事宜:1.公共房屋之建设, 2.道路之改良。

丁 警务股,掌理警务之管辖事宜:1.警章之起草,2.警士训练及指挥,3.治安之维持,4.风纪之整顿。

戊 统计股,掌理各种状况之统计事宜:1.调查各种事业,2.编制图表,3.出版报告。

己 文牍股,掌理文牍之起草事宜:1.通告,2.公牍,3.书信,4.其他事件。

庚 会计股,掌理财政之出纳事宜:1.预算,2.决算,3.支应。

辛 交际股,掌理交际之应付事宜:1.村内之交际,2.村外之交际。

各股如因职务繁重,得商请集美学校校长遴选各部学生襄理,一切唯以不妨碍学业为限。

第六条 本会之会议分为下列各项:

甲 大会:由会长定期召集之。

乙 会:每月一次于月之日由会长召集之。

丙 临时会:无定期由会长或会员之提议召集之。

丁 各股委员会:由该股委员长随时召集之。

第七条 各股施行细则由该股自定之。

第八条 本规程自公布日施行之,如有未尽事宜得随时改订之。

(录自:林翠茹《再造故乡:近代以来集美的海外移民与侨乡建设》,2008:127-128)

附录4

关于撤销集美学村杂捐和丁粮的几个政府通知
（1925年）

撤销杂捐电文　民国十四年八月十一日

同安张知事转集美学校叶校长鉴：五月二十二日呈阅悉，已电饬下游军需局，转饬同安办事处，即将集美村办各种杂捐，一律撤销。至丁粮一节，事属行政，应迳呈省长核办，特复。督理周真

福建省长公署指令　民国十四年八月廿二日

呈一件请豁免集美村赋税以励兴学由

呈悉。查陈绅嘉庚敬贤兄弟，热心教育，深堪嘉尚！据称集美学村内，下游军需局所设各项杂捐，或有妨风纪，或有涉苛细；应候咨请督办，转饬查明，分别豁免。至所请将建筑校舍之四围，免征钱粮一节，如果该地永远拨作教育场所，应否照准，以资鼓励而示优异之处，并候令行财政厅长，厦门道尹，会同查明核议呈夺。此令。

福建省长公署指令 民国十四年八月廿八日

呈一件送集美校产丁粮花户清册准予免粮由

呈册均悉。查此案前据该校长具呈,经令行财政厅长厦门道尹核议在案。兹核来册所列,每年应完丁粮,为数无多。在未经豁免之前,应由同安县照数拨作该校补助费,即以此项粮款互抵,按虚收虚支手续办理。除令行厅道,并案议复,暨分令同安县知事遵办外,仰即遵照!此令。

撤销杂捐布告 民国十四年九月廿八日

督办福建军务善后事宜周 为

布告事:案据福建私立集美学校校长叶渊呈称,敝校设于同安县辖集美村,校主陈嘉庚兄弟,开办各学校,热诚毅力,实非寻常所能及!村内如集美,岑头,郭厝,三社,皆陈姓聚族而居,地本瘠苦,多以耕渔为业。现下游军需局,在村内设有杂捐局,每月收入,约计三百余元。各捐关系日用,直接虽取之船商,而间接实取之教员学生,应恳饬令豁免,以示优待等情:当经电复照准,并电令下游军需局,即将该村各捐,一律撤销在案。兹据该校长叶渊呈请给示前来,合行布告该村商人等一体知照。此布。

(录自:福建私立集美学校廿周年纪念刊编辑部《集美学校廿周年纪念刊》,1933:42-44)

附录5

集美学校办学主旨
（1933年）

1.1933年校长叶渊关于集美学校办学方针的回顾

（1）物色人才：凡集美学校之教职员，皆宜本救国牺牲之精神，多做事，少拿钱。无此精神者，即非同志，聘任教职员，应以此为第一标准。

（2）经营实业：添购一渔轮，即可供给水产学校之经费。整理农林场，亦可渐谋农林学校之自给。以吾校人才，运用吾校之资本，便可自营生活，无待外求。寓教学于事业之中，以事业供教学之费，自造人才，自用其所造之才，终得作育人才之利；教育收敛之完满愉快，无过于此。此后拟本斯旨，与诸同事同学，共同努力，冀收实效。其最要者，即在校友道德心爱校心之养成。

（3）增筹基金：新加坡之树胶园地皮店屋及各种工厂，吾校永久之基金也。虽受世界不景气之影响，眼前未得优厚之赢利。然否极泰来，复兴当自有日，其求之在我者，则力谋俭省，爱惜宽裕时之金钱，日积月累，为长期间之储蓄。使在国内亦有相当之基金，则辅车相依，基础益固矣。

（4）改进农村： 集美学生毕业后，散居各地农村间者，十之六七，强半为小学教师，除对教育方面，略有贡献外，余则一无作为。致二十年来，福建仍呈扰乱衰落之象，地方事由一班宵小，颠倒拨弄，而莫敢谁何，民国十四年，吾校有民治研究会之组织，为人所忌，遂至中止，此吾人缺乏毅力之咎也。拟于最近期间，组织农村建设研究会，凡关于自治之法令规章，及农村建设之计划，分门别类，收罗探讨，按地方之实况，拟种种之方案，使校中青年，在校时有充分之准备，出校后为实际之工作。冀能协助政府，将福建自治，迅速推行，农村建设，丕着成效。此吾校对于社会应有之天职，视为教学上训导上一重大之中心事件，亟宜促其实现者也。

2. 集美各校办学主旨

（1）中学校： 养成健全人格，适应社会需要，授以升学预备及职业知能。

（2）高级水产航海学校： 养成水产及航海人才，开拓海洋，挽回海权。

（3）商业学校： 培养商业人才，以谋民生问题之解决；注意南洋商业，以适应地方之需要；施行公民教育，以养成健全之国民。

（4）女子中学校： 使学生信仰三民主义，作党国下忠实健全有为之青年。

（5）农林学校： 振兴闽南农林业。特设推广委员会，以图谋地方上农林事业之进展。

（6）**幼稚师范学校**：幼稚教育有时代性和地方性,集合闽南有志幼稚教育的份子，在闽南研究现代闽南的幼稚教育。培成良好的幼稚园与小学低年级教师,及适合时代的社会女子。

（7）**试验乡村师范学校**：培养乡村儿童及农民敬爱的导师。目标：康健的体魄,劳动的身手,科学的头脑,艺术的兴趣,改造社会的精神。

（8）**男小学校**：小学教育是基础教育；有良好的小学教育,然后可以培养良好的国民基础。

（9）**女小学校**：养成为家庭、社会、党国忠勇服务的女青年。

（录自：福建私立集美学校廿周年纪念刊编辑部《集美学校廿周年纪念刊》,1933）

附录6

集美小学记
（1921年）

余侨商星洲,慨祖国之陵夷,悯故乡之哄斗,以为改进国家社会舍教育莫为功。中华民国元年,归里筹办小学,翌年二月假集美祠堂为临时校舍,行开幕式。数月填社西鱼池为校址,迨仲秋新舍落成,乃移屋焉。五年以来,增筑师中校舍于西北隅,彼此逼处,既碍观瞻,又妨管理,乃思有以移之。遂相地于寨内社,明季郑成功筑垒以抗清师者也。今城圮而南门完好如故,颇足表示我汉族独立之精神,敬保存之,以示后生纪念。全寨周不逾数亩,据闽南大陆南端,临海小岗特起,与鹭屿高崎相犄角,洵一形胜地也。居民数家亦姓陈,开基逾六百年,近更式微,爰购为校址,筑新式校舍,永为集美小学之业,并建百尺钟楼为入境标志。

大中华民国十年冬十二月奠基　陈嘉庚撰书

（录自:庄景辉、贺春旎《集美学校嘉庚建筑》,2013:99）

附录7

集美解放纪念碑记
（1952年）

一八七四年我生于集美,十七岁往新加坡从商,并种黄梨、树胶,设制造厂,辛亥革命归办集美学校。一九三八年日寇陷厦门,学校移安溪,我在新加坡召集南洋各属华侨代表,组织南洋华侨筹赈祖国难民总会助抗战财力。日寇据高崎,国军守集美,炮战七年,校舍破坏大半。日寇败后,美国助蒋匪内战,一九四九年北京解放,我回国参加中国人民政治协商筹备会议。九月匪军据集美拒战三日解放后窜金门,十一月匪机来炸校舍及村宅,师生村民死伤惨重,校舍村宅破坏甚多。越年我出洋数月,回国决意长住家乡,修建校舍,扩大规模。追念历次革命战争与本校废兴经过,建集美解放纪念碑略述。附载座阶八级,象征八年抗战。又三级,象征三年内战。永垂观感。

中华人民共和国一九五二年九月十二日

陈嘉庚题

（录自:庄景辉、贺春旎《集美学校嘉庚建筑》,2013:237）

附录8

为识字运动告民众书
（1933年）

可敬可爱的民众们：

在你们一辈子的当中，有许多眼能见蚊子的足，而不识斗大的字；力能举百斤，而不能握小笔，家中有好歹事，急救药三求四乞的请人写帖与写联；外边有信来，又得左鞠躬、右作揖的求人讲解或作答。万一碰着脾气不好的读书人，或他有什么不快意的事在心头，那末你们去问他，他就拿你们来出气，叱猪叱狗似的骂你一顿。可是这时候，你们还得忍气吞声，再三请罪，口口求恕——这是多么的痛苦呵！

像这种的痛苦想你们都已亲身受过，当然知道得很明白；不过你们知道，你们明白，也是无法，因为你们天天起来，为吃饭忙，为穿衣忙，为老婆忙，为孩子忙，为做工忙，为做生意忙，为耕田忙，既忙得不得了，虽想读书识字，也没得毫子来读书，没得机会来识字，到头来，还是怪自己的命歹——这是何等的遗憾！

现在我们为解除你们的痛苦！补足你们这种的欲望，特别办了三四间民众学校，请了好多先生，希望你们来，你们大家一齐来！来！来！来！不要你们的钱，只要你们快来。有先生教你们读书，有先生教你们写字，有先生教你们打算盘，有先生教你们写信子，还有先生讲新

闻,说故事,从此你们可得许多的新知识——这是多么好的机会! 这是
多么快乐的事呀!

来呀! 来呀! 我们一同来读书,我们一同来高歌:

识字好,识字好,识得字多无价宝,为人若不识得字,人情世故都不
晓,人格由此低,家产也难保,有耳聋,有眼瞎,后来想好不得好。识字
不问少和老,识字不嫌迟与早,随时识字便是福,能后识字福不少。

集美学村民众教育委员会启

三月廿八日

(录自:集美学村民众教育委员会《为识字运动告民众书》,《集美周刊》,1933,237:5)

附录9

集美大社的知名侨房概况
（按建成时间排序）

陈嘉庚故居 [43]606,[16]65-72

　　落成于1918年，1937年4月遭日机炸毁，1955年重修，将原3层楼房改为2层，1980年修缮。故居四周设院墙，东西宽61米，南北进深49米。主体建筑为白墙红瓦，西端延伸出角楼，平面呈"L"形，东西长26米，南北进深13米，高19米（3层），建筑面积约400平方米。一、二层平面相同，正面阔五间，中厅两侧各两间厢房，西端角楼纵深两间。前部为大圆券柱廊，立柱采用罗马柱式。两端有楼梯。三层两端为角楼，中间为两坡嘉庚瓦屋顶，前部为阳台栏杆，外部门窗饰有西洋式泥塑山花。

　　1918—1922年和1958—1960年间，陈嘉庚曾工作、生活于此；1955—1958年间修复，先由集美区委、区人民政府使用。1980年，集美学校委员会决定设立"陈嘉庚先生故居"，开辟"陈嘉庚先生生平事迹陈列馆"对外开放，时任全国人大常委会副委员长廖承志题写"陈嘉庚先生故居"楼匾。1988年，厦门市政府公布为第三批市级文物保护单位。

陈维维宅（怡本楼）[253-254]

旅泰华侨陈维维建于1926年（一说陈乌纤建于1921年），为陈维维之弟陈怡本及家人长期居住，亦称"怡本楼"。该楼高3层，坐北朝南，平面为带有两侧翼楼的"凹"字形，面宽20米，进深14米，建筑面积约280平方米。建筑前有庭院，设正中院门及西侧边门。建筑中部为一厅四房，前有宽柱廊，二层拱券柱廊采用三种不同的弧拱，两侧翼楼为五边形单间。楼顶前部及翼楼顶部为露台，后部为中间横向、两侧纵向的"工"字形双坡嘉庚瓦屋面，两侧正面山尖有八角形气窗。陈维维宅外观素雅，但讲究细部装饰，白色水洗砂外墙在岁月洗礼下泛黄而益显典雅，变化的廊道拱券、弧形和火焰形窗框的百叶窗、高浮雕的柱头花卉和戏球狮子、廊道和阳台上的水泥瓶栏杆、八角形气窗等，皆十分引人入胜。

媒体报道，陈乌纤早年曾在马来西亚从事石油开采，后旅居泰国，从事大米生意。在事业成功的同时，陈乌纤先生不忘故里，投资21200银圆建成此楼。该楼曾无偿供集美学校老师、集美医院医生居住。1949年之前，共产党的地下活动曾在此开展对敌斗争。中华人民共和国成立初期，解放军部队也曾在此暂住。如今，该楼已不适应现代生活，早期建设时，厨房没有设置排水、排污系统，也没有卫生间和浴室。现房屋内墙体多处脱落，屋顶、门窗都有裂缝，被房屋安全鉴定机构检测鉴定为危房。

陈加耐宅（松柏楼）[253]

　　由旅居新加坡的华侨陈加耐建于1927年。坐北朝南的两层白墙红瓦洋楼，因楼体洁白，俗称"小白楼"。该宅由中央主楼与两侧附楼组成，建筑和庭院总宽45米，通进深16米，中间和两侧对称共3个院门。主楼宽22米，进深12米，平面呈"凹"字形，中部为三开间两层，两侧翼楼为单间两层，三面凸窗。二楼前部为拱券柱廊，水泥瓶栏杆，希腊式柱头，拱券弧线饰以圆弧形的连回纹、徽章形的圆朵花瓣。屋顶为凹字形的双坡嘉庚瓦屋面，两侧翼楼楼顶正面为三角形山尖，并开设小门，门顶山花饰以灰塑的西番莲团花，门顶小露台绕以水泥瓶栏杆。附楼为带阳台的纵长方形三层楼，二楼有天桥与主楼相连；屋顶低于主楼，东楼为平屋顶，西楼为四面坡嘉庚瓦屋面。该楼的齿状屋檐线，三拱形窗框，都饶有特色。现作为餐饮、民宿使用。

引玉楼

（详见**引玉园**）[*30]

文确楼 [130]239-243,[153]444-448,[251-253]

　　文确楼原称"吃风楼"。浔江路原为东海滨,因文确楼处迎风处,故名。由旅居新加坡陈文确和陈六使兄弟建于1937年,为同胞七兄弟共有。日寇侵占厦门期间深受其害,所幸未被毁塌,抗战胜利后修葺。建筑外围有前后庭院,占地约300平方米,建筑面积约700平方米。建筑坐北朝南,由前、后栋三层的主、附楼围合而成,灰白色水洗砂外墙,前、后楼间有正中行廊相连,形成左右两个小天井,天井四周环绕廊道和圆柱,行廊上方是天桥。前楼一、二层皆为一厅四房布局,厅内正中有木楼梯。一层大门为古厝凹寿门廊,二层正面为宽柱廊,正中一对廊柱柱头装饰繁复的涡旋纹和花叶。楼顶正中为一厅四房的露台观景平房,房顶为四面坡加两侧山头的西式屋顶,露台环绕绿色琉璃瓶栏杆。后楼四开间,正面柱廊装饰琉璃瓶栏杆,二、三层背部外墙有长条露天走廊,楼顶为两坡瓦屋面,柱廊顶为露台。

　　内部采用圆木横梁与楼板以及条形拼木天花板,外部是混凝土钢筋楼面。厅内有西式扶手楼梯,柱头、屋檐及山尖、窗楣装饰有灰塑的西式卷曲花卉纹,楼顶三个连续卷曲翻转的山头,华贵气派。

　　文确楼曾是共产党地下活动的场所,解放初安置难民至解困廉租房建成才迁出,后又安排集美中学部分携眷教工入住,直到1961年才全部迁往新建教工住宅。由于陈氏后代都生活在海外,文确楼委托家乡亲戚代为照看,长时间无人居住,受风雨侵蚀,几成危楼。在集美区侨联和集美街道的协助下,居住海外的陈氏后人回到集美,经协商,正式托付给集美街道代为维修和管理、使用,后又捐出产权。集美街道出资修缮、加固及装修，设立"陈文确、陈六使陈列馆"，于2013年10月22日集美学村百年校庆时重新开放。2017年10月，文确楼内设以华侨文化为主题的嘉庚邮局，常年开展常规邮政业务。

建业楼 [252]

为旅居泰国华侨陈建业、王金霞建于1950年。平面呈长方形，总面宽16.5米，通进深约45米。中央为纵向天井，由前后左右楼围合。前楼为两层，一层正中有闽南民居凹寿门廊和门道，大门门匾上有灰塑"建业"二字，其上为二层敞厅的朝外阳台，敞厅左右各一厢房。楼顶以西式三角木桁架支撑，前后双坡屋面。后楼为三层，五开间，火形山尖。左右为两层楼，双坡屋顶，水形山尖。天井四周屋顶为"四水归堂"瓦楞屋面，回廊式拱券柱廊，绿色琉璃瓶栏杆。建筑正面和天井四周以胭脂红砖砌建，两侧外墙为白灰墙面，后楼外墙在白墙上凸显红砖壁柱，并以红砖勾勒和突出屋檐线、窗框、窗楣，在花岗岩壁柱上嵌入红砖。水形山尖以红砖层层堆叠出檐，饰以五角星放光芒造型的山花，红白相衬，既有装饰效果，也有新时代特征。

据报道，陈建业1952年回到家乡，看到亲戚住房条件差，1953年寄钱回来，委托陈嘉庚的建筑工程队建造建业楼。原设计为有围墙的花园小洋楼，但陈嘉庚考虑家族成员多，建议充分利用空间，多建几间房间，让更多人住。于是，建业楼于1954年建成，共有54间房间。房子建成后，陈建业把建房余款作为救助基金。建业楼居住人数最多时，有9户亲戚，四代人。

泰和楼[252-253]

为旅居泰国的华侨陈水湾建于1951年,主楼居中,东西两侧各一列闽南古厝为附属平房,即厨房、厕所及佣人居所,由过水廊相连。庭院两侧有院门,院内有古井一口。庭院宽28米,通进深44米。主楼坐北朝南,由前后楼围合,面宽12.7米,进深20米,中有天井。前楼为平顶两层楼,三开间,正中凹寿门廊,门匾镌刻"诚园 一九五二年秋"。二楼墙外绕以露天外廊,楼顶正面三角形山墙有"泰和楼 一九五一年秋"字样。山墙尖顶原有灰塑大鹦鹉(一说兀鹰),故此楼又称"鹦鹉楼"(一说"鹰哥楼"),惜毁于"文革"。后楼三层,平面为一厅四房对称布局,前廊一侧有楼梯,楼顶为四坡瓦楞屋面。1975年添建楼顶小方亭,三楼前部为屋顶大露台。

泰和楼为花岗岩房基、墙裙及门堵,整体胭脂红砖砌建,正面饰以砖石壁柱、天花板灰塑装饰、虎形散水、琉璃瓶栏杆等,天井正中显要位置有黄绿套色并模印狮子、麒麟、鱼、花卉、双喜五星和五角星花纹的琉璃瓶。主楼厅堂为闽南古民居风格,有木制槅扇门、尺二红砖地面、寿屏、供桌、八仙桌等。

据报道,陈水湾当年乃响应陈嘉庚"投资故里共同建设美好家园"的号召,返乡建设该楼。取名泰和楼,既暗符侨居地"泰"国名,又含有"国泰民和"的善愿。该楼文字留有时代印记,例如,门匾"诚园"即"诚毅之园","诚毅"为集美学校校训。二楼雕刻着"增产节约",反映1950—1953年的增产节约运动。一楼窗上刻着"保家卫国",即抗美援朝的口号"抗美援朝,保家卫国"。门口的对联为经典的冠头联、藏尾联——"集绿水青山红楼长泰,美海湾新城园博平和",上下联的开头两字和末尾连起来,分别为"集美"与"泰和"。此外,对联中还藏着屋主的名字——"水湾"。泰和楼建成与集美学校重建扩大同期,家属尽量把房间腾出来给教师作为宿舍,支持陈嘉庚办学。

再成楼[252]

为旅居泰国华侨陈再成建于1955年。坐北朝南,两层红砖建筑,平面呈长方形,面宽14米,进深11.5米,建筑前有围墙小庭院。一、二层楼内部平面为一厅四房对称布局,正面拱券柱廊。楼顶前部为围栏露台,后部为西式的四坡屋顶,两侧坡屋顶有三角形山尖。屋顶中间有楼梯和小门。楼顶正面三角形山头纹饰简单,放射状的太阳光芒纹和卷曲花草纹。一层石框大门上的门匾有"再成"楼名。

两侧及背面外墙为普通的白灰面墙体,以正面的红砖墙作为整座建筑的装饰重点。楼梯前部的红砖拱廊,拱券富有变化,或大或小,或弧形或半圆形,白色花岗岩拱心石嵌入红色墙体,与柱廊的白色花岗岩栏杆条石、绿色琉璃瓶栏杆、楼顶的白色山头,共同点缀主体墙面。

紧贴着再成楼西侧的两层平顶自建房,企图与其保持风格一致——拱券柱廊、绿色琉璃瓶栏杆、白色栏杆条石、拱券上白色拱心石——但皆为表面贴砖,并非真实建筑材料砌建,因缺乏真实性而没有起到装饰效果。

登永楼[252]

为旅居印尼华侨陈登永建于1958年。坐北朝南，前后主附楼，前有庭院，正面水洗砂面的院门及院墙。主楼为两层红砖建筑，面宽12米，进深15.5米，正面拱券柱廊，内部平面一厅四房对称布局，厅堂以木屏隔成前后厅，屏后有扶手木楼梯。正立面为胭脂红砖墙体和柱廊，二层拱形柱廊，以白色花岗岩作为墙基、栏杆条石，檐下横梁及门框。两侧白色花岗岩边墙嵌入红色的窗框、楼层线和屋檐线、壁柱。楼顶是西式建筑的四面坡屋顶，两侧坡屋顶有三角形山尖。楼顶前方露台正中立有水洗砂三角形山头，堆塑"登永楼"和"1958"字样。附楼两层，四开间，房前廊道，东端有楼梯，楼顶为前后双坡嘉庚瓦屋面。

装饰方面，大门上方有精美的涡卷形花卉纹饰，一楼廊道天花板的西式纹饰，屋檐边上的虎形散水，红色窗框的帷幔形窗楣，简明的光芒纹、几何垂幔纹等。

现登永楼采取"封阳台"方式将拱形柱廊室内化，拱券下填入白色百叶窗，尽管试图遵循"红＋白"风格，但破坏了柱廊内外交融的过渡空间意义，突显使用者对于侨房认识的苍白。

附录10

参考文献

[1] 陈达.南洋华侨与闽粤社会[M].北京:商务印书馆,2011:67,122,134-135,154,208.

[2] 陈嘉庚.南侨回忆录[M].上海:上海三联书店,2014:4,5,61-62,437,439.

[3] 陈厥祥.集美志[M].香港:侨光印务有限公司,1963:18,59,61-62,65,73,147.

[4] 林翠茹.再造故乡:近代以来集美的海外移民与侨乡建设[D].厦门:厦门大学, 2008:16,17-18,127,132-135,168-169.

[5] 陈村牧.陈村牧在集美航校校友返校茶话会上的讲话[J].集美校友,1980(复刊号):2.

[6] 福建私立集美学校廿周年纪念刊编辑部.集美学校廿周年纪念刊[M].厦门:集美学校秘书处·消费公社发行,1933:34,38,42,44,56.

[7] 陈经华.百年往事[M].厦门:厦门大学出版社,2013:31.

[8] 林斯丰主编.集美学校百年校史[M].厦门:厦门大学出版社,2013.

[9] 张其华.陈嘉庚在归来的岁月里[M].北京:中央文献出版社,2003:79,127.

[10] 曹长凯.集美区重视支持学村发教育事业[J].集美校友,1993(5):7.

[11] 本刊.李岚清副总理来厦考察教育强调把厦大和集美学村办得更好[J].集美校友, 1994,76(1):2-3.

[12] 陈嘉庚先生创办集美学校七十周年纪念刊编委会.陈嘉庚先生创办集美学校七十周年纪念刊[M].厦门:集美学校,1983:21,25,38-39,46,52,93,107,119,128-129.

[13] 陈新杰.集美学校的校庆与庆典(外一篇)[J].集美校友,2013,195(4):138.

[14] 陈泰灿.记忆中的集美学校50周年校庆[J].集美校友,2013,195(4):37.

[15] 百年集大嘉庚建筑编写组.百年集大 嘉庚建筑[M].厦门:厦门大学出版社,2018: 13,89,195.

[16] 庄景辉,贺春旎.集美学校嘉庚建筑[M].北京:文物出版社,2013:10,20,23-24,65- 72,89,99,101,197-208,215,219,269,277-286,335-336.

[17] 孙福熙.我爱谈集美——参观福建集美学校记[J].集美周刊,1931,279:5,7.

[18] 何敬真.登天马山赋并序[J].集美周刊,1931,295,10(15):56.

[19] 陈呈主编.陈嘉庚画传[M].厦门:陈嘉庚纪念馆,2019.

[20] 吴吉堂主编.时间,在集美增值:老照片[M].厦门:厦门大学出版社,2017:22,175,189.

[21] 厦门市归国华侨联合会,厦门市华侨历史学会编.厦门天马华侨农场史[M].北京:中国华侨出版社,2017:3.

[22] 叶文川.爱唱这歌走天涯——献给陈校主的歌[J].集美校友,1991,58(1):37.

[23] 周坤.回集美[J].集美校友,1991,62(5):25.

[24] 林青编.集美商业学校第十组毕业纪念刊[M].厦门:集美学校,1933:85.

[25] 杨飞岚.集美母校抒怀[J].集美校友,1992,67(4):39.

[26] 梁披云.集美学校七十周年大庆兼校主生日纪念[J].集美校友,1983,13(13):11.

[27] 彭炳华.海内外校友祝贺集美学校同安校友会成立[J].集美校友,1993,72(3):14-15.

[28] 伍振权.遥祝[J].集美校友,1983,15(15):13.

[29] 鲁芒.集美行[J].集美校友,1986,28(1):20.

[30] 刘浴沂.锦堂春慢——纪念陈嘉庚校主120周年华诞[J].集美校友,1994,79(4):5.

[31] 邱思耀.他们如夜空的群星[J].集美校友,1995,84(3):23-24.

[32] 陈村牧.歌咏集美建校五十周年(未定稿)[J].集美校友,1996,93(6):29.

[33] 杨飞岚.迎集美母校90周年庆[J].集美校友,2002,129(6):37.

[34] 杨飞岚.鹧鸪天·祝校庆 颂庚翁[J].集美校友,2003,134(5):38.

[35] 杨飞岚.鹧鸪天·祝集美校友创刊85周年[J].集美校友,2005,144(3):37.

[36] 杨飞岚.集友不厌百回读[J].集美校友,2005,147(6):38.

[37] 陈学新.集大湖赋[J].集美校友,2013,194(3):46.

[38] 孙建.集美颂[J].集美校友,2013,194(3):47.

[39] 林斯丰主编.《集美学校百年校史》编写组.集美学校百年校史:1913—2013[M].厦门:厦门大学出版社,2013:186.

[40] 卢曾昌.家国之间:天马山华侨农场个案研究[D].厦门:厦门大学,2017.

[41] 厦门市国土资源与房产管理局.图说厦门[M].厦门:厦门市国土资源与房产管理局,2006:26.

[42] 厦门市姓氏源流研究会·陈氏委员会.集美社陈氏古今人物录[M].厦门:厦门市姓氏源流研究会,2000:64.

[43] 厦门市集美区地方志编纂委员会.厦门市集美区志[M].北京:中华书局,2013:43,44,55,66-67,98,101-103,110,112,120-122,124,130-140,135,189,192,200,221,258,323,598,606,663,665-666,673.

[44] 颛蒙叟.集美史略[C].厦门:[出版者不详],2002:20,37,43-45,48,83,87,133,143.

[45] 陈友义.海缘[J].集美校友,1989,47(2):10-11.

[46] 本刊.新聘教职员到校[J].集美周刊,1931,281,10(1):6,10.

[47] 本刊.男小学校消息·村公所建筑游泳池募捐[J].集美周刊,1931,275:9,10.

[48] 陈俊林.陈嘉庚先生回国定居后对集美龙舟赛事的贡献[J].集美校友,2013,197(增刊):34.

[49] 陈季玉.集美的石板路[J].集美校友,2006,152(5):38-39.

[50] 厦门交通志编纂委员会.厦门交通志[M].北京:人民交通出版社,1989.

[51] 福建私立集美学校十周年纪念刊编辑部.福建私立集美学校十周年纪念刊[M].厦门:福建私立集美学校,1923.

[52] 陈少斌.集美学校"西门"和"集美学村"正门[J].集美校友,2000,117(6):37.

[53] 林新繁.校友来鸿摘抄[J].集美校友,1984,16(1):25.

[54] 吴林霞.道南楼畔龙舟歌:龙舟竞渡当日岂独遥思吊屈原—漱园[J].集美校友,1991,62(5):40-42.

[55] 傅子玖.南薰楼驰想[J].集美校友,1982,9(9).

[56] 傅子玖.海曙[J].集美校友,1989,47(2):21.

[57] 白少山.总有一天[J].集美校友,2015,211(5):51.

[58] 白云.散文诗二章[J].集美校友,1985,27(6):14.

[59] 蔡祖卿.同窗长别五十年,白发重逢在母校——初中55组高中20组师生联欢记盛[J].集美校友,1994,76(1):14-17.

[60] 陈彬.百年集美学校(选登):侨生摇篮[J].集美校友,2013,196(5):27-32.

[61] 陈国珍.集美龙舟池随笔[J].集美校友,1989,46(1):12.

[62] 陈季玉.起名[J].集美校友,2005,142(1):37-38.

[63] 陈锦标.从集美的南薰楼到福州的长安山[J].集美校友,1989,48(3):10.

[64] 陈满意.刘平.黄绶铭、黄村生、黄永玉祖孙三代的集美学校情缘[J].集美校友,2017,221(1):18-21.

[65] 陈少斌.陈嘉庚先生二三事[J].集美校友,1984,20(5):32-34,36.

[66] 陈少斌.风雨沧桑延平楼[J].集美校友,1986,31(4).

[67] 难忘的回忆：悼念敬爱的邓小平同志[J].集美校友,1997,95(2):7.

[68] 陈新杰.从早期集美小学足球赛照片说起[J].集美校友,2016,218(5):34.

[69] 陈新杰.南薰楼：嘉庚精神的诠释[J].集美校友,2018,232(6):36-37.

[70] 陈学新.登集美大学综合楼[J].集美校友,1997,97(4):31.

[71] 陈学新.念奴娇·教师节登集美南薰楼[J].集美校友,2014,203(5)52.

[72] 陈耀国.集美学校七秩大庆记[J].集美校友,1984,16(1):13.

[73] 陈振群.忆集美小学集美校舍的生活片断[J].集美校友,1983,13(13):12.

[74] 冯沿江.乐育英才报效祖国——记喜迎八十华诞的厦门集美中学[J].集美校友,1998,104(5):20-22.

[75] 冯沿江.金凤振翼山光海色——陪央视记者采访南薰楼[J].集美校友,2019,235(3):32-33.

[76] 韩林.集美建筑话"合璧"[J].集美校友,1994,77(2):19.

[77] 韩林.陈嘉庚建筑名称来历及简释[J].集美校友,2013,197(增刊):42.

[78] 华晓春.集美——永远的家园[J].集美校友,2003,133(4):39.

[79] 黄鸿仪.集美——我艺术生命的摇篮[J].集美校友,1988,44(5):3-4.

[80] 黄顺通,刘正英.从杨家岭到鳌园——纪念陈嘉庚先生和毛泽东的交往[J].集美校友,1993,73(4):6-7.

[81] 集美中学.三楼修护原则敲定[J].集美校友,2002,124(1):13.

[82] 蓝林川.集美财经学校今昔谈[J].集美校友,1985,25(4):16-17.

[83] 李俐.魂兮归来[J].集美校友,1994,81(6):19-20.

[84] 李锐.浔江交响曲[J].集美校友,2004,136(1):27.

[85] 李天锡.集美即咏三章晋邑嘉景楼[J].集美校友,2005,146(5):39.

[86] 李彤.前进,永不停息[J].集美校友,2014,202(4):51.

[87] 林静.《集美之夜》引出的后续故事[J].集美校友,2016,217(4):44-45.

[88] 林生淑.叶校长凝聚力之所在[J].集美校友,2004,139(4):14-15.

[89] 林新繁.抹不去的回忆——集美中学42组断想[J].集美校友,2003,132(3):32-33.

[90] 马建英.再进中学门[J].集美校友,2011,179(2):46.

[91] 穆连才.与春天同歌与时代共舞—集美中学"老三届"联谊活动盛况纪实[J].集美校友,1995,82/83(1/2):14-17.

[92] 欧阳威.嘉庚缘集美情[J].集美校友,2013,196(5):47.

[93] 任镜波.黄永玉最近来过集美(外一篇)[J].集美校友,2017,221(1):15-17.

[94] 宋葭.集大新校区——新中国成立 60 周年百项经典暨精品工程之一[J].集美校友,2009,171(6):36-38.

[95] 谭南周.瞻仰李林烈士像七绝[J].集美校友,1988,45(6):18.

[96] 谭南周,周玲.集美学村:永存的丰碑[J].集美校友,1992,65(2):27-29.

[97] 王德明.人情重抔土校友思母校[J].集美校友,2010,177(6):27.

[98] 夏雄.校主铜像前抒怀[J].集美校友,1992,64(1):28.

[99] 许文智.重返集美母校:集美水产学校养殖 62 届毕业 50 周年集美聚会有感[J].集美校友,2012,190(6):41.

[100] 杨崇正.夜晚的南薰楼[J].集美校友,1998,103(4):40.

[101] 杨飞岚.集美中学九秩华诞礼赞[J].集美校友,2008,164(5):39.

[102] 杨飞岚.中秋感念集美师友[J].集美校友,2016,218(5):50.

[103] 杨日照.雨纷纷 纷纷雨[J].集美校友,1998,101(2):1.

[104] 易湛冲.校友来鸿摘抄[J].集美校友,1987,39(6):25.

[105] 章素菊.热烈的响应[J].集美校友,1986,28(1):15-16.

[106] 郑俊杰.三访集美[J].集美校友,2004,136(1):25-26.

[107] 周添成.魂牵梦绕尚忠楼[J].集美校友,2015,207(2):26.

[108] 朱光钛,余芳.陈嘉庚建筑楼名、楼名特点及教育意义[J].集美校友,2012,191(增刊):25.

[109] 吴斌.满江红——高中 37 组同学首次返校聚会[J].集美校友,1987,37(4):13.

[110] 陈少斌整理.日军对集美学村犯下的滔天罪行史实[J].集美校友,2005,144(3):33.

[111] 本刊.39 个校友会代表共庆集美校友会 90 周年华诞[J].集美校友,2010,177(6):1.

[112] 陈颂.湄南河畔诚毅——记第二届全球集美校友联谊大会[J].集美校友,2011,179(2):10-11.

[113] 陈彬.百年集美学校 1913—1923:大开拓大发展(下)[J].集美校友,2012,188(4):22-27.

[114] 陈励雄.香港集美校友会举行成立 30 周年庆典[J].集美校友,2013,192(1):8.

[115] 本刊.岿然不动[J].集美校友,2016,218(5):1.

[116] 薛辉新.总会举行习近平总书记给集美校友总会回信三周年座谈会[J].集美校友,2017,225(5):4.

[117] 陈少斌.陈嘉庚建造集美风景区[J].集美校友,2000,114(3):36.

[118] 陈少斌.集美小学校舍的变迁[J].集美校友,2012,187(3):33.

[119] 陈毅明.梦回侨生摇篮集美中学[J].集美校友,2018,231(5):27-28.

[120] 林竹.忆往事缅校主贺校庆——记2018年集美中学上海校友会座谈会[J].集美校友,2018,230(4):26.

[121] 陈嘉庚先生纪念册编辑委员会.陈嘉庚先生纪念册[M].北京:中华全国归国华侨联合会,1962.

[122] 陈呈编著.集天下之大美:中国·集美全国摄影大展作品集[M].北京:中国摄影出版社,2011.

[123] 郑高葳主编.集美[M].北京:中央文献出版社,2005:68,69-71,559.

[124] 陈少斌.陈嘉庚研究文集(三)[Z].厦门:厦门市集美陈嘉庚纪念馆,[出版时间不详]:102-103,239-243,298-302,303-307,310,317-327,331-334.

[125] 陈满意,何庆余编.远去的老集美[M].合肥:黄山书社,2022:54-62,73-89,100-103,112-114,120-121,124-126,162-163,287-294.

[126] 张富强.集美漫步(汉徘五首)[J].集美校友,1983,12(12):7.

[127] 陈梧桐.我一直怀念着母校[J].集美校友,1984,18(3):15.

[128] 周添成.语不尽情不断[J].集美校友,1985,22(1):20.

[129] 黄鸿仪.开启我智慧灵光的钥匙——集美图书馆[J].集美校友,2010,172(1):41-42.

[130] 老苏.重游集美话当年[J].集美校友,1988,43(4):15-16.

[131] 陈新杰.漫话集美学村的游泳池[J].集美校友,2019,233(1):34-35.

[132] 陈允豪,陈德峰主编.福建[M].厦门:鹭江出版社,1987:44.

[133] 集美航海专科学校.集美航海专科学校校庆活动特刊[M].厦门:集美航海专科学校,1980.

[134] 本刊.女童子军操艇[J].集美周刊,1929,221(11):17.

[135] 本刊.五组学生操艇赴厦旅行[J].集美周刊,1928,173:10.

[136] 曾良友.何处无风浪[J].集美校友,2000,117(6):38.

[137] 郑承龙.一次惊险的操艇实习[J].集美校友,1994,78(3):26.

[138] 航专报导组.坚持自力更生艰苦创业集美航专逐步改善办学条件[J].集美校友,1981,3(3):15.

[139] 赵志成,张琦.情系母校的张荣昌老校长[J].集美校友,1990,57(6):33.

[140] 张琦.做不愧陈嘉庚英名的好学生——写在水校80周年校庆之前[J].集美校友,2000,116(5):35.

[141] 黄文沣.我们永远怀念你:纪念陈嘉庚先生诞辰一百一十周年[J].集美校友,1984,
20(5):21.

[142] 斯达.航海教育:陈嘉庚心中不舍的情结[J].集美校友,2010,176(5):20-22.

[143] 林斯丰.传承陈嘉庚航海教育思想培养高素质航海专门人才[J].集美校友,2013,
197(增刊):6.

[144] 灵山.集美龙舟竞赛的十个第一[J].集美校友,2019,235(3):31-32.

[145] 郭妮妮.诗意端午:第十四届集美端午诗歌节——"诗歌在民间"福建省诗歌创作
研讨会举行[J].集美校友,2019,235(3):51.

[146] 林小芬.2019海峡两岸龙舟文化节暨"嘉庚杯""敬贤杯"海峡两岸龙舟赛举行[J].
集美校友,2019,235(3):4.

[147] 本刊.水校举行端艇比赛 高十九组荣获冠军[J].集美周刊,1948,40(10/11/12):6.

[148] 季雪初.集大获中国海员技能大比武团体二等奖[J].集美校友,2019,236(4):40.

[149] 林启仁.校主对我们关怀无微不至的关怀[J].集美校友,2012,187(3):31.

[150] 陈承裕,蔡子三.纪念陈嘉庚先生创办集美学校90周年学村呈现浓烈的节日气氛
[J].集美校友,2003,134(5):4.

[151] 陈励雄.集美龙舟文化添新彩[J].集美校友,2010,174(3):6-7.

[152] 陈励雄.龙年龙舟池畔三龙展雄姿[J].集美校友,2012,187(3):4-5.

[153] 陈少斌.陈嘉庚研究文集(二)[Z].厦门:厦门市集美陈嘉庚研究会编,2012:241-
258,444-448.

[154] 陈泰灿.集美龙舟文化[J].集美校友,2009,167(2):38.

[155] 陈新杰."郎处别舲舳"考[J].集美校友,2009,168(3):33.

[156] 陈新杰.陈嘉庚与龙舟体育竞技赛[J].集美校友,2012,187(3):34.

[157] 陈新杰.集美龙舟池今昔谈[J].集美校友,2018,229(3):20.

[158] 大社人.我们可爱的集美人[J].集美校友,2012,187(3):21.

[159] 傅子玖,余朝光.五月端阳话龙舟[C]//1987年厦门嘉庚杯国际龙舟邀请赛组织
委员会.盛世龙舟:1987年厦门嘉庚杯国际龙舟邀请赛纪念刊.厦门:[出版者不
详],1987:7.

[160] 郭子.两岸龙舟市集首次亮相[J].集美校友,2018,229(3):5.

[161] 黄智敏.从"地方级"到"国家级"的蜕变:历届集美龙舟赛回眸[N].海峡导报,
2010-05-24(07).

[162] 纪.90周年校庆十大活动[J].集美校友,2003,132(3):8.

[163] 季尤宗.端午看集美两岸赛龙舟[J].集美校友,2016,216(3):4.

[164] 金宗合.一年一度的"嘉庚杯""敬贤杯"海峡两岸龙舟赛在集美隆重举行[J].集美
校友,2014,201(3):4.

[165] 本刊.集美五月赛龙舟[J].集美校友,2006149(2):6.

[166] 李艳.百年学村龙舟大赛[J].集美校友,2013,194(3):4.

[167] 林忠阳.陈嘉庚与集美龙舟赛[J].集美校友,2006,150(3):36.

[168] 龙吉文."嘉庚杯""敬贤杯"海峡两岸龙舟赛举行[J].集美校友,2018,229(3):4.

[169] 舢夫.集美学村各院校积极参加龙舟赛[J].集美校友,1998,102(3):14.

[170] 王晗.海峡两岸龙舟文化节[J].集美校友,2015,208(3):5-6.

[171] 夏敏.龙舟,我们的水上激情[J].集美校友,2008,162(3):38-39.

[172] 肖晓."荷兰之龙"亮相浔江[J].集美校友,2008,162(3):6.

[173] 友钟.浔江波上角逐两岸健儿争雄:2008海峡两岸龙舟赛在集美举行[J].集美校
友,2008,162(3):4-6.

[174] 余朝光.集美的龙舟文化[J].集美校友,1991,60(3):16-17.

[175] 哲宏.把桨飞舟见精神——集美师专龙舟夺标散记[J].集美校友,1988,43(4):6-7.

[176] 宗和.2017海峡两岸龙舟赛在集美开桨——弘扬传统文化共叙两岸亲情[J].集美
校友,2017,223(3):7-8.

[177] 本刊.集美学村举行传统龙舟赛香港集美校友会寄赠奖品[J].集美校友,1986,
30(3):27.

[178] 本刊.集美学校历次校庆[J].集美校友,2002,125(2):34-35.

[179] 本刊."嘉庚杯""敬贤杯"海峡两岸龙舟赛举行[J].集美校友,2009,168(3):1.

[180] 本刊.今年的集美五月龙舟赛[J].集美校友,2009,168(3):4-5.

[181] 本刊.首届"嘉庚杯"龙舟竞赛端午节将在集美角逐[J].集美校友,1985,23/24
(2/3):45.

[182] 本刊."嘉庚杯"国际龙舟邀请赛在集举行——劲旅七支争夺桂冠,观众十万盛况
空前[J].集美校友,1987,36(3):33.

[183] 本刊.集美学村嘉庚杯、敬贤杯龙舟赛纪实[J].集美校友,1995,84(3):38-39.

[184] 本刊.培育航海家的摇篮:集美航海专科学校六十周年校庆侧记[J].集美校友,
1980(复刊):6.

[185] 本刊.五月扒龙舟——2007嘉庚杯敬贤杯第二届海峡两岸龙舟赛[J].集美校友,
2007,156(3):6-7.

[186] 本刊.龙王宫码头建筑完竣[J].集美周刊,1929,207:6.

[187] 集美石板路将陆续退役[N].厦门日报,2007-05-18(5).

[188] 优化提升打造亮丽集美[N].厦门日报,2009-09-14(5).

[189] 冯岚.留不住的石板小路[J].集美校友,2007,158(5):38-39.

[190] 林小芬.大社将建文创旅游街区[J].集美校友,2014,203(5):47.

[191] 老学村迎来文化旅游新看点[N].厦门日报,2012-08-31(6).

[192] 双妮.打造最地道的闽南风味游:集美大社正成为具有人文内涵的文创旅游街区
[J].集美校友,2016,214(1):44.

[193] 联发·集美大社示范街区开放[N].厦门日报,2018-08-10(11).

[194] 全国政协办公厅.华侨旗帜,民族光辉——纪念陈嘉庚先生诞辰150周年[N].人民
日报,2024-10-21(06).

[195] 陈呈主编.世纪辉煌——集美学校百年历史图集:1913—2013[M].北京:人民日报
出版社,2017:36.

[196] 才旦.寻找新大社[J].集美校友,2004,140(5):33-34.

[197] 刘琴姐.滨海民风——大社寻幽[J].集美校友,2004,139(4):37.

[198] 崔晓旭.悠悠大社重塑文旅新地标:集美大社示范街区昨正式开放[N].海峡导报,
2018-08-05(05).

[199] 小林.集美将建旅游休闲小镇[J].集美校友,2015,207(2):45.

[200] 郭妮妮,郭槟楠.联发收购集美大社文创旅游区项目[J].集美校友,2017(4):47.

[201] 陈新杰.集美学村的村校共建[J].集美校友,2015,206(1):28-29.

[202] 张景崧.集美调查(续)[J].集美周刊,1928,188:2,3.

[203] 陈敬贤.陈敬贤致陈嘉庚家书摘录(1923—1927年)[M]//集美陈嘉庚研究会,政协
集美区委员会.编.陈敬贤先生纪念集(1889—1936).[出版者不详],2003:163,171.

[204] 邓仲平.想象中集美学村民众教育五年内应有的成绩[J].集美周刊,1930,244:3.

[205] 黄则吾.办理集美民众教育应先注意的问题[J].集美周刊,1930,244:0-1.

[206] 本刊.组织民众教育委员会[J].集美周刊,1930,232:5.

[207] 陈美祯.集美民众妇女夜校二年来概况[J].集美周刊,1933,339,14(5):4-5.

[208] 本刊.识字运动大会状况[J].集美周刊,1933,237:4-5.

[209] 林德曜.改进集美学校之计划大纲(续)[J].集美周刊.1925,385,17(5):7.

[210] 叶维奏.办理民众学校的困难及其补救法[J].集美周刊,1930,244):2.

[211] 王秀南.改进集美学村发凡[J].集美周刊,1930,245:0-3.

[212] 谢诗白.集美学村风土志[J].地理杂志,1929,2(4):1-6.

[213] 本刊.禁止小贩[J].集美周刊,1926,132:5.

[214] 本刊.集美饭店不日开幕[J].集美周刊,1928,169:10.

[215] 本刊.学村设警[J].集美周刊,1926,132:5.

[216] 本刊.叶校董请各校禁止演剧以弭窃盗函[J].集美周刊,1929,202:4.

[217] 本刊.中学校消息·派警驻校[J].集美周刊,1931,290:4-5.

[218] 本刊.搜查木器[J].集美周刊,1928,180:15-16.

[219] 本刊.经济竭厥中之整理校费办法[J].集美周刊,1935,390/391,17(10/11):13.

[220] 叶渊.密函[J].集美周刊,1928,180:16.

[221] 本刊.乡民与侦探因误会而起冲突[J].集美周刊,1930,254:8-9.

[222] 本刊.陆军新编第一师第二旅第四团第三营营本部公函[J].集美周刊,1930,254:9.

[223] 本刊.军队莅乡办案[J].集美周刊,1930,257:5.

[224] 本刊.本校为彭友圃被殴致本省军民长官电一[J].集美周刊,1926,133:2.

[225] 本刊.农林部被劫案之纠葛[J].集美周刊,1926,133:3.

[226] 陈少斌.陈嘉庚与集美学村公业[J].集美校友,2016,214(1):33-34.

[227] 本刊.集美学村联保主任委定[J].集美周刊,1935,396:5.

[228] 陈少斌.陈嘉庚研究文集[Z].厦门:厦门市集美陈嘉庚研究会,2003:249,331.

[229] 陈新杰.集美学村在新中国的巨大发展[J].集美校友,2020,239(1):36-37.

[230] 吴吉堂,许金顶主编.浔金史话[M].厦门:鹭江出版社,2013:206.

[231] 陈新杰,等.集美史迹点滴[J].集美校友,2013,[期数不详]:[页数不详].

[233] 陈共存口授.洪永宏编撰.陈嘉庚新传[M].新加坡:陈嘉庚国际学会,八方文化企业公司,2003:7.

[233] Christopher Alexander, et al. A Pattern Language [M]. New York: Oxford University Press, 1977: 517-523, 599-602.

[234] 王枝忠.王审知:开闽第一人[M].福州:福建人民出版社,2016.

[235] 陈新杰.集美学村的路[J].集美校友,2013,195(4):38.

[236] 陈乌亮.集美学村厕所沿革[C]//中国人民政治协商会议,厦门市集美区文史资料委员会.集美文史资料第七辑.厦门:[出版者不详],1996:94-97.

[237] 陈新杰.校主重视疾病防治及环境卫生[J].集美校友,2010,172(1):40.

[238] 陈柏桦.传统生活街区空间形态演变的历史考察——以厦门集美大社为例[D].厦门:华侨大学,2022:70-80,91,97-102.

[239] 陈新杰.陈嘉庚的解困廉租房[J].集美校友,2016,219(6):27-28.

[240] 岳阳市地方志办公室编.岳阳市志5[M].北京：中央文献出版社,2015.

[241] 陈永和主辑.陈子君主编.集美陈氏草志[Z].厦门:[出版者不详],2000.

[242] 陈嘉庚.战后建国首要住屋与卫生[C].新加坡：南洋华侨筹赈祖国难民总会,1946.

[243] 张景崧.集美调查[J].集美周刊,1928,188:1-3.

[244] 叶渊.叶校董请各校预防鼠疫函[J].集美周刊,1929,207:3.

[245] 本刊.小学校消息·提前放假[J].集美周刊,1929,211:11.

[246] 本刊.医院新讯·岑头发生鼠疫说[J].集美周刊,1929,225:9.

[247] 集美旅游.在街边一站就是几十年,集美的这些"老家伙",你可曾注意到?.[EB/OL].(2019-10-26).https:www.sohu.com/a/349835621_231322.

[248] 天下集美.集美这个地方美了百年！却很低调.[EB/OL].(2023-03-28).https://zhuanlan.zhihu.com/p/617674581.

[249] 陈嘉庚先生创办集美学校七十周年纪念刊编委会.陈嘉庚先生创办集美学校七十周年纪念刊(续编)[M].厦门:七十周年纪念刊编委会,1984.

[250] 林柏丞,蔡国烟,孙宾.集美文确楼——护好侨胞的"根",让后代记得"家".[N].鹭风报.2022-08-26(3).

[251] 林柏丞,蔡国烟.泰和楼:泰国华侨响应嘉庚号召回国建设子孙牢守祖辈记忆[N].鹭风报,2022-09-02(4).

[252] 林火荣,郑东主编.凝固的旋律:集美特色侨房集萃[M].厦门:厦门音像出版有限公司,2013.

[253] 宗琴,林小芬.百年侨房成危房如何保护费思量:集美相关部门建议政府出资修缮,将部分建筑作为华侨文化的展示场所[N].海西晨报,2018-03-24(A03).

[254] 林柏丞,蔡国烟.怡本楼:守望侨亲砖瓦 见证百年沧桑[N].鹭风报,2022-07-01(6).

[255] 静待复苏的侨楼王:引玉楼(红楼).集美旅游[EB/OL].(2015-09-01). http:www.xmgbuy.com/articlel/294.html.

[256] 集美旅游.越老越有味儿！集美街边的"老家伙"你都认识吗? [EB/OL].2019-10-24.https://www.sohu.com/a/349318046_480173.

[257] （清）江日昇.台湾外记[M].福州:福建人民出版社,1983.

[258] 陈乌亮.集美引进的树种及其命运[C]//中国人民政治协商会议厦门市集美区委员会文史资料委员会.集美文史资料第十辑.2000:61.

后　记

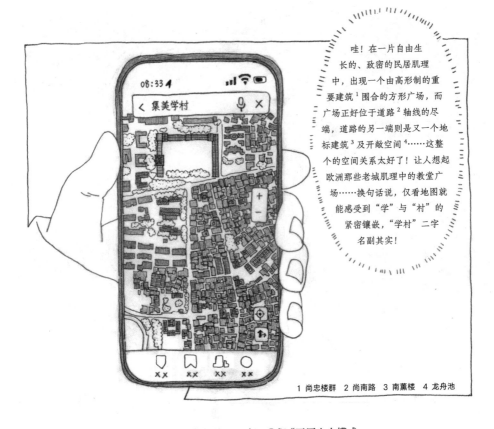

哇！在一片自由生长的、致密的民居肌理中，出现一个由高形制的重要建筑[1]围合的方形广场，而广场正好位于道路[2]轴线的尽端，道路的另一端则是又一个地标建筑[3]及开敞空间[4]……这整个的空间关系太好了！让人想起欧洲那些老城肌理中的教堂广场……换句话说，仅看地图就能感受到"学"与"村"的紧密镶嵌，"学村"二字名副其实！

1 尚忠楼群　2 尚南路　3 南薰楼　4 龙舟池

　　对集美学村的初步印象，要追溯到2021年，我们"亚历山大模式语言"读书会的小伙伴相约一起拜访在集美大学教书的刘昭吟老师。彼时读书会已在线上进行两三年，大家期待一次线下的相聚，而刘老师正着手创作此书。看着手机卫星图上的学村建筑肌理，我不禁兴奋起来。

因共读模式语言相聚，于是行程变为刘老师一边如数家珍地导览学村，一边给我们出模式语言考题。对学村的实地认知，从刘老师家附近的大祖祠广场开始，接着沿大社路往南，在民居缝隙中瞥见如神一般的南薰楼，又拐到渡南路，路的尽端是波光粼粼的海面……

　　……再到鳌园海滩边，看到讨小海、休闲嬉戏的人们，背景是海天之间的纪念碑与鳌亭；转身则是突然出现的大台阶；走过李林园，听女英雄的故事；下大台阶，在南薰楼前仰望；穿过气场宁静的归来园，在陈嘉庚铜像前驻足；又取道嘉庚路，在"白千层"之间穿梭，到内池畔羊蹄甲树下的学思亭休息。置身于学村，无法不被诸多高品质的地点打动。陈嘉庚年代的建设贯穿规划、建筑、景观、基础设施等多个方面，而其建设初心乃是基于故土情感和责任，是为大众谋福祉，不禁让身为建筑师的我心生敬佩。

　　继而众人又步入航海学院，见高地之上的允恭楼群气势恢宏，而高台刚好作为操场看台，才知注重学生体育锻炼的陈嘉庚，其学校建设理念中"有校必有场"，结合集美半岛丘陵地貌的坡地地形，因地制宜地设计施工操场。到1965年，学村内成形及未成形的大小操场多达5处，还有篮球场、泳池等，也多注重"校"与"场"的关系。现场感受建筑结合地形带来的空间魅力，让人感慨，现如今的校园建设有多少可以做到几十年前的这般水准。

基于1965年航拍地图的"校""场"关系分析

感慨同时伴随疑惑：学村内有诸多学校，需要多高超的设计能力，才能处理如此多的"校""场"关系？每个场地的地形不同，校与校之间彼此关联，各校又形成一个整体，同时还需考虑校与村的关系。后来我尝试梳理这些关系，注意到那些微妙偏转的轴线、灵活多变的围合，颇值得玩味，由此，学村设计建造的复杂程度令我着迷。而当我以惯常的设计思维这么推导的时候，刘老师提醒我：不要忘了学村是一步一步"生长"出来的，并非像当代的规划建设一蹴而就。集美向来用地紧张，连各个地块都是陈嘉庚当年或"填池建校"，或购置坟地，逐步努力获取的，再加上战争摧毁校舍、自费建设成本要分批投入，可知建校过程之艰辛。学村空间建设的生长性，正是基于这些动态变化的现实条件。

　　视角回到大社。白天行程结束，晚上大家随刘老师回家中做客。行至美西巷，刘老师突然消失在我们的视野中。原来是从美西巷回家的支巷极其狭窄，仅约700毫米宽，使得刘老师习以为常的回家之路在我看来犹如虫子钻进墙缝。到后来几年，我常借宿在刘老师家，才发现回家之路有三条，皆狭窄，最宽的一条（宽1400毫米）也常常停着电瓶车妨碍步行，到雨天路面积水就更成问题。而整个大社布满这样的"回家之路"。学村的建成环境并非处处如意，现实的问题逐渐浮现在我眼前。

　而最开始卫星图上吸引我的尚忠楼群与道路、民居的空间关系，在实际体验中几乎不存在。行至集岑路尚忠楼群前，石墙封闭，铁门紧锁，高处则是稠密的树冠完全遮挡了建筑物。如果不是看到新涌诗楼露出的山墙及外廊一角，我会忽略尚忠楼就在此地，只觉得是一个消极的街道空间。直到在文献中看到师生在文学楼前做操的老照片（**高地建筑**题图）[注11]，我们才能够想象和猜测过去空间的完整性：在尚忠楼向南俯瞰大社，一片高高低低的砖红色民居屋顶后方升起巍峨的南薰楼，背景则是宽阔的海面。

　　同样,若非老照片的提醒,我们会习惯于道南楼前生硬的铁栅栏和
石栏杆形成的难以逗留的场所,而忘了过去,学生在课间或放学后,可
以从道南楼径直走到龙舟池畔休憩玩乐或学习。道南楼的教室、外廊、
楼前场地、外花坛、龙舟池,原本是一个多层次的连续的空间。同样让
人惋惜或疑惑的,还有南薰楼与延平楼前的栅栏、大小泳池的栅栏、钟
楼(自来水塔)的栅栏、财经学院操场的围墙,等等。贯穿本书的多个
模式中,栏杆或围墙,作为权利边界和社区治理的物质载体,常常粗暴
地阻断各个层级的空间完整性,而成为解题的关键建筑要素。

　　空间的问题不仅在于被分割、阻断、遮蔽而导致完整性的丧失，也包括空间如何被人对待和使用。建筑师会敏感于天路尾榕**树地**中的围墙和树池硬质铺地给空间和树带来的伤害，却容易忽视靠在围墙边的垃圾桶，认为可移动的物件造成的问题盖不由建筑师负责。但只要我们把建筑师的建设性视角稍微扩展到缔造一个更好的社区，垃圾桶问题的核心——公地悲剧（**共有地**）——就无法躲避。本书多处回溯过往年代的空间完整性及空间中的活动，不免惋惜感叹，似为学村"写挽歌"（本书的第一位读者，复旦大学社会发展与公共政策学院教授于海老师语），实则试图揭示大量可为的社会行动。

　　回到文本写作,**鳌园海滩**[13]、**共有地**[24]/**自建房**[25]、**树地**[27]、**引玉园**[30]等模式的成文,都与刘老师和我一起指导的学生毕业设计课题相关。选择大社作为设计基地,实在是因为只有亲身体会、随时可达,师生才能共享语境,才能做好设计。除此之外的许多模式,也都获益于与诸多大社居民、专家、民间学者、收藏家、摄影师、学生、龙舟队员、庙公、街道清洁工、侨房主人、商贩店家、公厕管理员等人的互动。本书的写作正是基于日常工作与生活中人际交往的点滴积累,或可称之为刘老师研究与写作的基本方法。

　　然而，我一开始难以理解刘老师的写作思路，既非完全遵循亚历山大的行文逻辑，又仍然有亚历山大的书写框架。例如，为何写**正月十五割香**[注23]需要详写主祀神的故事？若按亚历山大，旁征博引的论据都会为最终的空间与行动建议服务，那么认识神明与我们的空间与行动建议有多少直接的对应关系？后来我才明白，生活在大社的居民有其日常生活的共同语境，而此语境只能靠长期生活在场去体会，非读者所能感同身受，于是书写者需要创造和呈现一种文本中可被感知的语境。

　　作为本书的协作者，或许与大部分读者一样，我未能如刘老师持续地生活在集美，以真实的生命经验感受嘉庚故里。但是，恰恰作为一个非本地人，我与本书所产生的跨越地域的最大共鸣乃是一个基于内心的问题：我们应当如何守护自己的家园？

　　本书以空间为抓手，尝试通过梳理嘉庚故里模式语言，探索可能的答案。但仅仅通过调研、访谈、书写、图示，我们仍无法真正做到提供一个确定性的答案，毕竟理论与实践存在距离：只有在真正贴身肉搏的实践中，真实可行的路径才会逐渐生发出来；同时，在成书的最近一年时间里，因为环境整治与微改造，以及纪念陈嘉庚诞辰150周年，嘉庚故里的空间发生了诸多变化，我们写作的现实基础或许也同样改变了。在整体建设速度放缓的时代，但愿我们的书写能为后来的城市建设者与治理者提供重新审视与思考的角度。

张云斌　图/文

一本书的诞生，既是一场奇妙的因缘和合，也需硬核机制的支撑。

2020—2025年，我以外聘台湾教师身份入职集美大学，时任陈嘉庚研究院院长的许金顶老师鼓励我申请课题，开启我研究嘉庚故里之旅。我将课题研究与教学、毕业设计指导相结合，幸有建筑师张云斌的辅助，极大地提高我的敏感度，丰富空间认知，并帮助我的学生掌握空间设计应有的观念和技能。随着课题的展开与深入，云斌成为本书共著人。

当内容生产逐渐完成之际，我面临出版难题：学术定位？找谁作序？找谁出版？我首先想到台湾大学建筑与城乡研究所刘可强教授。一生奉献于参与式设计的刘老师，曾执教于美国加州大学伯克利分校，与亚历山大有过同事关系。2022年亚历山大过世，刘老师在台湾召集一场非正式座谈会，参与者畅聊得自亚历山大的专业影响。刘老师是本书的最佳作序人。但当我当面提出请求时，刘老师直接拒绝了。借着酒胆，我大声说："你先浏览我的内容嘛，你一定会为我写序！"接着是好几个月的无声无息。当脱稿日期逼近，怀着些许不安的心情再次询问，不日便得到刘老师的序，真是太惊喜了。

本书着力于社会空间的探索，刘老师担纲空间维度之序，我期待另有社会维度之序，由复旦大学于海教授执笔。于老师是本书的"陪跑员"，当模式"粗胚"一个一个生产出来时，我总是发给于老师，期待他的意见。当我提出作序邀请时，于老师立刻"飞"来集美，以社会学者的敏锐，看一看真实世界的嘉庚故里。在集美的餐桌上，于老师指出明路：本书必须交由江岱编辑出版，只有她能为本书创造不凡价值。获得刘老师的序后，于老师再次为本书衡量全局：刘序的分量足以独撑大局。可以说，没有于老师的"陪跑"和"催生"，就没有本书。

虽是第二次与江编辑合作，本次仍然刷新认知，我戏称：还没出版就改版。一方面，鉴于我在语境、用词理解与遣词习惯上存在两岸差异，江编辑不厌其烦地与我探讨我的用意，建议更恰当的书写；另一方面，她将本书的定位，从地方文献的特殊性，拔高到空间认识的一般性，尤其是当前城市更新的时势下。江编辑以其关于城市发展的专业视野和书籍出版的职业素养，对于内容和内容的结构，不吝给予积极意见。然而，每一次每一处的修改，其实都在增加编辑的工作量。对于江编辑的眼界高度和敬业执着，望其项背只能钦佩，钦佩，钦佩。

设计师刘育黎受江编辑之邀，为本书进行美术编辑。同济大学城乡规划和媒体与传达专业背景的他，迅速地掌握本书的写作内容、内容结构、书籍编排，使之具有与亚历山大的模式语言相呼应的意趣，并且力使本书的翻阅过程即是空间体验，以2020年代的灵巧性超越1970年代的经典性。为了本书，育黎也亲自"飞"来集美，卓越者拥有发自内心的敬业品质。江编辑与育黎的合力，使得本书成为具有整体性和真实肌理的实体：一维的文字建构认知，二维的图片辅助意象，被三维构造环环相扣地组织起来，阅读本书成为一场空间穿梭的旅程，与嘉庚故里实体空间相映成趣。

最后，真诚地感谢成书过程中的所有信息提供者和图片提供者，感谢他们的慷慨和热情：或指明方向，或协助联系，或说明田野，或提供史料，或拿出更多更好的图片任我们挑选。同时也要感谢厦门"12345"，当我们无论如何也推敲不出答案时，便或电话或在政府网站提问，每次都得到完美的协助。以下是协助者名单。

助力者：

华侨大学陈荣鑫、王唯山，湖北大学龙元，集美大学戴美玲、黄诗懿、李明萱、廖永健、张芸菲，集美龙舟协会陈少强，集美公业基金会陈联才，集美区侨联吴倩，集美学校委员会陈群言，集美幼儿园颜缘，嘉庚书房陈呈，摄影师杨敏，天津华汇工程建筑设计有限公司黄文亮、何贤皙，同济大学杨辰，厦门东南乡建咨询有限公司张明珍，厦门市城市规划设计研究院侯雷，厦门市侨史学会林翠茹，厦门市图书馆陈红秋，浔江社区居委会宋宝玲。

大社居民：

阿珠姊、陈进步、陈昆仑、陈丽娟、陈志贤、黄秋琳，大社路南段环卫工人，泰和楼屋主，大祖祠、渡头角祖祠、塘垵角祖祠、尊王宫、向西宫等管理员与12座公厕管理员，三喜轻食·色拉老板娘。

图片提供者：

陈禾坪、陈柏桦、陈杰昌后代、陈联罗后代、李鸾汉、李世雄、李玉清、林火荣、林斯丰、林世泽、潘越男、彭何毅、摄影师阿昕、申赟、吴吉堂、许路、雨十八@小红书、张志云、庄景辉，以及陈嘉庚纪念馆、陈嘉庚故居、华侨博物院、集美大学陈曼如与徐铂云、集美区住建和交通局、厦门美璋影相馆紫日、《厦门日报》。

刘昭吟　文

2025年3月20日

图书在版编目（CIP）数据

作为方法的空间：嘉庚故里模式语言／刘昭吟，张
云斌著． -- 上海：上海文化出版社，2025．3． --（集
美大学陈嘉庚研究院系列丛书）． -- ISBN 978-7-5535
-3130-4

Ⅰ．TU399；D675.73

中国国家版本馆CIP数据核字第2025CD2947号

出　版　人：姜逸青
责任编辑：江　岱　张悦阳
装帧设计：刘育黎
书名字体：薛天盟　柿子隶书
封面插图：张云斌

书　　　名：作为方法的空间：嘉庚故里模式语言
作　　　者：刘昭吟　张云斌
出　　　版：上海世纪出版集团　上海文化出版社
地　　　址：上海市闵行区号景路159弄A座3楼　201101
发　　　行：上海文艺出版社发行中心
　　　　　　上海市闵行区号景路159弄A座2楼　201101
印　　　刷：上海书刊印刷有限公司
开　　　本：890mm×1240mm　1/32
印　　　张：13　插页48
版　　　次：2025年3月第1版　2025年3月第1次印刷
书　　　号：ISBN 978-7-5535-3130-4/TU.041
定　　　价：99.00元
告　读　者：如发现本书有质量问题请与印刷厂质量科联系。
　　　　　　联系电话：021-66011170

图0-1 本书界定的集美学村和集美大社范围。前者为早期集
美学校分布区域,后者为陈嘉庚宗亲集美陈氏最集中的区域

来源:张云斌图

集美学村范围
集美大社(自建房)范围

0   50 100   200m

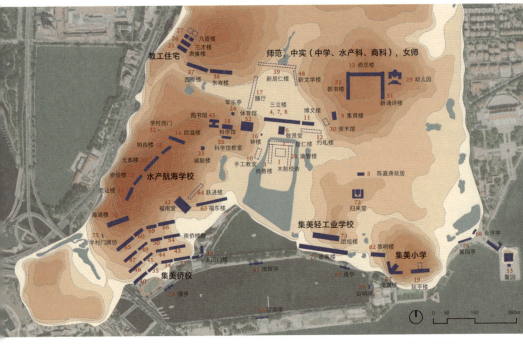

图2-1 集美学村地形及嘉庚建筑建设顺序,除最初始于大口鱼塘的木制校舍、尚勇楼、敬贤堂、三立楼等,余皆建于山岗上

来源:张云斌绘

图4-1 华侨大学华文学院（原集美侨校）的入口门道和龙舟池亭位置，现仅开放图标位置4（北门）和5（南校门）

米源：张云斌绘

图4-2　华侨大学华文学院入口门道

(1)天南门楼,建于1950年代集美侨校　　来源:厦门美璋影相馆紫日

(2)诚毅阶梯,建于1950年代集美侨校　　来源:刘昭吟摄

(3)昔集美侨校南校门楼,建于1960年代　　来源:刘昭吟摄

(4)北门,建于1970年代厦门水产学院时期　　来源:刘昭吟摄

(5)今华文学院校门　　来源:刘昭吟摄

图4-3　天南门今昔

（1）1950年代,集美侨校全景,天南门及其两翼向龙舟池展开　　来源:李开聪摄,李世雄供图

（2）天南门被行道树、围墙、商铺遮挡　　来源:张云斌摄

（3）孤立后的天南门成为户外房间　　来源:刘昭吟摄

图4-4　华文学院(原集美侨校)中轴线,可以想象无华文学院南门、无围墙阻隔的场域完整性

来源:刘昭吟摄

（1）从源亭望向中轴线。

（2）从中轴线望向南校门牌坊及源亭

图5-1　集美村全景图画
来源：许其骏油画，复制品，原件藏于华侨博物院

图5-2　天马山—集美学村现状全景。近处右侧为鳌园；左侧南向北依序
是小游泳池、香蕉厅、大游泳池、龙舟池；中央高楼为集美大学尚大楼
来源：庄景辉、贺春旎《集美学校嘉庚建筑》，2013:335-336

图5-3　山海视廊现状，从集美半岛南缘不同视点见天马山，它不再是集美的天际线

(1)龙舟池南岸见天马山　　来源：刘昭吟摄

(2)中池见天马山　　来源：刘昭吟摄

(3)同集南路集美学村门楼处见天马山　　来源：刘昭吟摄

(4)集杏海堤起点处见天马山　　来源：刘昭吟摄

(5)2007年，鳌园与天马山　　来源：林火荣摄

(6)现状航拍图。高密度、高强度的城市开发，导致集美半岛绝大部分地区都看不到天马山。由于用地紧张，城市边缘的工业用地也紧贴天马山麓，毫无缓冲　　来源：张云斌绘

集美农林学校旧址

集美农林试验场旧址

福泽园殡仪馆

天马山

郊野公园起点

中华永久墓园

集美北部
工业区

山
海
视
廊

④

③

②

①

⑤

集　美　海

6

图5-4　于不同视点刻意寻天马山时,不免抱愧于对它的层层遮挡

(1)登集美大学尚大楼见天马山　　来源:刘昭吟摄

(2)集美大桥见天马山　　来源:刘昭吟摄

(3)登岑头自建房顶见天马山　　来源:刘昭吟摄

(4)新肃雍楼(原址新建)顶见天马山　　来源:刘昭吟摄

图5-5　由集美农林学校旧址作为起点,可以望山登山,并有平坦地作为中途花园

来源:刘昭吟摄

图6-1 陈春元编绘《集美地质古地名图》

来源：厦门市姓氏源流研究会·陈氏委员会《集美社陈氏古今人物录》，2000：彩图页

图6-2 集美半岛海岸线变迁，叠图比较1936年和2021年的海岸线位置

来源：刘昭吟、张云斌绘，参考厦门市姓氏源流研究会·陈氏委员会《集美社陈氏古今人物录》，2000；

厦门市国土资源与房产管理局《图说厦门》，2006

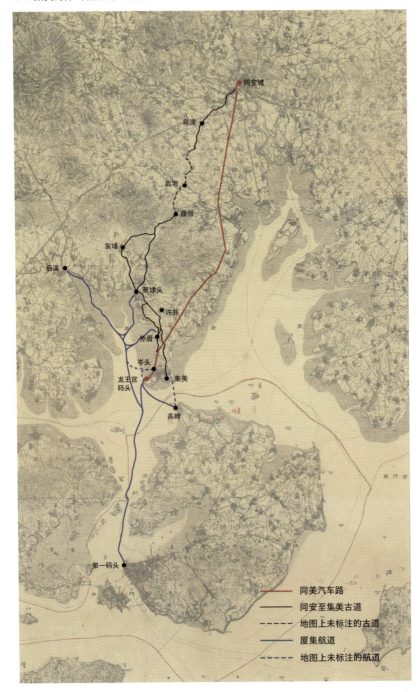

同美汽车路
同安至集美古道
地图上未标注的古道
厦集航道
地图上未标注的航道

图6-3　龙王宫片区区位

（1）龙王宫码头作为连通同安与厦门的功能性海陆节点

来源：CHMap，刘昭吟、张云斌重绘

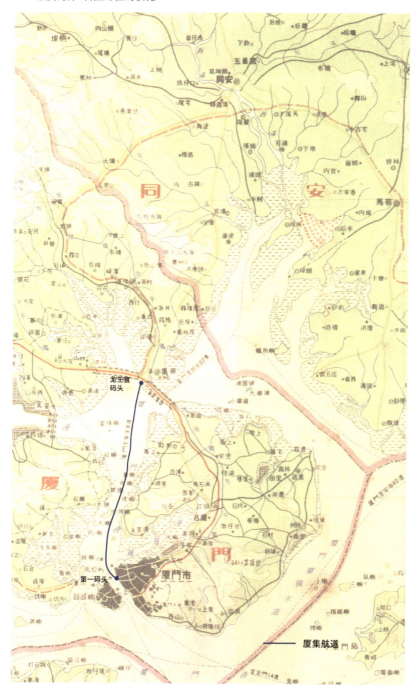

（2）1960年代，集美以海堤融入厦门，厦集航道止于龙王宫码头

来源：厦门市国土资源与房产管理局《图说厦门》，2006：68-69；刘昭吟、张云斌重绘

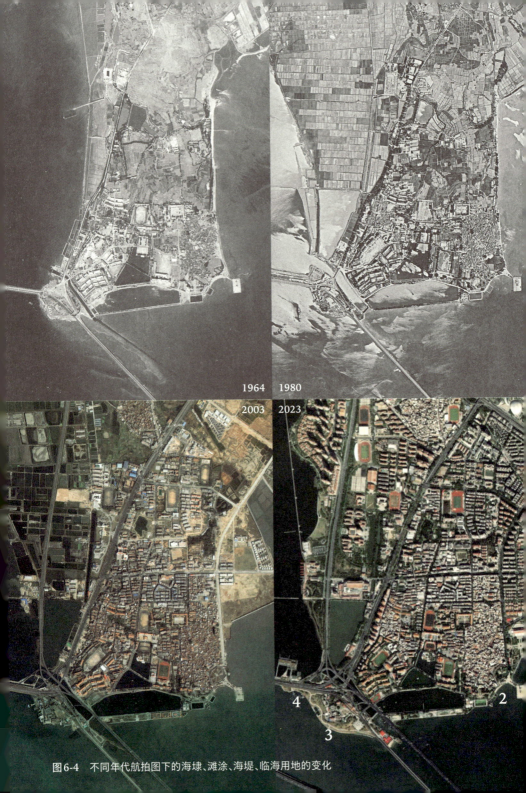

图6-4　不同年代航拍图下的海埭、滩涂、海堤、临海用地的变化

图6-5 东海造地前的海滩,左前为文确楼　　来源:陈联羅(笔名:于迅)摄

 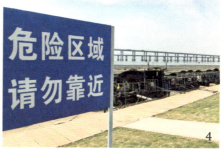

图6-6 集美海岸景观　　来源:刘昭吟摄

(1)东扩填海造陆的海堤公园化

(2)2021年,鳌园西侧的公共海滩,民众正在讨小海

(3)十里长堤公园

(4)龙王宫滩涂供渔船停靠,也有民众在此讨小海,但有禁止标牌

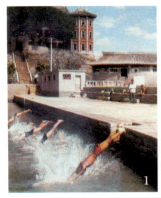

图6-7 海湾内化

（1）集美小学游泳队在海水泳池训练

来源：陈嘉庚先生创办集美学校七十周年纪念刊编委会《陈嘉庚先生创办集美学校七十周年纪念刊》，1983：46

（2）2021年，杏林湾的赛艇训练　　来源：潘越男摄

（3）2024年，龙舟池龙舟赛　　来源：刘昭吟摄

图7-1 油画《集美全景》,陈禾坪、陈礼仪作,1981年

来源:陈禾坪

图7-2 1980年代,从厦门本岛经高集海堤到达集美学村。远景为厦门高崎,近景左侧为龙舟池和集美侨校,右侧为龙王宫片区

来源: 陈嘉庚先生创办集美学校七十周年纪念刊编委会《陈嘉庚先生创办集美学校七十周年纪念刊》,1983:122-123

图7-3　取道海堤路从厦门本岛进入集美学村，"天马山—南薰楼—浔江"的到达意象被厦门大桥
阻挡　来源:刘昭吟摄

图8-1　铁路集美站

（1）1980年代的站前广场　　来源：林火荣摄

（2）1980年代的月台　　　　来源：《厦门日报》城市副刊，2011-10-26（32）

图8-2　集美学村地区交通现状。设有集美学村站的地铁一号线，犹如20世纪的鹰厦铁路，确认集美学村属于厦门核心区组成；区域性的长途汽车，犹如20世纪的同美汽车路，使得集美学村具有区域辐射力；地区性的公交车，犹如20世纪的古道，将集美学村紧密织入地区之网

来源：刘昭吟、张云斌绘

图9-1 依据1923年《集美学校十周纪念会路线图》,1920年代集美学村的门户主要是龙王宫和岑头,前者是地区交通枢纽,后者是学村生活区入口。图底书有纪念会路线说明:"来宾由龙王宫上岸,照路线参观中学部、科学馆、手工室、师范部、水产科、商科、图书馆、医院、女师部、幼稚园、小学部等处后,归师范部到北操场观全校二十分体操,在招待所休息,下午在大礼堂观礼毕,由原路到龙王宫搭轮返厦。"

来源:福建私立集美学校十周年纪念刊编辑部《福建私立集美学校十周年纪念刊》,1923,张云斌重绘

图9-2 建于1952年的集美学校西门　来源:刘昭吟摄

图9-3 集美学村门牌坊的演变

（1）1963年　　来源：林斯丰主编《集美学校百年校史：1913—2013》，2013：彩图页

（2）1980年　　来源：厦门美璋影相馆紫日

（3）1980年代至1990年代初（1993年前）　　来源：林斯丰

（4）1994年10月20日，集美大学在学村门牌坊揭牌　　来源：林火荣摄

（5）2024年　　来源：刘昭吟摄

图9-4　1980—1990年代集美学村门牌坊前通道及广场

（1）1980年代至1990年代初（1993年前），学村门牌坊前公路桥。桥面尺度适宜，于桥上可见门牌坊
"集美学村"红色大字　来源：厦门美璋影相馆紫日

（2）1980年代至1990年代初（1993年前），学村门牌坊前的三轮车接驳　　来源：林斯丰

（3）1990年代（1994年后），学村门牌坊前聚集的机动三轮车　来源：林斯丰

（4）1990年代后期至2000年前后，集美旅社前候客的"摩的"，司机身体后倾望海的姿态煞是有趣；
以及旅社沿街店面为当时最流行的面包店"特香包"　来源：林斯丰

图9-5 2024年,汽车优先的学村门牌坊 来源:刘昭吟摄

图9-6 经厦门大桥门道,豁然开朗见龙舟池—道南楼—南薰楼全景 来源:张云斌摄

图10-1　集美学村道路建设时序　　来源:张云斌绘

图10-2 集美学村建成环境形貌，在人的身体经验尺度上，是由小地形的动线起伏、人造构筑物占有的体量、通道、视景等所构成   来源：刘昭吟、张云斌绘

塘　埔　路

盛光路

岑　尚　大　社　路

浔

江

路

南　路

路　路

路

0　50　150　300m

图10-3　夹道

(1)延平路黎明楼段　　来源:张云斌摄

(2)集岑路尚忠楼段　　来源:张云斌摄

(3)嘉庚路海通楼段　　来源:刘昭吟摄

(4)盛光路新诵诗楼与集美幼儿园段　　来源:张云斌摄

图10-4 高地

(1)集美寨的南薰楼和延平楼 来源:刘昭吟摄

(2)交巷山的允恭楼 来源:张云斌摄

(3)旧时二房山的诵诗楼、文学楼和敦书楼

来源:百年集大嘉庚建筑编写组《百年集大 嘉庚建筑》,2018:50

(4)1933年旗杆山的科学馆和军乐亭

来源:庄景辉、贺春旎《集美学校嘉庚建筑》,2013:89

(5)旧时旗杆山的校董楼(左)与交巷山的即温楼(右)

来源:福建私立集美学校廿周年纪念刊编辑部《集美学校廿周年纪念刊》,1933:56

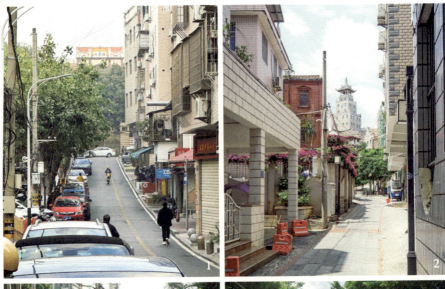

图10-5 端景

（1）尚南路尽端高墙后高起的尚忠楼　　来源：张云斌摄

（2）大社路尽端望南薰楼　　来源：张云斌摄

（3）延平路尽端，集美中学延平楼校区校门的历史感　　来源：张云斌摄

（4）鳌园路端景的集美海和高崎　　来源：刘昭吟摄

图10-6 禅景 来源:刘昭吟摄

(1) 岑西路八音楼忽见天马山

(2) 岑西路转弯处见海沧大坪山

(3) 渡南路弯处大海跃然而出

(4) 嘉庚路上坡抬眼见南薰楼

(5) 登楼竟见科学馆屋顶上的南薰楼

(6) 穿过李林园见仙岳山

图11-1 尚忠楼 来源:刘昭吟摄

图11-2 左起:黎明楼、南薰楼、侨光楼、延平楼 来源:林火荣摄

图11-3　延平故垒与延平楼　来源:张云斌摄

(1)在大台阶上仰望延平故垒及大榕树

(2)从集美寨门见延平楼

图11-4　1960年代,于延平故垒眺望大海　来源:厦门美璋影相馆紫日

图11-5 形态模仿南薰楼的建筑物　　来源:刘昭吟摄

(1)集美大学集诚楼

(2)集美大社自建房顶楼凉亭,仿南薰楼风亭

图11-6 建模复原1960年代大社与高地建筑的关系——集美寨（建模数据依据：建筑物依据1965年锁眼地图,地形依据1955年等高线图和近年CAD图）

来源:张云斌绘

（1）大社路南望可见延平楼和南薰楼

（2）大祖祠广场可见南薰楼

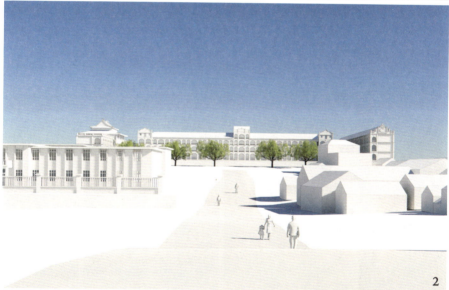

图11-7 建模复原1960年代大社与高地建筑的关系——二房山（建模数据依据：建筑物依据1965年锁眼地图,地形依据1955年等高线图和近年CAD图）

来源:张云斌绘

（1）大社路北段近处仰望新诵诗楼山墙

（2）尚南路端景之尚忠楼,西侧近景为集美医院

图11-8 当前大社视角的高地建筑

(1)尚南路高处眺望尚忠楼　来源:张云斌摄

(2)大社路南段自建房夹缝中见南薰楼　来源:张云斌摄

(3)与自建房相连的延平楼背面　来源:张云斌摄

(4)延平楼被南薰楼掠美　来源:刘昭吟摄

图12-1 1980年代,从高崎远眺集美寨南薰楼,亦见其后之天马山

来源: 陈嘉庚先生创办集美学校七十周年纪念刊编委会《陈嘉庚先生创办集美学校七十周年纪念刊》,1983:107

图12-2 2022年,公共卫生事件发生时公共场所关闭,大台阶的开放空间益发难得

来源:刘昭吟摄

图12-3 过去大台阶与南薰楼、延平楼间连续、完整的场域

来源：陈嘉庚先生创办集美学校七十周年纪念刊编委会《陈嘉庚先生创办集美学校七十周年纪念刊》，1983：38-39

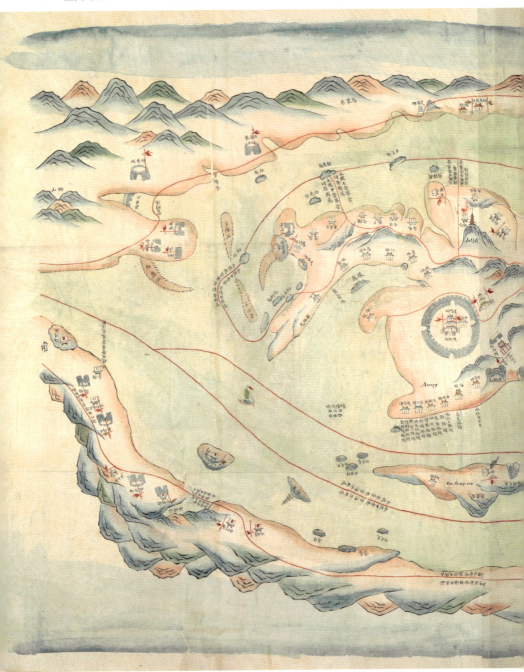

图13-1　福建水提后营浔尾城

来源:清道光四年(1824)以前的《厦门舆图》

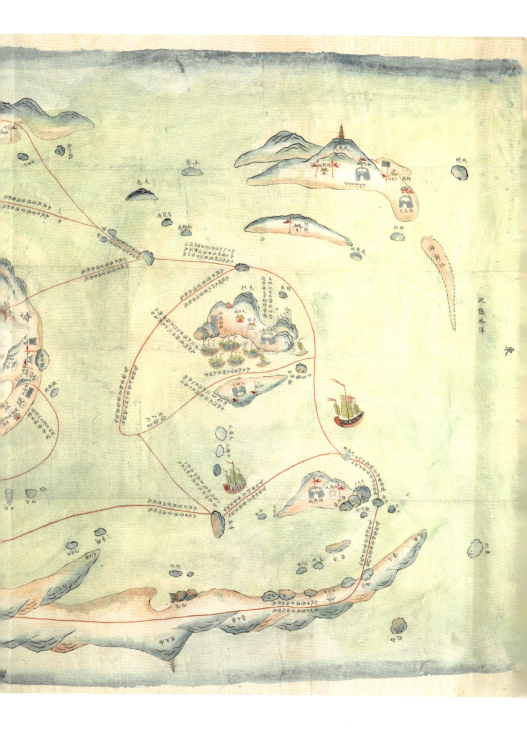

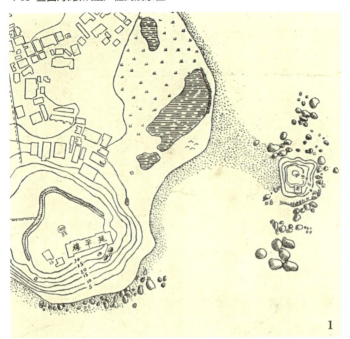

图13-2　鳌头岗地形变化

(1)1936年的鳌头岗地形(年份存疑,据《集美周刊》,小泳池于1931年建设竣工,该图中却未体现)

来源:庄景辉、贺春旎《集美学校嘉庚建筑》,2013:219

(2)2023年的鳌园　来源:刘昭吟标注

图13-3 鳌园北滩生产性的讨小海

来源：《赶海人》，彭芮炀摄，彭何毅供图

图13-4 2024年，鳌园北滩肌理，以石块围海田以便于讨小海

来源：刘昭吟摄

图13-5 2022年的鳌园西滩   来源:刘昭吟摄

(1)滩涂肌理 (2)讨小海娱乐

图13-6 鳌园西滩潮间带,改造前与改造后比较

(1)改造前退潮裸露的滩涂 (2)改造前涨潮直逼堤岸 (3)改造后的涨潮水位线

图13-7 改造前后的潮间带变化 来源:刘昭吟摄

(1)2021年,改造前的鳌园西滩潮间带

(2)2024年,改造后几无潮间带。照片下缘鳌园围墙下的细沙已被海潮冲刷走,留下砾石颗粒;远处白沙延伸到原海上餐厅,该建筑下的海面已被填实为陆地,不再立于水中

图13-8 2002年12月的航拍图,可见滩涂养殖

图13-9 鳌园路车行阻断大台阶——鳌园西滩的连续性 来源:刘昭吟摄

图13-10 1970年代,鳌亭与海滩的连续性场域

来源:中国旅行社1974年挂历

图13-11 21世纪初,鳌亭前以石栏杆阻隔海滩后,游客喜欢斜倚石栏杆以涨潮为背景拍照

来源:张志云

图13-12 鳌园西滩改造后,沙滩填沙增高到接近鳌园地平面(原有四层条石约1.1米高差),石栏杆也改造加高及胸,倚坐功能与涨潮景观同时丧失

来源:刘昭吟摄

图14-1 1980年代，泛舟于龙舟池

来源：陈允豪、陈德峰主编《福建》，1987：44

图14-2 现今只可望水不可亲水的中池

来源：刘昭吟摄

图15-1　现今龙王宫片区集美大学航海学院水上训练中心操艇池所在位置

来源：张云斌标注

⚜ 16 龙舟赛：从自组织到专业赛事

图16-1　1987年首届"嘉庚杯"国际龙舟邀请赛开幕式　　来源：林火荣摄

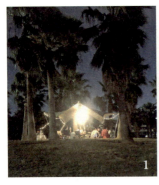

图17-1　十里长堤　（1）草地上搭帐篷　（2）抓螃蟹　　来源：刘昭吟摄

（3）成为网红打卡点的十里长堤，游客几乎全是年轻人　　来源：雨十八@小红书

图17-2　1980年代—1990年代，龙王宫海域曾是帆船、帆板训练基地　　来源：林火荣摄

图17-3　鳌园北侧滨海散步道外的滩涂区，退潮时游客讨小海娱乐　　来源：刘昭吟摄

图17-4 "厦门大桥—集美大桥段集美侧海岸带保护修复一期工程"南堤公园—鳌园段效果图
来源：集美区住建和交通局

图17-5 南堤公园—鳌园改造的连续沙滩和跑道，使得人在景外
来源：刘昭吟摄

图17-6 龙舟池北岸散步道风情　　来源：刘昭吟摄
（1）纳凉，看人与被看　（2）凑热闹

图17-7　2024年龙舟赛期间，交通管制释放出道路空间给行人，无需分神于车辆干扰的行人的身体语言，呈现出放松、惬意与享受

(1)鳌园路大台阶路段　(2)龙船路　(3)启明亭路段　(4)内池、集美中学西侧路段

来源：刘昭吟摄

(5)交通管制形成的散步道环路

来源：张云斌绘

图 19-1　集美学村办事处旧址

来源:刘昭吟摄

(1)大社路113号:向西书房　(2)大社路104号　(3)大社路106号

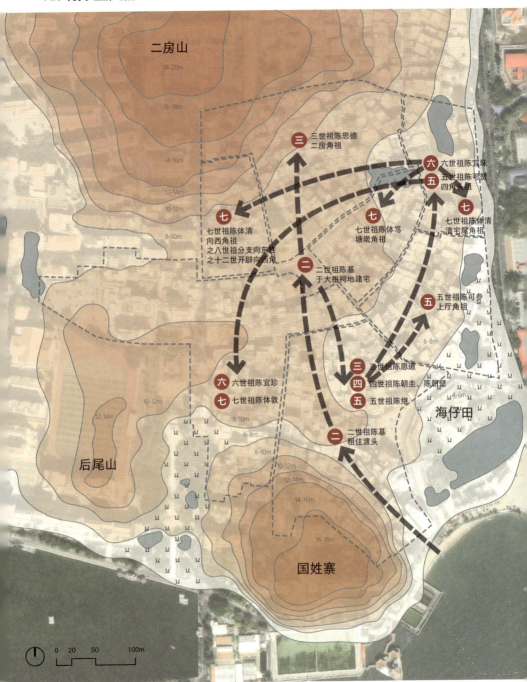

图20-1 由于文献信息的不确定性，推演角头演化的两种可能（地形图所示年代为1913年以前）

来源：后尾角居民及陈少斌《陈嘉庚研究文集》（第331页）提供角头范围信息，刘昭吟、张云斌绘

二房山

18-20m

16-18m

14-16m

12-14m

10-12m

8-10m

三 三世祖陈思德
二房角祖

六 六世祖陈宜珠
五 五世祖陈可赞
四角头祖

七 七世祖陈体清
向西角祖
之八世祖分支向东甚
之十二世开辟向西角

七 七世祖陈体笃
塘墘角祖

七 七世祖陈体清
渍宅尾角祖

三 三世祖陈思道
四世祖陈朝圭、陈朝壁

二 二世祖陈基
于大祖祠地建宅

五 五世祖陈可参
上厅角祖

6-8m

六 六世祖陈宜珍
七 七世祖陈体敦

10-12m

12-14m

后尾山

8-10m

6-8m

8-10m

10-12m

12-14m

14-16m

16-18m

国姓寨

五 五世祖陈继

海仔田

4-6m

二 二世祖陈基
租住渡头

0 20 50 100m

图20-2 集美大社各角头居民建筑分布(地形图所示年代为1913年以前)

来源:1933年、1955年集美学校全图,刘昭吟、张云斌绘

(1)1933年 (2)1955年

集美学校

二房角

清宅尾角

向西角

塘墘角

上厅角

后尾角

上厅角

集美学校

集美学校

0　20　50　100m

■ 民房
■ 侨房

图21-1 大社祠堂场景   来源:刘昭吟摄

(1)冬日暖阳下祠堂门前闲坐闲聊打瞌睡

(2)祠堂前埕的集体活动

(3)祠堂内喝茶

图21-2 大祖祠与角头祠堂 来源:刘昭吟摄

(1)大祖祠 (2)渡头角祠堂 (3)二房角祖厝 (4)上厅角祠堂

(5)其昌堂 (6)后尾祖厝 (7)塘墘祠堂 (8)向西宫

☆21 祠堂:亦祠亦庙,亦聚亦斗

图21-3 渡头角祠堂三代祖师千秋庆　　来源:张云斌摄

(1)祠堂前埕演木偶戏、烧金纸　(2)祠堂内祭品备置及上香

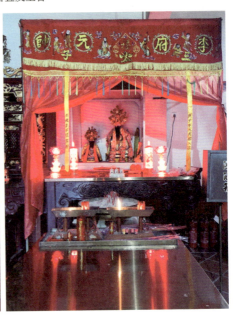

图21-4 后尾祖厝　　来源:刘昭吟摄

(1)祖龛　(2)神龛

图22-1 从周边民房鸟瞰大祖祠及其广场　来源：刘昭吟摄

图22-2 居民在大祖祠檐下及前埕休憩　来源：张云斌摄

图22-3　诰驿　　来源：刘昭吟摄

（1）鸟瞰　　（2）南音社的常规练习，门匾"尺八天籁"即为南音之意

图22-4　大社戏台

（1）纪念陈嘉庚诞辰的芗剧演出　　来源：刘昭吟摄

（2）电影放映　　来源：刘昭吟摄

（3）集美区三项侨捐基金颁奖仪式　　来源：申赟摄

（4）2024年的弥勒斋七周年庆　　来源：刘昭吟摄

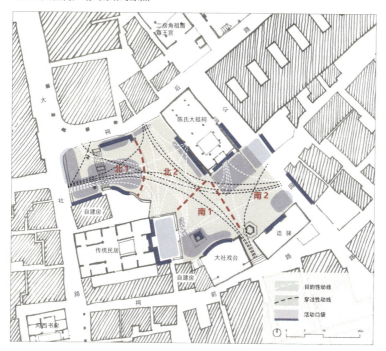

图22-5　依据动线、活动分布、活动口袋和正空间，大祖祠广场分为数个片区
来源：刘昭吟、张云斌绘

图22-6　北1片的中心　来源：刘昭吟摄　（1）木偶戏　（2）唱戏

图22-7　北1片的边缘　（1）买卖小海鲜　来源：张云斌摄　（2）闲坐　来源：刘昭吟摄

图22-8 北2片 来源:刘昭吟摄

(1)北1片和北2片重叠的夹角院埕,作为餐饮业态的后花园——户外就餐空间,以花墙加铁栏杆与广场相隔 (2)祠堂西墙条凳

图22-9 北2片夹角院埕

(1)围墙内缘布置盆栽绿植,但侧院使用率不高,远不及前埕户外用餐区,经常显得蒙尘凌乱

来源:刘昭吟摄

(2)盆栽移除,向广场打开,大祖祠西山墙、祠后路商店和广场成为观看对象

来源:张云斌摄

图22-10 南1片

(1)戏台过高,身手矫健的青少年可一跃而上,儿童需借助工具爬上。戏台高度造成日常使用消极

来源:张云斌摄

(2)戏台边的水井基座提供坐的功能,成为"井座" 来源:刘昭吟摄

图 22-11　南 2 片，诰驿前埕　来源：刘昭吟摄

（1）日间闭门时，建筑退线导致前埕僻静

（2）夜间开门习练南音时，停车导致前埕消极

图 22-12　南 2 片，棚架条凳区与大祖祠前埕的广场舞，需让位于摩托车通过

来源：刘昭吟摄

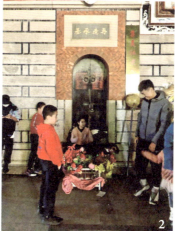

图 22-13　正月十五割香前数日，广场上的阵头排练

来源：刘昭吟摄

（1）舞龙 （2）锣鼓队

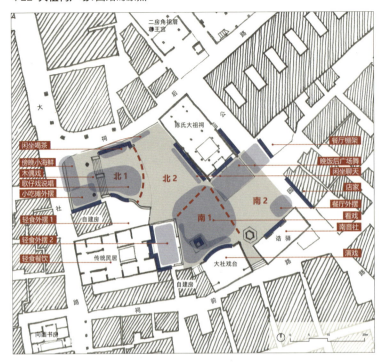

图22-14 正月十五割香前数日的广场活动分布　来源：刘昭吟、张云斌绘

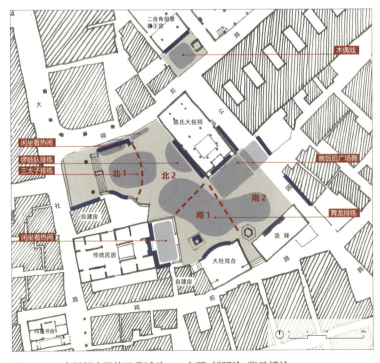

图22-15 大祖祠广场的日常活动　来源：刘昭吟、张云斌绘

♻23 正月十五割香：共同体的团结动员

图23-1　尊王宫

（1）尊王宫外观　　来源：刘昭昀摄

（2）尊王宫的神龛　　来源：张云斌摄

图23-2　1980年代，正月十五割香，迎请尊王公等神像至起点——大祖祠前准备出发

来源：陈联罗（笔名：于迅）摄，引自：颛蒙叟《集美史略》，2002

图23-3　1990年代，陈嘉庚纪念馆未建前，割香巡游到鳌园北滩

来源：陈美留（笔名：陈杰昌）摄，引自：微信公众号"摄影师阿昕"

割香巡游到鳌园北滩

来源：陈美留（笔名：陈杰昌）摄，引自：微信公众号"摄影师阿昕"

70　71

图23-4　2023年,割香巡游阵　　来源:张云斌摄

(1)先锋阵　(2)舞龙队　(3)官将首

图23-5　2023年,跟随巡境的信众队伍　　来源:张云斌摄

(1)鳌园路大台阶处　(2)大社路

图23-6　2023年,巡境队伍绕行嘉庚公园　　来源:张云斌摄

图23-7 2023年，踩四方步摇摆神轿疾步前行，颇有彰显神力的气场

来源：张云斌摄

图23-8 2023年，接香点

来源：张云斌摄

（1）信众祭拜（2）烧金纸

图23-9 2023年，为尊王公兵马准备的粮秣

来源：张云斌摄

图23-10 2023年，迎请神明至各角祠堂和宫庙巡视

（1）塘垵祠堂 来源：刘昭吟摄

（2）清水祖师 来源：张云斌摄

图23-11 2021年取消巡境，集中在大祖祠广场烧香祭拜

来源：刘昭吟摄

图例:
- 现存水塘
- 原水塘
- 广场
- 古榕树
- 解困房
- 公业
- 公厕
- ＊ 垃圾桶／电箱

0 20 50 100m

图24-1 集美大社共有地现况，主要包括公业、公厕、解困房

来源：张云斌绘

图24-2 2024年的大社路西侧解困房

来源:刘昭吟摄

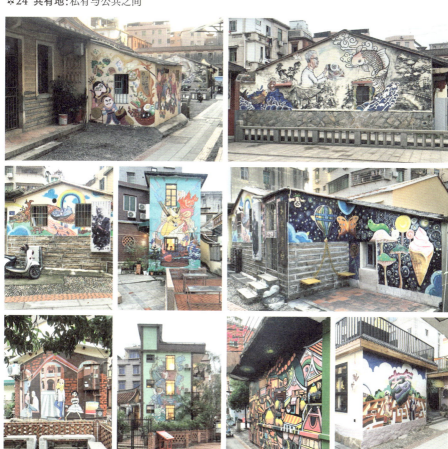

图24-3 大社老房子成为墙绘载体，过犹不及

来源：刘昭吟摄

图25-1 1984年，龙舟池已恢复原貌，中池仍为水产试验池

来源：厦门美璋影相馆紫日

图25-2 尽地而建的大社

来源：李玉清摄，引自：厦门市集美区档案馆编《百年学村跨越美：1913—2013》，2013

图25-3 尽地占空的自建房

(1)祠前路　　来源:张云斌摄

(2)背街小巷　　来源:刘昭吟摄

1949 年前:

1. 陈嘉庚故居，1918，新加坡

2. 陈维维宅，1926，泰国

3. 陈加耐宅，1927，新加坡

4. 引玉楼，1929，菲律宾

5. 文确楼，1937，新加坡

1949 年后:

6. 建业楼，1950，泰国

7. 泰和楼，1951，泰国

8. 再成楼，1955，泰国

9. 登永楼，1958，印尼

（楼名／年代／侨居地）

图26-1 集美大社较大体量的知名侨房及其位置

来源:张云斌绘

图26-2　陈嘉庚故居　　来源：刘昭吟摄

图26-3　1949年前建成的知名侨房

（1）陈维维楼（怡本楼）（2）陈加耐楼（松柏楼）（3）引玉楼（4）文确楼

来源：（1）（2）刘昭吟摄，（3）（4）张云斌摄

图26-4　1949年后建成的知名侨房

（1）建业楼（2）泰和楼（3）再成楼（4）登永楼

来源：（1）厦门美璋影像馆紫日，（2）（3）（4）刘昭吟摄

图26-5　山花的比较

1949年前：（1）陈嘉庚故居　（2）松柏楼

1949年后：（3）建业楼　（4）泰和楼　（5）再成楼　（6）登永楼

来源：（1）（2）（5）刘昭吟摄，（3）（4）（6）https://www.sohu.com/a/349835621_231322.

图26-6　侨房院门比较:前者旖旎,后者刚强

来源:刘昭吟摄

（1）1949年前,引玉楼　（2）1949年后,登永楼

图26-7　窗形比较:前者柔和,后者刚强

1949年前:(1)怡本楼火焰形窗　(2)文确楼贝壳窗楣

1949年后:(3)建业楼砖砌窗楣　(4)登永楼回形窗楣

来源:(1)刘昭吟摄,(2)(3)(4)https://www.sohu.com/a/349835621_231322.

图26-8　陈嘉庚故居优雅的"五脚基"(five-foot base)拱廊　　来源:刘昭吟摄

图26-9　被悉心照料的泰和楼庭院　　来源:张云斌摄

(1)院门　(2)院内

图26-10 侨房庭院

（1）文确楼前院 （2）文确楼侧院公共休憩区 （3）松柏楼商业庭院 （4）建业楼私人内院

来源：（1）张云斌摄，（2）（3）刘昭吟摄，（4）厦门美璋影像馆紫日

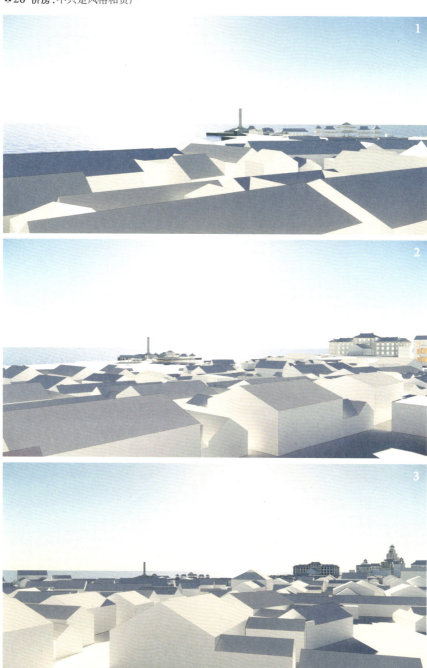

图26-11 1965年侨房看大社东南海面视野模拟,下南洋的记忆油然升起

来源:张云斌绘

(1)建业楼三层视点 (2)松柏楼三层阁楼阳台视点 (3)泰和楼三层屋顶平台视点

图27-1　集美学村树地分布

来源:张云斌绘

右页 图27-2　伞树

(1)伞6　　(2)伞7　　(3)伞10、伞11

(4)伞12　　(5)伞13　　(6)伞21

(7)伞19、伞20　　(8)伞23

来源:(1)(2)(4)(6)(7)(8)刘昭吟摄,(3)(5)张云斌摄

图27-3 天路尾榕

（1）盆景化前可亲近的树地，虽已严重硬化，2018年

（2）盆景化后形成围墙，周边变成消极通道，被停车占用

（3）不可见的、孤立的树下平台，成为堆积余物的消极空间

来源：（1）来源:厦门美璋影相馆紫日，（2）（3）刘昭吟摄

右页 图27-4 排树

（1）龙船路的木麻黄

（2）小池和中池间的木麻黄 　　（3）内池与集美中学的羊蹄甲

（4）嘉庚路交错密植的白千层 　　（5）嘉庚路与航海学院白千层 　　（6）盛光路双排树的高山榕林荫道

来源：（1）（3）（4）（6）刘昭吟摄，（2）（5）张云斌摄

图28-1　大社老居民有在户外檐下闲坐闲聊的习惯

来源：刘昭吟摄

图28-2　临街店铺将工作和商业延伸至檐下空间

来源：刘昭吟摄

右页　图28-3　檐下作为过渡空间，无论繁简

来源：刘昭吟摄

图29-1　大社的公厕　　来源：刘昭吟摄

（1）集岑西公厕　　（2）集岑东公厕　　（3）祠前公厕　　（4）祠后公厕

（5）尚南西公厕　　（6）尚南东公厕　　（7）浔江公厕　　（8）戏台公厕（C108）

（9）尚南后尾公厕　（10）渡南公厕　　（11）尚南公厕　　（12）鳌园公厕

图30-1 引玉园

(1)在引玉园看引玉楼 (2)在引玉园看南薰楼

(3)院门 (4)引玉楼侧院见南薰楼

来源:(1)(2)张云斌摄;(3)(4)刘昭吟摄

图30-2 引玉园平房

(1)改造前平房,2016年10月　　来源:百度全景地图

(2)改造后成为餐饮店铺,2024年1月　　来源:张云斌摄

图30-3 南薰楼　　来源:张云斌摄

(1)正面朝大海傲立　　(2)背面向大社张臂

图30-4 引玉楼与南薰楼的呼应感 米源:张云斌摄